미디어 빅데이터 분석

입문, 이론, 실전

임종수·정영호·유승현 共著

 21세기사

이 도서의 국립중앙도서관 출판예정도서목록(CIP)은 서지정보유통지원시스템 홈페이지(http://seoji.nl.go.kr)와 국가자료공동목록시스템 (http://www.nl.go.kr/kolisnet)에서 이용하실 수 있습니다.(CIP제어번호: CIP2018003503)

PREFACE

미디어에서 빅데이터 분석하기

빅데이터 바람이 거세다. 미디어 커뮤니케이션학 분야도 빅데이터 분석이 봇물을 이루고 있다. 하지만 왜 빅데이터 연구를 하려는지, 그런 연구의 차별성이 무엇인지 이해하는 연구자와 연구는 많지 않다. 지금까지 출판된 교재들도 빅데이터 분석 개괄서이거나 분석툴 설명서, 아니면 사회과학도가 이해하기 난해한 전문 소프트웨어 언어에 관한 것이 대부분이다. 미디어화된(mediatized) 사회로 '전환'하는 시기에 걸맞게 학부 강의실이나 대학원, 심지어 빅데이터 세례를 받지 못했던 기성 학자들도 손쉽게 참조할 만한 교재가 참으로 아쉬운 형편이다.

이 책은 대학 학부 과정과 대학원 초년생이 미디어 빅데이터 연구에 대한 이해의 지평을 정초하는데 도움을 주고자 기획되었다. 전통적인 사회과학 연구방법론과 그 연장선상에서 컴퓨터화된 사회과학(CSS)으로서 빅데이터 분석의 위치를 이해하고(1부), 학습하며(2부), 실행하는데(3부) 기여하는 것이 이 책의 목적이다. 빅데이터 사회과학에 대한 입문과 이론, 실전을 유기적으로 연결시키고자 했다.

1부 '입문'은 사회과학에서 미디어 빅데이터 연구라는 것이 도대체 어떤 의미인지를 설명하는데 주안점을 두고 있다. 미디어 현상에서 흥미로운 빅데이터 분석 사례를 살펴본 후, 이른바 컴퓨터화된 사회과학 연구 프로그램으로서 빅데이터 분석이 기존의 사회과학 연구전통과 어떻게 결부되는지 검토한다. 컴퓨터화된 사회과학의 가장 큰 차별성은 그 데이터가 단순히 많다는데 있는 것이 아니라 어떤 대상과의 상화작용 중에 '자동생성'된 데이터라는데 있다. 이렇게 자동생성된 데이터를 분석하는 것은 '계량적 틀'(quantitative frame) 안에서 미디어 커뮤니케이션 관련 사태의 '전체성'(wholeness)을 보여주기 때문에 양적, 질적 연구 성격을 모두 포함한다. 이것은 원자를 토대로 물질의 운동양상을 밝히는 자연과학에서의 계산가능성(computability)의 모델이 인간사고의 단순실체인 모나드(monad)를 기본단위로 하는 사회과학적 탐구에도 적용될 수 있음을 의미한다. 빅데이터라는 것은 자동생성된 비정형의 사회적 미립자이며, 그런 미립자 분석을 통해 인간사회의 운동양상인 모나드의 존재와 패턴을 해명할 수 있다는 것이 기존 사회과학과 다른 CSS로서 미디어 빅데이터 분석의 요체라는 것이다.

2부 '이론'은 미디어 빅데이터 마이닝을 이끄는 이론을 체계적으로 설명한다. 데이터마이닝 기법은 패턴, 규칙, 관련성이라는 분석 목적에 따라 일반적으로 분류(Classification), 군집화(Clustering) 그리고 연관성(Association Rule)으로 분류한다. 요즘은 관계와 시각화를 보다 강조한 네트워크분석(Network Analysis)도 데이터 마이닝 기법에 포함시키고 있다. 이러한 데이터마이닝 방법은 정형화된 데이터에 기초하고 있다. 하지만 최근에는 소셜 미디어의 발달로 인해 비정형 데이터인 텍스트의 중요성이 보다 커지고 있다. 따라서 텍스트라는 비정형 데이터를 정형화시키는 방법을 익혀 기존 데이터 마이닝 기법을 적절히 사용한다면, 미디어를 통해 유통되는 콘텐츠의 내용을 분석해 주요 사회적 이슈를 선점할 수 있을 뿐 아니라 미디어 이용의 공간, 시간, 관계를 통합해 분석함으로써 미디어 생태계를 재정립할 수 있을 것이다.

3부 '실전'은 미디어 빅데이터 분석방법을 소개하고 설명한다. 다양한 분석방법 중에서 미디어 분야에서 가장 활발히 활용되는 소셜네트워크분석(Social Network Analysis) 방법(methods)을 중점적으로 다룬다. 특히 소셜네트워크분석을 위한 실습(practice)에서는 현재 사용되는 여러 소셜네트워크분석 소프트웨어 중에서 일반 사용자들도 쉽고 간편하게 사용할 수 있도록 개발된 NodeXL 프로그램을 상세히 설명한다. NodeXL 프로그램은 Microsoft Excel과 결합되어 실행되기 때문에 사용자들의 활용성이 높으며, 소셜데이터를 수집하는 기능을 포함하고 있기 때문에 데이터의 수집, 분석, 시각화까지의 소셜네트워크분석 전 과정을 일관되게 이해하게 한다. 구체적으로 NodeXL 프로그램의 설치, 프로그램 구성, NodeXL를 활용한 데이터 수집과 분석, 시각화 등을 실제로 실습해 본다. 이와 함께 소셜네트워크분석을 활용한 다양한 연구 사례들을 살펴본다. NodeXL을 활용한 연구 사례를 네트워크 구조를 파악하는 연구들과 의미연결망을 분석하는 연구들로 구분하여, 각각의 연구 사례들을 주제, 방법, 결과 측면에서 살펴본다.

이 작업은 각기 다른 학문적 배경을 가진 세 명이 유기적으로 결합하여 완성한 것이다. 1부를 맡은 임종수는 방송과 문화연구를 전공했고, 최근에는 미디어(방송) 플랫폼의 AI 미디어화와 그런 미디어의 존재양식에 대해 주목하고 있다. 그의 주요 연구분야는 미디어가 당대의 문화적 지형을 형성하는 방식인 '미디어 양식'에 관한 것이다. 따라서 그에게 있어 미디어 빅데이터 분석은 그런 플랫폼의 미디어 양식을 설명함에 있어 알고리즘과 함께 필연적으로 해명해야 할 영역이다. 이같은 맥락에서 이 책의 1부는 미디어화된 시대 미디어를 연구하는 사람들의 인식론적 방법론적 토대를 정립하기 위해 작성되었다.

2부를 맡은 정영호는 수학과 언론정보학을 전공하고 현재 여론 및 행동 예측에 대한 추정 모델을 연구 개발하고 있다. 미디어는 빅데이터를 가장 활발하게 생산하는 분야이다. 미디어 이용을 이해하고 파악하기 위해서는 빅데이터에 대한 접근이 필수적이라는 것이 그의 생각이다. 그럼에도 불구하고 미디어 전공자들은 지금도 빅데이터 분석이라고 하면 수학적이고 공학적인 지식이 필요할 것이라는 막연한 추측으로 어려움을 느끼고 있다고 생각한다. 이 책의 2부는 '최대한' 이러한 불필요한 두려움을 없애고, 미디어 및 사회과학 전공자들이 보다 쉽게 빅데이터에 접근해 가치있는 연구결과를 얻을 수 있도록 방법론적 기준을 제공하고자 작성되었다.

3부를 맡은 유승현은 디지털 미디어와 매체론을 전공한 사람으로서 최근에는 인공지능이나 사물인터넷 등의 디지털 미디어 진화 현상과 빅데이터 분석방법을 연구하고 있다. 그는 미디어 빅데이터 분석이 실제 분석을 위한 방법론적 도구임과 동시에 현재의 미디어 커뮤니케이션 현상을 심도있게 접근하게 하는 영역이라 생각하고 있다. 하지만 지금까지 미디어 빅데이터 연구들은 구체적인 분석 도구와 과정에 대한 의미있는 설명을 제공하지 못하고 있다. 이에 3부는 미디어 분야에서 빅데이터 연구문제가 분석도구와 어떻게 결부되고 실행되는지를 설명하기 위해 작성되었다.

빅데이터 물결에서 보듯이 이제 융합은 현실이다. 하지만 개별 아카데미 공동체는 물론 제도화된 대학에서 융합을 실천하는 것은 대단한 용기를 필요로 한다. 이 책의 작업 역시 마찬가지였다. 따뜻한 봄날 오랜만에 해우했던 저자들의 우연한 의기투합이 책이 되어 나왔다. 그래서 더더욱 이 작업이 사회과학 전체는 물론 미디어 커뮤니케이션 분야의 빅데이터 탐구에 과오로 기록되지 않을까 두려운 마음이 앞선다. 이 책이 미디어 빅데이터 교육과 학습에 성과를 낸다면 그것은 오로지 부족한 교재를 빈틈없이 읽어낸 독자 몫이다. 독자로부터 건설적이고 발전적인 평가와 코멘트를 기대한다.

2018년 1월

저자 일동

CONTENTS

PART 1

사회과학과 미디어 빅데이터 연구: 입문

CHAPTER 1

미디어 현상에서
빅데이터 분석

1. 미디어화 사회와 빅데이터의 활용

2015년 가장 주목받았던 대중스타는 인기 여성 아이돌 그룹 AOA의 멤버인 설현이었다. 2012년 7월 8명으로 결성된 AOA의 한 멤버는 거의 3년 가까이 주목할 만한 인지도를 가지지 못했다. 그런 그녀가 2015년 갑자기 배용준, 김연아에 이어 '한국 방문의 해' 홍보대사가 될 만큼 톱스타가 되었다. 어느 일간지의 보도에 따르면, 설현은 지상파 채널의 한 예능 프로그램에 출연하면서 급격하게 인기스타 반열에 올랐다(권승준, 2015). 그 즈음 포털 사이트 검색 순위에서도 이른바 '핫'한 인물로 통했다. 검색량이 그 전의 30배가 넘을 정도였다. 전 연령대 중 10-30대 남성들의 '설현' 검색 비중이 압도적으로 높았다.

실제로 설현의 대중성이 어떤지 확인해 보자. 2015년 한 해를 기준으로 '설현'의 검색량을 보면 2015년 11월 4주차 청룡영화제에서의 인기상 수상과 함께 새로운 광고사진 공개 시점

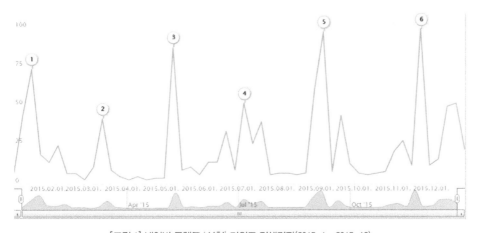

[그림 1] 네이버 트렌드 '설현' 키워드 검색결과(2015. 1 ~ 2015. 12)

에서 가장 높은 검색율을 보인다([그림 1]의 ⑥). 그 외는 9월경 광고사진 도난사건이 두 번째로(⑤), 드라마 〈오렌지 마말레이드〉 출연과 통신사 광고를 시작했던 5월경이 세 번째로 높은 검색율을 보인다(③).

그렇다면 2015년은 설현이 연예계에 데뷔한 이래 처음으로 대중적 주목을 받은 해일까? 2015년이 그 전과 비교해 어땠길래 설현이 그토록 핫한 대중스타로 발돋움했을까? [그림 2]는 AOA가 처음 데뷔했던 2012년 7월부터 2015년 12월까지 '설현'의 키워드 트렌드를 보여준다. [그림 2]에서 보듯이, 설현은 2015년 처음으로 대중들에게 주목받았던 것이 아니라 2012년 11월 26일에 가장 주목받았다(①). 이때에 무슨 일이 있었는지 찾아본 결과 AOA 멤버인 설현이 KBS2 드라마 〈내 딸 서영이〉에 출연하면서 중학교 졸업사진이 공개된 시기이다. 하지만 당시 반짝했던 주목은 그리 오래가지 못했다.

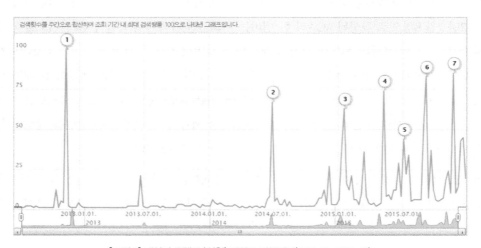

[그림 2] 네이버 트렌드 '설현' 키워드 검색결과(2012. 7 – 2015. 12)

비록 2014년 7월 설현은 몸매에 관한 기사로 다시 한 번 주목받지만 이를 지속적으로 이어가지는 못했다. 설현은 여러 여성 아이돌 멤버들 중 그리 특별해 보이지 않는 그만그만한 스타인 듯 보였다. 그에 반해 2015년은 그 전과 확실히 다르다. 대중의 주목이 두드러져 보이는 횟수만 모두 여섯 번이다. 적어도 두 달에 한 번꼴로 대중들은 설현이라는 이름에 주목했다. 그 정도의 관심이면 설현은 스타로서 뚜렷한 정체성을 가졌다 할 만 하다.

설현 검색량과 설현 이벤트 간의 관계가 보여주듯이, 갖가지 디지털 데이터를 분석하는 것만으로도 어떤 지식을 얻기에는 부족함이 없다. 설현에 대한 검색량과 설현의 연예계 활동을 개별적인 사회적 사실로서 '변인'이라고 본다면, 이 두 변인의 관계를 파악하는 것은 '과학'의 영역이다. 변인을 구성하는 데이터가 모두 어느 곳에 저장되고 있고, 변인간의 관계를 분석하여 이해가능한 결과를 얻을 수 있는 방법론이 나날이 발전하고 있다. 빅데이터 분석론(analytics)이 그것이다.

분석론(analytics), 분석(analysis), 마이닝(mining)

빅데이터가 학술적으로나 산업현장에서 다양하게 활용되면서 이에 대한 용어도 혼재되어 사용되고 있다. 대표적으로 빅데이터 분석론과 빅데이터 분석, 빅데이터 마이닝이 있다. 분석이 어떤 전체를 구분하는 것을 뜻한다면, 분석론은 논리적인 분석방법을 의미한다. 즉 분석은 질서를 알 수 없는 데이터를 구분하고 분리하여 의미있는 결과를 얻는 행위 자체를 뜻한다면, 분석론은 빅데이터에서 의미있는 결과를 발견함은 물론 그러한 발견까지의 과정과 발견 이후 어떤 의사결정을 할 것인지를 포함하는 일련의 빅데이터 기반의 컴퓨터화된 사고체계(computational thinking system)를 뜻한다. 여기에는 이론과 관찰의 상호작용으로 정의되는 사회과학적 연구방법이 작용한다. 그에 반해 빅데이터 마이닝은 어떤 데이터 마이닝 툴을 이용함으로써 일련의 데이터로부터 어떤 패턴을 발견하는 분석기법(method of analysis)을 뜻한다. 따라서 빅데이터 마이닝은 어떤 가설에 입각해 그것을 검증(testing)하는 것이 아니라 일정한 질서를 찾는 것을 의미한다. 빅데이터가 이론의 종언을 주장하는 근거가 여기에 있다. 그렇게 본다면, 미디어 빅데이터 분석론이 미디어 활동에 의해 생성되는 빅데이터를 가지고 과학적인 연구를 수행하는 일련의 과정을 뜻한다면, 미디어 빅데이터 분석은 그러한 분석론에 입각해 어떤 분석행위를 수행하는 것을, 미디어 빅데이터 마이닝은 그런 분석론에 입각해 분석을 수행함으로써 미디어 행위의 어떤 패턴을 찾는 과정을 뜻한다.

그러나 빅데이터 분석은 많은 사회과학적 분석의 한 형태에 지나지 않는다. 중요한 것은 빅데이터의 생성에서부터 실제 분석을 관통하는 전반적인 분석방법론이다. 빅데이터 연구는 빅데이터가 존재한다는 사실에 대한 인지(cognition), 그런 데이터들로부터 어떤 설명이 가능할 것이라는 데이터 통찰(insight)로부터 시작한다. 만약 데이터가 지금 당장 물리적으로 존재하지 않는다면 연구자는 적극적으로 데이터를 발굴해낼 수도 있다. 빅데이터 분석방법론(big data analytics)이 이같은 빅데이터의 존재와 인지는 물론 그것을 어떤 인식론적, 방법론적 체계로 연구를 진행하며, 그렇게 진행된 연구결과로 어떤 판단을 내릴 것인가를 모두 포함하는 빅데이터 기반의 컴퓨터화된 사고체계라면, 빅데이터 분석(big data analysis)은 그러한 방법론에 입각해 어떤 분석툴(analytic tool)을 가지고 실제로 분석을 수행하는 것을 일컫는다. 특별히 빅데이터 연구에서 많이 사용되는 빅데이터 마이닝은 질서없는 빅데이터로부터 어떤 패턴이나 질서를 찾아내는 분석방법(method of analysis)을 뜻한다.

우리는 빅데이터 분석을 어떤 분석툴을 통해 변인간의 상호관계를 화려한 시각 정보로 제공하는 것에 지나치게 경도되어 있다. 빅데이터 분석은 과학적 분석 방법의 하나이긴 하지만, 사회 현상을 '행위자' 간의 '관계'로 파악하려는 나름 독자적인 인식론적 뿌리를 가지고 있다. 지금까지 주류 사회과학적 시각에서 미디어 연구가 미디어 조직이라는 불변적 실체에 의한 효과에 주목했다면, 이른바 관계론적 시각은 커뮤니케이션이 거기에 참여하는 행위자들간의 상호작용에 의해 구성되고 있다고 본다(김경모, 2005 참조). 네트워크 사회가 현실화되면서, 그리고 사회과학과 자연과학의 실질적 학문융합이 현실화되면서 사회를 행위자인 노드(node)와 노드 간 관계(edge)로 보려는 이른바 관계적 전기(relational turn)와, 그를 통해 개념의 구성과 사회적 과정, 의미를 설명하려는 속성 중심적(attribute oriented) 인식론이 이같은 연구경향을 이끌어가고 있다.

데이터 계급(data classes)

마노비치(Manovich, 2011)에 따르면, 빅데이터 사회에서는 기존의 경제적 계급과 달리 데이터 계급이라는 것이 존재한다. 여기에는 세 종류의 집단이 있다. 데이터를 생산할 수 있는 계급, 수집할 수 있는 계급, 분석할 수 있는 계급이 그것이다

2. 미디어 빅데이터 연구: 주목의 기법 연구하기

미디어 분야에서 빅데이터 연구는 기본적으로 주목(attention, 혹은 정동 affect)에 관한 연구이다. 수용 분석이 되었든 텍스트 분석이 되었든 미디어는 커뮤니케이션 활동으로 구성되어 있고, 그것은 곧 주목하기(paying attention)이기 때문이다. 실제로 페이스북이나 넷플릭스와 같이 기계화된 디지털 플랫폼은 '주목의 기법'(technicity of attention)에 입각한 미디어, 다시 말해 인간인지로서 주목을 운영원리로 하고 있다(Bucher, 2012). 검색은 물론 SNS, OTT 등에서 콘텐츠의 배치는 이용자의 주목의 패턴에 맞춰 조정되고 있는 것이다. 앞서 2015년 설현에 대한 검색 분석에서 보았듯이, 사람들은 미디어를 사용하면서 자신의 주목을 데이터로 남긴다. 지금의 미디어 플랫폼은 이런 데이터를 정련해서 어떤 패턴을 찾아내는

방식으로 작동한다.

이는 미디어 빅데이터 연구가 주어진 사태에 대한 주목의 흐름, 즉 사태의 '전체성'(wholeness)을 보여주는 데 기여하고 있음을 의미한다. 여기에서 전체성이란 사태의 전체 사실이나 시각화된 정보를 지칭하는 것이 아니라 분석에 따른 결과들이 상호유기적인 관계로 설명됨을 뜻한다. 앞서 살펴본 사례 역시 연구주제의 관계성 측면에서 전체성을 보여준다. 빅데이터 연구는 특정한 국면에서의 변인 간 (인과)관계를 확률적 추정으로 설명하는 것이 아니라 사태의 전체 상황을 개별 행위자들 간의 관계로 설명한다. 주목과 전체성이라는 점을 염두에 두고 몇 가지 사례를 살펴보자.

(1) 구글의 플루 트렌드

일상생활에서 빅데이터를 통찰력 있게 활용한 사례로 구글 트렌드가 있다. 구글은 2008년경 검색에서 생성되는 빅데이터를 활용하여 사용자에게 유용하고 의미있는 정보를 실시간으로 제공하고 있다. 그해 8월 출범한 Insight for Search가 그것이다. 시장분석에 초점을 둔 이 서비스는 2012년 'Google Trend'라는 이름으로 통합 출범했다.

그 중에서 구글의 독감예보 서비스, 일명 구글플루트렌드(GFT, www.google.org/flutrends/)가 빅데이터의 가치를 분명히 각인시켜준 사건이다. 구글플루트렌드 분석은 실제 플루에 걸린 사람을 대상으로 한 것이 아닌 구글 검색창에 입력된 플루 관련 키워드를 분석한 것이다. 구글플루트렌드는 구글 검색 데이터로 2008년 플루 경향을 정확하게 예측해 세상을 놀라게 했다(Ginsberg et al., 2009). [그림 3]은 당시 연구결과를 과학잡지 〈네이처〉에 실은 논문에서 구글플루트렌드와 실제 플루 감염의 일치도이다. [그림 3]의 빨간색은 CDC에 보고된 플루로 의심되는 감염자(ILI) 수치이고 검정색은 미 동부연안 지역의 구글플루트렌드

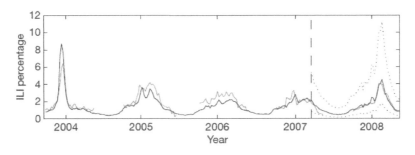

출처: Ginsberg et al.(2009), p.1013

[그림 3] 구글플루트렌트와 실제 플루 감염의 유사성

이다. 이 두 변인간의 평균 상관관계는 0.90이다.

[그림 4]의 그래프에서 검정색은 구글플루트렌드가 플루 발생 빈도를 예측한 것이고, 빨간색은 실제 플루 발생빈도를 뜻한다. 2004년부터 2007년까지는 지난 데이터이고 이를 바탕으로 2008년을 예측한 것이 실제값과 거의 유사하다. 아래 [그림 4]는 2008년 2월에서 5월까지 실제 예측값과 결과값의 추이를 자세히 보여준다. 실제 플루 발생 빈도가 구글플루트렌드 데이터 분석값을 거의 일치하게 뒤따라가고 있다.

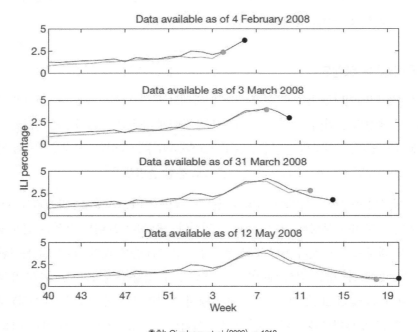

출처: Ginsberg et al.(2009), p.1013.

[그림 4] 2008년 구글플루트렌드 예측과 실제 플루 감염의 유사성

그러나 빅데이터는 언제든지 그 자체로서 어떤 진실을 제공해주지는 않는다. 이후 구글플루트렌드는 2009년 신종 인플루엔자(N1H1) 사태의 예측 실패, 2011년 이후 108주 중 100번의 예측 실패 등 데이터 양에 취해 신뢰도와 타당도를 고려하지 않은 '빅데이터 자만'(big data hubris)에 빠졌다는 진단이 나오기도 했다(Lazer et al., 2014). 아래의 [그림 5]는 구글플루트렌드 오류 발생 이유에 관한 연구로 역시 과학잡지 〈사이언스〉에 실린 것이다. 구글이 과도하게 플루환자를 예측했다는 것이다. 구글플루트렌드 공개 후 허위 검색어 오남용(abusing) 지적과 함께 예측력이 떨어지기는 했지만 빅데이터를 활용한 좋은 사례임에는 틀림없다.

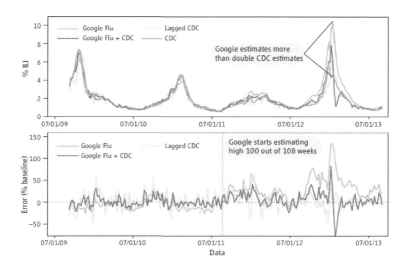

출처: Lazer et al.(2014), p.1204.

[그림 5] 2009년 이후 구글플루트렌드의 예측실패

(2) 인맥과 이데올로기의 네트워크

네트워크 분석은 빅데이터 분석에서 가장 많이 활용되는 영역이다. 사회 속의 각종 행위자 (node)가 다른 행위자와 맺는 관계를 네트워크 개념으로 보여줄 수 있기 때문이다. 뒤에서 자세히 다루겠지만 '행위자'는 행위자와 행위자간의 '관계'와 함께 빅데이터 분석에서 매우 중요한 개념이다. 행위자는 데이터를 생성해 내는 기본 단위로서 사람이나 조직일 수도 있

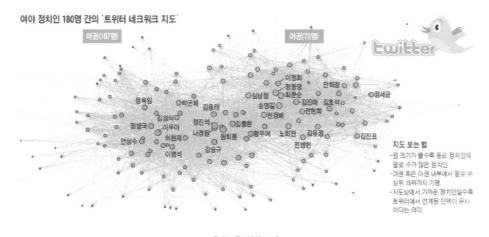

출처: 윤신영(2011)

[그림 6] 여야 정치인의 트위터 네트워크 지도

고 어떤 개념이나 지명일 수도 있다. 관계는 이같은 행위자들 간의 연결성을 나타내는 지표로 표현된다. 사람간의 추종관계, 친밀도, 유력자 분석과 같은 인간 네트워크 분석은 물론 뉴스나 연설문, 일기, 소설, SNS 등 비정형 데이터를 자연어 처리하여 단어와 단어가 어떻게 의미망을 구축하는지 분석하는 것도 네트워크 분석이다.

[그림 6]의 여야 정치인의 트위터 네트워크 분석은 트위터 공간에서의 커뮤니케이션 관계를 분석하여 개별 정치인을 노드로 한 커뮤니케이션 구조를 보여준다. [그림 7]은 노무현, 이명박 대통령의 연설문에서의 주요 단어 출현빈도를 분석하여 두 대통령의 정치적 지향점의 공통점과 차이점을 보여준다. 위의 분석이 인간 네트워크 분석이라면 아래는 의미망 분석이다.

전·현직대통령의 연설문 비교 분석

박한우 영남대 교수가 전, 현직 두 대통령의 취임 첫해(2003년, 2008년) 연설문을 네트워크 기법으로 분석한 그림. 사용하는 단어에 어떤 차이가 있는지 한눈에 알 수 있다. 노무현 전 대통령(오른쪽)의 연설문은 '한반도', '북한', '동북아'와, 이명박 현 대통령은 '대한민국', '국가', '일자리'와 관련이 많다는 사실이 보인다.

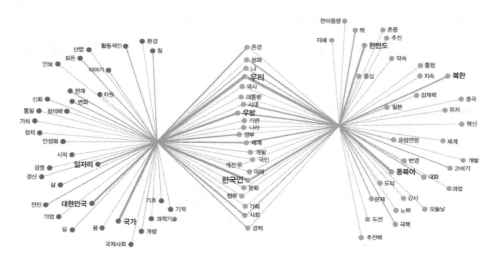

출처: 윤신영(2011)

[그림 7] 두 전직 대통령의 연설문 의미 분석

(3) 텔레비전 시청의 파편화와 분극화

텔레비전이 다채널 다매체될 뿐 아니라 온라인을 통한 시청이 보편화되면서 텔레비전 시청 패턴이 파편화와 분극화로 나타나고 있다. 텔레비전 시청에서 분극화와 파편화란 시청자들이 자신의 취향에 맞는 전문채널이나 장르로 분극화하게 되는데, 이로 인해 전체 시청행태는 시청행위가 하나 혹은 소수의 채널이나 프로그램으로 뭉쳐졌던 대중매체 시대와 달리 다양하게 흩어지는 파편화 양상을 보인다(정영호 · 강남준, 2010). [그림 8]은 시청률을 토대로 2004년과 2007년 텔레비전 시청자들의 분극화/파편화 양상을 보여준다. 연관성 분석에 입각해 채널 레퍼토리를 구성하여 군집화한 것이다.

2004년 서브 그룹들은 지상파 중심의 충성스러운 다수의 시청자 그룹과 7개의 '충성스러운 소수시청자' 그룹으로 나눠진다. 특히 지상파 위주의 '크면서 충성스러운 시청자'들은 지상파와 함께 영화채널을 공유하고 있다. 이는 다수의 시청자들이 지상파와 함께 영화채널을 채널레퍼토리로 구성하고 있다는 것을 보여준다. 지상파 위주의 서브 그룹을 제외한 나머지 서브 그룹들은 어느 정도 비슷한 내용의 콘텐츠를 가진 채널들의 집합으로 구성되어 있으면서 다른 서브 그룹과는 연결성이 없거나 빈약하다. 그러면서 이들 서브 그룹은 지상파와 연결되어 있다. 결국 대부분의 서브 그룹은 지상파와 함께 자신이 선호하는 채널로 파편화, 분극화되어 있음을 알 수 있다.

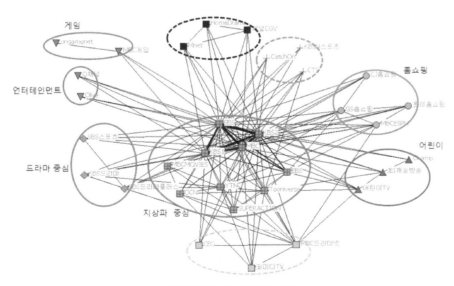

출처: 정영호 · 강남준(2010). p.355.

[그림 8] 채널 레퍼토리에 따른 시청자 분극화/파편화: 2004년

2007년은 콘텐츠와 채널레퍼토리의 관계가 보다 뚜렷하게 나타난다. 채널이 증가함에 따라 시청자들의 채널 소비행태가 특정콘텐츠 중심으로 바뀐 것이다. 지상파 중심의 시청자를 포함해 총 12개의 서브네트워크 그룹들은 2004년에 비해 서브 그룹 네트워크 내에서 채널들이 서로 긴밀하게 연결되어 있을 뿐 아니라 동일 콘텐츠들이 집합을 구성하는 정도가 보다 강하다. 결국 2007년은 2004년에 비해 점점 더 채널 분극화/파편화 양상이 깊어지고 있다고 할 수 있다.

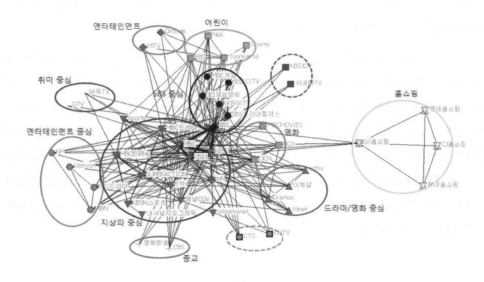

출처: 정영호 · 강남준(2010). p.356.
[그림 9] 채널 레퍼토리에 따른 시청자 분극화/파편화: 2007년

(4) 사회적 이슈의 생애주기: 밈 분석

빅데이터 연구를 통해 우리는 어떤 사회적 이슈를 '문화의 기본 단위'(unit of culture), 즉 인간과 인간 간에 정보가 전달됨에 있어 기본이 되는 단위인 밈(meme)을 추출할 수 있을 뿐만 아니라, 이들 밈이 어떻게 생성, 성장, 소멸되는지를 알 수 있다. 즉 이슈의 생애주기를 추적할 수 있다(임종수, 2016). 예컨대 뉴스 밈이라고 했을 때, 그것은 개별 뉴스나 블로그 콘텐츠에서 인용되는 어떤 구(句, phrase)로 정의된다. 이는 자연어 처리를 통해 추출가능하다. [그림 10]은 전 세계적으로 9천만 개에 이르는 뉴스 및 블로그 포스트 빅데이터 분석을 통해 그런 뉴스 밈이 시간적 경과에 따라 어떻게 생성-발전-잔여되는지를 보여준다 (Leskovec, Backstrom & Kleinberg, 2009).

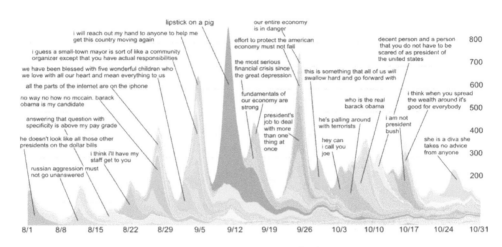

출처: Leskovec, Backstrom & Kleinberg(2009). p.501

[그림 10] 뉴스 밈(news meme) 주기 분석

[그림 10]은 2008년 8월에서 10월까지 미국 대선정국에 관한 뉴스와 블로그 포스트에서 추출된 주요 뉴스 밈을 시계열적으로 분석한 것이다. 분석 당시 미국 대선과 글로벌 경제 위기가 가장 큰 이슈였기 때문에 미국 대통령 후보들의 경제 관련 언급들이 밈으로서 생성-잔여화되고 있다. 가장 정점을 찍은 9월 12일을 예로 보면, 기존에 이어진 뉴스 밈 위에 오바마 대통령이 연설 중에 사용한 "Lipstick on a pig" 밈이 다양한 미디어에서 인용 재생산되면서 최고의 주목을 받고 있다. 이 문장의 뜻은 아무리 화장을 해도 돼지는 돼지이기에 진실은 감출 수 없다는 것으로, 오바마 당시 대통령 후보가 상대 후보의 변화 주장은 거짓이라는 뉴스 밈이다. 이 구문은 수도 없이 재생산되고 토론되며 '오바마 정치'의 상징처럼 되었다. 역사적 주체로서 오바마가 자신의 정치를 세상에 지각시킨 어떤 정신적 실체였던 것이다. 이후 이 밈은 경제와 관련해 "미국의 경제 기반이 생각보다 튼튼하다"라는 뉴스 밈에 밀려 축소되다가 10월 중순경에 잔여화된다. 대선과 경제 관련 밈이 여러 미디어를 통해 확산 축적되고, 또 이어 다른 밈이 등장하면서 기존의 것을 밀어내는 패턴을 보이고 있다. 뉴스로 시작된 의제가 주목의 밈으로 살아 움직이다가 쇠퇴해가는 생애주기를 보여주고 있다.

CHAPTER 2

사회과학 연구전통과
컴퓨터화된 사회과학

1. 양적 vs 질적 사회과학: 간략한 역사

빅데이터 분석 방법론을 사회과학적 탐구의 지평에 놓기 위해서는 먼저 철학에서 과학, 그리고 사회과학으로의 분화와 과학적 탐구행위에 대한 인식론적 이해가 선행되어야 한다. 이는 사회현상을 과학적으로 규명하기 위한 일련의 노력, 그 결과 각기 다른 사회과학들 (social sciences)의 탄생 과정에 대한 이해이기도 하다. 이른바 양적-질적 패러다임으로 명명되는 사회과학 탐구란 무엇인가? 사회를 과학적으로 탐구한다는 것은 무엇을 뜻하는가? 빅데이터 연구는 그런 사회과학적 전통에 어떻게 위치하는가?

(1) 양적 사회과학 연구

근대 사회과학에 첫 번째 철학적 자극을 준 것은 오귀스트 꽁트(August Comte, 1798-1857)로 대표되는 실증철학이다. 꽁트는 19세기 사회적 혼돈으로부터 사회진보를 위한 철학을 꿈꾸었다. 17세기 갈릴레이와 뉴턴 이래 발전해 온 과학혁명에 깊은 인상을 받으면서, 사회학이라는 학문도 자연법칙처럼 하나의 과학으로 정립시키고자 했다. 관찰에 기초한 사회연구, 즉 사회를 지배하는 근본적이고 기초적인 법칙들을 발견하는 것이 사회학적 이론의 목적이라는 것이다. 꽁트에 따르면 인간정신과 인류역사의 발전단계는 세 단계로 진화해왔다. 즉 신의 섭리가 인간정신과 인류역사의 지배적 힘으로 인식했던 신학적 단계에서 어떤 정명이나 언설 등 추상적 힘이 지배적일 것으로 본 형이상학적 단계를 넘어 경험적 사실들 간의 법칙이 사회현상의 본질로 보는 실증적 단계로 접어들었다는 것이다. 실증적 단계는 감각적 경험으로 지각되는 현상과 현상간의 관계(경험주의), 변인과 변인간의 관계(일반법칙의 발견), 자연과학적 방법론의 도입(과학주의)을 특징으로 한다. 자연과학적 방법론에 입각해 감각적 경험으로 확인되는 법칙적 관계에서 어떤 지식을 얻는 것이 과학적인 사회 탐구의 원리로 받아들여졌던 것이다.

이러한 인식은 철학으로부터 과학의 분화와 그 맥을 같이 한다. 인간지성을 통해 지식과 진리를 발견하고자 했던 근대철학은 선천적 이성(생각하는 나)의 논리와 추론으로부터 가능하다고 본 합리론과, 후천적 경험인 관찰과 실험을 신봉한 경험론으로 나눠진다. 과학적 연구방법론은 궁극적으로 이 두 가지 기획을 어떻게 결합할 것인가에 대한 고민이었다. 그런데 이 단계에 이르면 과학이 철학으로부터 분화되면서도 거꾸로 과학의 존재를 철학적으로 설명하고자 하는 역설이 동시에 진행된다. 전자는 '철학의 과학화'로서 당시까지 지배적이었던 철학으로부터 개별 과학이 분화 발전하면서 점차 학문적 헤게모니를 가지게 되는 것으로 설명되고, 후자는 그렇게 분화된 개별 과학에 대한 메타분석을 통해 철학적 전통을 수립하려는 '과학의 철학화'로 설명된다.

데카르트의 합리철학
인간이 얻을 수 있는 지식의 한계는 무엇인가에 대한 답으로 방법론적 회의를 통해 '생각하는 나'를 인식의 출발로 삼았다. 인간은 감정과 욕구로부터 자유롭지 않기 때문에 이를 통제하고 지도하며 냉철한 지식과 궁극의 자유를 가져다주는 것은 이성뿐이다. 따라서 인간이 행복해지기 위해서는 이성의 명령을 따르면 된다.

17세기 과학혁명
17세기는 신의 섭리로만 간주되었던 어떤 사태에 대한 설명이 인간의 영역에서도 가능하다는 점을 깨달은 최초의 시기였다. 계산가능성(calculability)은 인간이 자연세계를 수학적으로 설명할 수 있다는 믿음이었다. 이는 뉴튼과 코페르니쿠스, 케플러, 갈릴레오 등 근대 과학을 연 17세기 동시대인들의 활약에 힘입은 바 크다. 그들은 객관적 관찰과 증명을 통해 언제 어디에서든 설명될 수 있는 보편적 이론을 추구했다. 이를 위한 방법론으로는 갈릴레이의 객관적 관찰과 그에 따른 수학적 기술, 데카르트의 방법적 회의에 의한 추리논법 등이 동원되었다.

비엔나 서클
1920년대 일군의 물리학자와 수학자, 법학자, 철학자들이 주도했던 논리실증주의 연구모임이다. 카르납(R. Carnap)이 이 모임에 가장 영향력있는 인물이다. 모든 학문분야는 경험적 탐구와 함께 논리적 분석을 결합함으로써 진정한 지식을 창출할 수 있다고 보았다. 여기에서 논리라 함은 인간의 언어사용을 수학적 체계, 즉 언어와 사태의 대응관계에 있는 단순명제(원자명제)와 이같은 단순명제들의 논리적 결합인 복합명제(분자명제)로 구분하여 이해하고자 하는 것이다.

연구방법론과 결부해 우리가 주목해야 하는 것은 과학의 철학화이다. 여기에서 일차적인 목표는 '과학'과 '비과학'의 구분이다. 과학주의는 어떤 현상에 대한 탐구가 과학이기 위해서는 현상이 감각적 경험(실증주의) 그 이상의 논리적인(수학적인) 설명과 결부될 것을 요구했다. 경험주의가 주는 관찰의 명확함 그 이상으로 형식논리와 언어적 명제가 과학수행의 주요 방법론이 된 것이다. 이는 20세기 초 이른바 비엔나 서클(Vienna Circle)이 지향했던 내용적 실증주의(감각적 경험)와 형식적 논리주의(형식논리와 수학적 명제)의 결합, 즉 기존의 실증주의 정신에 논리적 관계를 강조하는 논리실증주의의 정립으로 완성된다. 이제 과학은 검증가능성(testability)으로 정의됨으로써 비경험적, 비논리적인 형이상학은 과학의 영역에서 추방되어야 했다. 형이상학은 과학적 방법, 즉 계량화에 의한 수학적 논리로 밝힐 수 없기 때문이다. 과학은 말할 것도 없고 철학마저도 "말할 수 없는 것에 대해서는 침묵"할 것을 강요받았다. 이로써 과학은 이제 철학과 영원히 결별하는 듯 보였다.

그렇다면 이성이 만들어 놓은 과학은 완전한가? 나의 경험과 타인의 경험은 동일한가? 여기에 철학자 흄(D. Hume, 1711-1776)과 같이 경험을 넘어선 어떤 법칙을 주장하는 것에 대한 회의가 있다. 회의론자들에 의하면, 경험을 통해 얻어진 사람과 사람, 사람과 사물, 사물과 사물간의 관계는 과학적인 인과관계로 설명되기보다 관습이나 상황, 조건을 따른다. 엄밀히 말해서 인간은 자연현상에서 발생한다고 여겨지는 '필연적 힘' 자체를 관찰할 수 없다. 우리는 사과가 떨어지는 것은 보지만 사과가 떨어지게 하는 힘을 보는 것이 아니다. 즉 과학의 도구로 사용된 관찰은 인과관계인 힘이 아니라 '경험한 사실'만을 볼 뿐이다. 사회현상도 이와 마찬가지로 인과적 관계로 확정할 수 없다. 다만 반복적으로 빈번히 발생하는(관습적, 습관적) 것으로부터 추정되는 경향만을 확정할 뿐이다.

이는 19세기 문화전환으로 받아들여지는 인상파(Impressionism)의 등장과도 그 맥을 같이 한다. 인간에게 있어 관찰은 누구에게나 통용되는 완전한 법칙으로 존재하는 것이 아니라 개별자들의 감각적 경험이 주는 인상에 지나지 않을 수 있다는 것이다. 따라서 인간경험의 한계만큼이나 귀납적 관찰은 어떤 하나의 공리로서 믿을 수 있는 것이 아니기 때문에 인간경험에 의한 세계상의 인식은 근본적으로 회의적일 수밖에 없다. 심지어 이성은 인간행위의 일차적 요인인 동기부여도 주지 못한다. 결국 지금까지 인간행위, 도덕판단을 결정짓는 것으로 보았던 이성은 힘이 없고 오히려 '정념'(emotion)이 더 중요한 역할을 한다. 인간은 자연이 요구하는 방식으로 살아갈 뿐이고(자연 속의 인간) 이성은 그런 요구를 실현하는데 작용하는 도구적 수단일 뿐이다. 이성의 범위에 대한 이같은 인식은 훗날 하버마스(J. Habermas, 1929-현재)의 도구적 합리성으로 정교화된다.

이같은 문제제기는 과학이 어떤 사태에 대한 계량화와 수학적 논리로 세운 과학적 법칙(이론)이 불완전할 수 있음을 뜻한다. 우리가 아는 경험된 사실과 증명된 법칙 간에는 설명되지 못하는 점이 있다는 것이다. 이에 20세기에 이르러 칼 포퍼(Karl Popper, 1902-1994)는 과학에 대한 완전히 새로운 해석을 시도한다. 그에 따르면, 과학과 비과학은 검증이 아닌 반증으로 그 경계가 재설정되어야 한다. 반증주의(falsificationism)가 과학의 영역에 도입된 것이다. 포퍼에 따르면, 과학은 결코 무엇인가를 증명할 수 없다. 증명의 수단인 감각적 경험 자체가 나약할 뿐 아니라 모든 증명이 이뤄졌다는 선언 자체가 애초에 불가능하기 때문이다. '까마귀는 검다'라는 명제의 경우, 보는 이에 따라 검은 정도의 차이가 있을 뿐 더러도대체 어느 정도까지 검은 까마귀를 세어야 '까마귀는 검다'라는 명제를 확정할 수 있는지알 수 없기 때문이다. 실제로 검지 않은 까마귀도 존재한다. 때문에 인간이 취할 수 있는 것은 '까마귀는 검다'는 명제를 그에 대한 반대 증거가 나올 때까지 '잠정적으로' 받아들이는길밖에 없다. 귀납적 관찰이 수행하고자 했던 증명이 애초의 명제가 아니라 그것을 뺀 나머지 명제로 바뀐 것이다. 이제 과학적 이론은 항상 잠정적으로 존재하는 것이다. 여기에서좋은 과학은 반증가능성이 높은 것이고 그렇지 않은 것은 사이비 과학에 다름 아니다. 따라서 좋은 과학은 수많은 반증가능성을 이겨낸 과학이다.

하지만 현실적으로 과학은 기존 이론에 대한 반증에 의해 새로운 이론이 기계적으로 대치되지 않는다. 즉 하나 혹은 그 이상의 반증이 나왔다고 해도 이전 과학은 여전히 유효하게살아남는 역설이 존재한다. 오히려 그런 반증을 이겨내기 위한 노력이 더해지기도 한다. 그렇기 때문에 과학적 법칙 혹은 이론, 지식은 지식창고에 지식을 쌓는 과정으로 받아들여진다. 그 결과 과학적 이론은 진화하는 것일 수밖에 없다. 이제 관찰은 순수한 관찰에 의한 귀납적 행위가 아니라, 지식창고에서 어떤 이론을 가져와서 수행하는 이론의존적인 행위이다(관찰의 이론 의존성). 과학이 귀납과 연역을 상호보완적으로 수용하게 된 것이다. 이제 하나의 이론 혹은 명제는 과학자 공동체에서 완전히 배제되기 전까지 반증가능성을 이겨내면서 존재한다. 결국 과학은 이론과 가설의 검증가능성보다 확률에 의한 반증가능성의 측면

[그림 11] 과학 수행의 가설연역적 방법

에서 '가설연역적' 방법으로 탐구되는 것이 되었다. 과학적 탐구는 관찰이 연역과 귀납의 방법으로 상호지지되는 과정으로 존재하는 것이다.

하지만 엄격하게 말하면 현대과학은 이론이 관찰을 능가하거나 관찰을 견인하는 방향으로 진화하고 있다. 분명 과학적 이론과 지식은 발전하지만 그것은 점차 우리가 아는 직접 관찰, 즉 점이나 선 등 모양을 가진 분명한 실재의 관찰 너머의 일이다. 기본적으로 수리학적 증명은 관찰을 앞서거나 넘어선 것이다. 실제로 쿼크, 힉스와 같은 개념은 육안을 통한 직접 관찰이 아니라 수리적 논리 하에서 정립된 것이며 그 근거는 여러 가지 실험을 통한 수치 혹은 좌표상의 흔적이다. 이로써 견고해 보였던 과학의 객관적 관찰에 대한 신뢰가 의심받기에 이른다. 이는 사실 실증주의에 대한 의심이기도 하다. 객관적 관찰이 과학을 정립해주지 못한다는 이같은 시각은 한편으로 과학이 다른 모든 학문을 넘어서는 급진적인 진보로 받아들여지기도 했지만, 다른 한편으로 과학을 불신하고 회의하게 하는 원인이기도 했다. 이른바 불확실성의 시대, 즉 과학에 대한 기계적이고 결정론적이었던 시각에 대립하는 상대론적 시각이 피어나기 시작했다.

과학 상대주의

20세기에 이르러 과학이 객관적 관찰을 통해 명확한 지식을 추구한다는 점에 회의를 품었던 일련의 시각을 과학 상대주의라 부른다. 과학을 패러다임에 입각해 정상과학과 그렇지 않은 과학으로 나누려 했던 쿤이나 하나의 실험적 사실은 무한히 많은 이론과 가설이 존재하기 때문에 실험의 결과가 어떤 이론에 배치된다 하더라도 그 어긋남이 해당 이론의 제1가설에 의한 것인지 여타 하위가설에 의한 것인지 확증할 수 없다는 뒤엠-콰인(Duhem-Quine)의 '증거에 의한 이론의 과소결정'(underdetermination of theory by evidence), 궁극적으로 관찰이란 순수하게 있을 수 없고 관찰자의 경험이나 지식, 기대에 의존한다는 핸슨(N. R. Hanson)의 '이론 의존적 관찰'(theory laden observation) 등이 그것이다. 이들의 주장은 귀납적 방법만으로는 특정한 명제를 완전히 증명할 수 없으며 이론이 진행 중인 연구에 대해 상대적인 자율성을 가진다는 점을 보여준다.

쿤(Thomas Khun, 1922-1996)의 과학적 패러다임 또는 과학적 세계관은 과학이란 것이 검증 혹은 반증으로 배타적으로 존재하는 것이 아닌 일종의 지적 공동체의 활동임을 지적한다. 극단적으로 말하면 과학을 수행하는 집단의 세계관과 가치관에 따라 각기 다른 지식과 이론이 형성될 수도 있다는 것이다. 실제로 뉴턴의 물리학을 반박한 아인슈타인의 상대성 원리가 탄생했음에도 뉴턴의 이론은 폐기되지 않았다. 물론 그럼에도 불구하고 과학은 여전히 계속된다. 즉 과학은 하나의 방향으로 진보한다기보다 패러다임 하에서 존재한다. 다만 과학과 과학이지 않은 것, 이론과 이론이 아닌 것, 지식과 지식이 아닌 것을 구분하여 전자를 추구하고자 했던 노력이 과학적 발견의 누적적, 상호설명적 과정으로 이해될 뿐이다. 어쩌면 현대과학은 숱한 발견과 지식, 연구사례, 이론, 개념 등을 연구자의 필요에 따라 가져다 쓰면서 지식의 창고를 넓혀가는 과정에 있는지도 모른다.

미디어 연구에 있어서 지배적 연구 패러다임은 이같은 가설연역적인 과학주의 전통에 입각해 있다. 미디어 혹은 인간의 커뮤니케이션이라는 외적 변인이 인간의 태도를 얼마나 변화시키는지 계량적으로 증명해내는 것으로부터 시작했다. 미국을 중심으로 한 전통적인 미디어 효과연구가 여기에 해당한다. 따라서 용어적으로는 계량적 미디어 연구(quantitative media research) 혹은 경험주의적 미디어 연구(experiential media research)라고 한다. 다소 비아냥스러운 말로 행정주의적 연구(administrative studies)라고도 한다. 이같은 미디어 계량연구는 지배적 패러다임(dominant paradigm)으로서 미디어 연구의 방향타 역할을 해왔다.

(2) 질적 사회과학 연구

한편, 사회과학은 앞서 살펴본 바와 같은 가설연역적 계량연구로 제한되지 않고 이른바 사회현상의 결(texture)을 보다 심층적으로 밝히고자 하는 질적 연구(qualitative research)도 포함한다. 현상학적 연구전통이 그것이다. 일반적인 사회과학적 질적 연구방법으로는 문화기술지(ethnography), 근거이론(grounded theory), 민속방법론(ethno-methodology), 포커스 그룹 인터뷰(focus group interview), 역사학적 연구 등이 있을 수 있다. 이들 각 방법론은 다른 방법론과 배타적이기보다 근거하고 있는 학문적 배경의 차이로 인한 인식론적 차이를 내재하고 있을 뿐, 구체적인 방법에 있어서는 현실을 에믹(emic)적인 관점, 즉 연구 중인 환경 속에 있는 사람들의 관점에서 해당 주제를 이해하려는 공통점을 견지하고 있다. 따라서 사회현상은 어떤 수치로 계량되지 않고, 있는 그대로 맥락에서의 관계로 기술되고 해석된다.

문화 혹은 인류학적 연구방법론으로부터 시작한 질적 연구방법은 미디어 연구에 비교적 늦게 도입되었다. 그 방향은 1960년대 문화의 수량화에 대한 라자스펠드(P. Lazarsfeld, 1901-1976)와 아도르노(T. W. Adorno, 1903-1969) 논쟁과 1970년대 미국의 지배적 패러다임에 대한 유럽의 비판적 패러다임의 도전과 같이 미국이 주도하고 있었던 계량적 연구에 대한 비판으로 시작해 미디어 수용 현장 연구 등으로 현실화되었다. 1960년대 후반 일기 시작한 서구사회의 이데올로기적 혼란에 대한 설명을 구하고자 했던 구조주의, 문화연구, 정치경제학 등 미디어 연구에 있어서 신수정주의(New Revisionism)적 전통이 그 궤를 같이 했다(Curran, 1990). 가령 텔레비전 연구의 경우 구조주의적 전통 하에서 텍스트의 구조에 주목했던 질적 내용분석과 미디어 수용에서 수용자의 의미해독을 분석하는 수용분석, 텔레비전이 놓여있는 가정에서의 맥락에 중점을 두는 문화기술지 등으로 대별된다. 이러한 경향은 구체적인 조사방법으로 텍스트분석, 심층인터뷰, 참여관찰, 편지분석, 시청일기분석 등을 채택하고 있다. 텔레비전 시청자의 시청행위를 묻는 것에서 그치지 않고 직접 시청자와 함께 드라마를 시청하면서 구체적으로 어떻게 수용하는지를 보고자했던 홉슨(D. Hobson)의 〈교차로〉연구(1982)나 시청자로부터 받은 편지를 토대로 드라마 수용의 정서적 리얼리즘을 강조했던 앙(E. Ang)의 〈댈러스〉연구, 스튜어트 홀의 해독모델에 입각해 뉴스 수용을 연구한 몰리(D. Morley)의 〈네이션와이드〉연구, 가정이라는 맥락에서 텔레비전의 이용과 해독과정을 설명코자 했던 몰리의 〈가족텔레비전〉연구(1986) 등이 선구적이다.

질적 연구에 대해 가장 많이 제기되는 비판은 무엇보다도 질적 연구가 '과학적인가'라는 문제이다. 이는 자연과학적 방법론을 수용해 왔던 양적 방법론과 비교되는 질적 연구의 존재론적, 인식론적 차이에 기인한다. 질적 연구방법론을 비판하는 데 동원되는 과학적 연구의 기준으로는 크게 '개념의 경험적 검증'의 문제, 즉 이론적 수준과 경험적 수준을 연결시키는 중범위 이론으로서의 가능성과 '연구자의 가치 개입'의 문제가 있다.

질적 연구를 비판하는 데 있어 '개념의 경험적 검증'의 문제를 제기하는 사람들은 경험적 검증이 불가능한 것은 사실상 연구에서 제외되어야 하고 계량화를 통해 변인간의 인과성을 추론해야 한다고 본다. 그런 점에서 보면, 질적 연구는 지나치게 거대 이론에 의존하고 있어 특정 변인을 검증하기보다 어떤 전제에 입각하여 그 전제를 지지하는 증거를 선택적으로 취한다는 혐의를 받기 쉽다. 그러나 질적 연구자들은 역으로 양적 연구자들의 주장처럼 변인들의 순수성이나 객관성이 보장될 수 있는가라고 비판하면서, 사회현상은 자연현상과 본질적으로 다르기 때문에 자연과학이 선호하는 계량적 방법론을 기계적으로 적용할 수 없다고 본다. 그들의 주장에 따르면, 사회현상에서 변인이란 결국 특정 사회의 '맥락' 하에서 작동하기 때문에 연구대상의 측정이 사회적 맥락과 분리된 것이라면 사회적, 역사적 의미를 상실할 수밖에 없다는 것이다. 따라서 사회세계의 인과성은 경험주의처럼 변인을 통한 단선적 검증에 있지 않고 복잡하게 얽혀있는 '중층적 성격'을 밝혀야 비로소 얻어질 수 있다고 본다. 그 방법으로 기술의 엄밀성과 해석의 심층성 측면에서 '두껍게 기술하기'(thick description)를 제안한다.

두껍게 기술하기

'두껍게 기술하기'란 원주민의 문화를 텍스트로 접근함으로써 그 문화 안에 상징적으로 구현되어 있는 두꺼운 의미의 층위들을 치밀하게 기술해 내는 사회과학적 해석 및 기술방식을 말한다. 사회과학적 도구의 도움을 받아서 역사현실을 추상하여 일반화하는 것이 아니라, 구체적 상황에서 상징적 형태로 작동하는 문화의 코드에 의거해서 '역사현실의 의미연관'을 해석하는 것이다. 개별적인 사례의 범위 내에서 일반화를 시도하는 질적 기술의 한 방식이다. 언어철학자 길버트 라일(G. Ryle)이 처음 소개했고 1970년대 문화인류학자 클리포드 기어츠(C. Geertz)가 그의 책 〈문화의 해석〉The Interpretation of Cultures(1973)에서 연구방법의 하나로 설명하면서 인류학, 문학비평(Literary Criticism), 신사학(New Historicism) 등 사회과학 전 분야에 널리 통용되기에 이르렀다.

'연구자의 가치 개입'의 문제는 질적 연구가 주관적 가치관에 입각함으로써 과학적 객관성을 담보하지 못한다는 비판이다. 연구자는 과학적이고 객관적인 지식을 얻기 위해서 연구대상으로부터 독립적이어야 함에도 불구하고 질적 연구자들은 그렇지 않다는 것이다. 그러나 질적 연구자들은 사회과학에서 가치의 문제와 이데올로기적 요소를 배제할 수 있는가라는 근본적인 질문에 대해 연구자 역시 특정의 사회적 환경에서 살아가는 사람으로서 결코 이를 배제할 수 없다는 입장에 있다. 따라서 사회적 실천과 변혁에 대한 지식과 지식인의 비전과 실천이 강조된다. 그런 점에서 사회적 모순에 대한 해명과 극복에 적극 복무하는 것이 연구자가 연구를 통해 사회에 기여하는 가장 중요한 것이라고 본다.

질적 연구에 대한 이같은 지적은 결국 질적 연구의 신뢰성과 타당성에 관한 문제제기이다. 신뢰도는 동일한 대상을 동일한 방법으로 시간의 차이를 두고 연구를 진행했을 때 분석도구가 동일한 결과를 낳는지와 같이 관찰의 안정성이 확보되었는가에 대한 것이다. 타당도는 분석도구가 관심 대상을 정확하게 반영하는지와 같이 관찰의 진실성과 관련된 것이다. 질적 연구에 대한 이같은 문제제기는 사회적 사태에 대해 누구도 수긍할 수 있는 계량적 지표가 없기 때문에 발생하는 것으로 지금도 여전하다.

물론 질적 연구도 경험주의적 가정에 입각한 연구에서처럼 데이터의 신뢰도와 타당도의 문제를 고려한다. 하지만 질적 연구는 양적 연구와 똑같이 신뢰도와 타당도를 적용하기 힘들다. 왜냐하면 질적 연구의 해석적 패러다임은 문화, 인식, 행위유형 등이 지속적으로 변화한다는 점을 인정하기 때문이다. 문제는 그것이 얼마나 설득력 있는가이다. 즉 질적 연구가 제대로 된 데이터에 입각하여 올바른 해석을 하고 있다는 것을 독자로 하여금 얼마나 확신시키는가이다. 이를 위해 질적 연구가 채택하는 전략으로 '자료창출 방법에서의 타당성'과

'해석의 타당성'이 있다.

자료창출 방법의 타당성은 연구주제와 목적에 합당한 자료를 찾는 방법을 수행하고 있는가에 대한 질문이다. 대표적으로 조사방법의 '3각 측량'(triangulation)이 있다. 3각 측량은 연구대상에 대한 하나 이상의 방법이나 자료 등을 사용하는 것을 의미한다. 즉 어떤 결과에 대해 여러 가지 측정 도구가 일관성 있게 지지하는지를 봄으로써 분석결과의 신뢰성을 확보하는 것이다. 3각 측량 방법으로는 다양한 데이터를 사용하는 '데이터 3각 측량', 두 사람 이상의 연구자와 평가자를 이용하는 '연구자 3각 측량', 데이터를 해석하는 다양한 시각을 이용하는 '이론 3각 측량', 하나의 문제의식을 다양한 방법을 동원하는 '방법론의 3각 측량' 등이 있다.

해석의 타당성 문제는 어떤 경로를 통해 그 해석에 도달하였는가에 대한 질문이다. 해석 과정을 투명하게 보여주는 것으로서 '상호체크' 방법을 사용할 수 있다. 상호체크란 연구자가 그가 연구하고 있는 지역에 살고 있는 사람들과 함께 가설이나, 개념, 해석, 설명을 검증하는 것을 말한다. 상호체크는 현장조사가 끝날 무렵에 행해지며, 내부자(현장의 사람)나 그 연구와 무관한 외부자(제3자)가 참여한다. 상호체크는 질적 연구가 대상에 대한 주관적 해석이기 때문에 해석에 대한 타인의 판단을 들어봄으로써 타당성을 검증하는 데 유용하다.

질적인 사회과학 연구가 과학이냐 아니냐라는 논쟁은 주로 지배적인 계량연구 집단에서 제기하는 문제이지만 질적 연구 진영의 입장에서 보면 그들의 연구방법 역시 '과학적'이다. 다만 과학을 정의하는 근본적인 출발점이 다를 뿐이다. 질적 연구방법과 여러 방식으로 연결되어 있는 맑스(Karl Marx, 1818-1883)의 토대상부구조 테제는 그 이전에 지적 세계를 풍미했던 형이상학, 기계적 변증법 등과 비교해 '과학적'인 변증법적 유물론을 지향했다. 현상학에서는 과학과 배치될 것 같은 주관성을 간주관성(inter-subjectivity)으로 보며 기계적 객관주의를 대신하여 인간행위와 사회를 연결하는 설명개념으로 사용한다. 이들은 인간의 행위를 합리적 사고방식으로 탐구하지만 계량이 아닌 방법으로 가능하다고 본다. 그리고 나름의 성과를 내고 있다. 그렇게 보면 질적 연구 전통에서는 과학과 과학이 아닌 것을 나누는 것보다 무엇이 더 설득력있게 사회적 사태를 설명하고 역사진보에 기여하는지가 중요하다. 과학철학의 논쟁에서 보듯이, 사회과학적 탐구는 얼마든지 다양한 시각에서 접근될 수 있기 때문이다.

2. 사회과학적 탐구의 본질

사회현상 탐구에 몰두했던 사회과학 제 학문 영역은 양적-질적 양대 패러다임 하에서 지식 생산을 추구해 왔다. 전자가 사회현상에 대한 탐구 역시 자연과학적 방법론과 다르지 않다 는 전제하에 계량을 통한 설명에 치중한다면, 후자는 사회현상이란 본질적으로 자연현상과 다르기 때문에 과학적인 세계관에 입각해 주어진 사회현상을 해석해야 한다는 주장에 입각 해 있다. 전자를 경험적 패러다임, 후자를 질적 패러다임(혹은 비판적 패러다임)이라고 부 른다.

따라서 사회과학은 본질적으로 그들의 주제를 사회세계의 본질에 대한 각기 다른 가정 (assumption)을 통해 접근한다(Burrel & Morgan, 1979). 이러한 가정의 차이는 존재론적 가정과 인식론적 가정, 인간본성, 그에 따른 방법론의 차이를 규정한다. 연구자는 앎의 기원 과 본질은 물론 그것이 획득되는 과정과 경로, 알아진 것의 성과와 한계를 분명히 인식할 필 요가 있다. 학문탐구 방법으로서 빅데이터 분석 방법론을 깊이있게 이해하기 위해서도 마 찬가지이다.

(1) 존재론적 가정

과학에서 존재론이란 과학적 지식탐구의 대상이 되는 현상의 본질이 어디에 위치하고 있는 가에 대한 물음이다. 즉 존재론은 탐구 하에 있는 '현상의 본질'에 관심을 두는 것으로서, 탐 구된 리얼리티가 인간 바깥에 외재하는가, 아니면 인간 의식의 산물인가로 나눠진다. 전자 에는 유물론, 리얼리즘 등이 있고 후자에는 형이상학, 명목론이 있다.

① 리얼리즘: 인간 인식의 바깥에 사회적 사태가 존재한다. 인간의 인지 외부에 있는 사회세 계는 경험가능하고, 상대적으로 불변의 구조로 만들어져 있는 실제 세계이다. 사회세계 는 인간의 인식여부와 독립적으로 경험적 실체로 존재한다.

② 명목론: 사회적 사태는 인간인식 과정을 통해서만 존재한다. 사회세계는 리얼리티를 구 성하는데 이용되는 이름, 개념, 칭호에 의해 결정되어 진다. 부여되는 '이름'은 묘사를 위 한 인위적 창조물로서 외부세계를 이해하고, 외부세계와 교섭하는 이들 대리자를 통해 서이다. 오랜 세월동안 내려온 의례적 관례와 풍습, 인습이 사태를 파악하는 기준이 되 는 관례주의(conventionalism)적 관점과 유사하다.

(2) 인식론적 가정

인식론은 사회적 사태를 인식하는 데 있어 '지식의 바탕' 혹은 '지식의 근거'에 대한 물음이다. 인간은 세계를 어떻게 이해할 수 있는가? 어떤 형식의 지식이 획득될 수 있는가? 거짓과 진실을 어떻게 구분하는가에 대한 각기 다른 인식론적 가정이 있을 수 있다. 지금까지 사회과학은 인식론적으로 실증주의와 반실증주의로 구분했다.

① 실증주의: 사회 현상을 구성하는 각 구성요소간의 법칙과 인과관계를 탐구함으로써 사회 세계에서 발생되는 것들을 설명하고 예측하고자 한다. 자연과학에 지배적이었던 접근 방법을 사회과학에 적용한 것이다. 그 특징으로는 ⓐ 충분한 실험탐구 프로그램에 의해 가설을 증명해 낸다(가설법칙적). ⓑ 가설은 반증될 수 있고 사실을 증명하는 것만이 아니다(반증주의). ⓒ 증거주의자와 반증주의자에게 있어 지식의 성장은 새로운 통찰이 기존의 지식창고에 보태지고 잘못된 가설은 줄어드는 축적적 과정이다(축적적 지식).

② 반실증주의: 사회세계의 법칙 또는 잠재적 규칙 탐구의 유용성을 거부한다. 사회세계는 상대적이고, 탐구되고 있는 세계에 관계하고 있는 개인의 관점에 따라 이해될 뿐이다. 따라서 객관적 관찰자라는 개념은 사회탐구에 있어서 애초에 있을 수 없다. 실증주의자와 반대로 과학이 어떤 종류의 객관적 지식을 생산해 낼 수 있다는 것을 거부하고 사회적 맥락에 따라 각기 다르게 나타나는 인간활동에 주목한다.

(3) 인간본성에 대한 가정

기본적으로 인간활동을 다루는 사회과학은 인간과 인간환경 간의 관계에 관한 인간본성을 각기 다르게 가정한다. 사회현상을 다루는 인간은 탐구의 대상이자 주체로서 사회과학에서 어떤 관점을 가질 수 있기 때문이다. 인간과 인간경험은 환경의 산물, 즉 인간은 외부세계에 의해 조건지어진다는 기계론 혹은 결정론적 시각과 인간과 환경의 관계를 인간의 '자유의지'의 활동, 즉 인간이 환경의 창조자이자 통제자, 주체로 보는 자발론적 시각으로 나뉜다. 이러한 가정들은 인간과 그가 사는 사회와의 관계의 본질을 정의한다.

① 결정론적 시각: 인간과 그의 활동은 상황 또는 그가 놓여있는 환경에 의해 결정된다.

② 자발론적 시각: 인간은 그의 활동 및 상황으로부터 완전히 독립적이고 자유의지를 소유한다.

(4) 방법론

각 가정들의 층위는 사회세계에 대한 지식을 얻는 각기 다른 방법론과 연결되어 있다. 사회과학자가 선택하는 방법론에는 사회세계를 자연세계처럼 다루는 객관적 방식과 주관적 질의 측면에서 다루려는 방식이 있을 수 있다. 전자는 사회세계를 냉정하고 외재적이며 객관적 리얼리티를 다룬다. 따라서 전체를 구성하는 각 요소 간의 관계와 규칙의 분석에 초점을 두면서 보편적 법칙을 찾고자 한다. 반면 후자는 사회세계의 창조에 있어 개인의 주관적 경험을 강조하고, 세계상의 각기 다른 영역과 주제는 각기 다른 방법에 의해야 한다고 본다. 보편적이고 일반적인 법칙보다는 개인의 특징적이고 특수한 것을 설명하고 이해하고자 한다.

① 법칙적 접근: 연구는 체계적인 틀(protocol)과 기법에 따라 진행된다. 과학적 엄격함에 따라 가설을 검증하는 과정을 강조하는 자연과학의 방법론을 차용하는데, 과학적 검증의 틀을 만들고, 자료분석을 위한 계량적 기법을 이용한다(서베이, 설문지, 인성검사, 표준화 연구 등).

② 표의적 접근: 인간은 탐구하고 있는 주체의 직접적인 지식획득에 의해 사회세계를 이해할 수 있기 때문에 주체에 대한 밀착을 강조하여 배경과 삶의 궤적을 탐구하고자 한다. 인간 내부로의 접근과 일상적 삶의 흐름을 설명하는 주체적 설명을 분석할 것을 강조한다. 따라서 방법론적으로 탐구 도중에 주체의 본질과 특성을 드러내는 것을 중요시 한다.

3. 연구의 형태와 분석 수준

(1) 연구의 형태

지금까지 설명한 것에서 전자는 경험적 패러다임으로 양적 연구(quantitative research)를 지향하고, 후자는 질적 패러다임으로 질적 연구(qualitative research)로 지향한다. 양적 연구는 자연과학처럼 실험연구나 설문조사 등 개념의 계량화를 통해 사회현상에 대한 '정보'를 얻고 이로 토대로 사회현상을 '설명'하는 방법이라면, 질적 연구는 인문주의에 입각하여 사회현상에 대해 개인 혹은 조직이 해석하는 것을 해석(interpretation of what they interpret)하는 것으로서 '의미'를 '이해'하는 것에 주안점을 두고 있다. 이를 비교하면 아래 표와 같다.

〈표 1〉 질적 연구와 양적 연구의 차이

양적 연구	질적 연구
• 자연과학	• 인문주의
• 정보	• 의미
• 외부적 접근	• 문화의 이해와 해석을 위한 내부적 접근
• 다른 맥락에서의 유사한 경험(일반성)recurrence	• 특정 맥락에서의 경험 발생occurrence
• 조작적 실험	• 현장의 경험
• 측정	• 해석
• 미디어 생산물 자체	• 생산되고 사회내로 통합되는 과정

(2) 분석의 수준

양적/질적 연구 방법론은 4가지의 분석 수준에서 차이를 살펴볼 수 있다. 분석 대상, 분석 장치 또는 분석방법, 분석방법론, 이론적 틀이 그것이다.

가. 분석의 대상

조사연구의 목적과 동기, 문제의식으로부터 연원하는 것으로서 연구의 직접적인 대상의 차이를 뜻하다.

① 양적 연구: 개별 사건과 행위

② 질적 연구: 사회적 맥락 하에서의 사건과 행위

나. 분석적 장치 또는 방법

자료의 수집, 기록, 분류 등 '조사의 구체적 시행'에 있어서의 차이를 뜻한다.

① 양적 연구: 구조화된 자료, 조작화된 자료

② 질적 연구: 공개적이고 자연적 상황 하에서의 자료

다. 방법론

자료수집과 자료분석 및 선택된 자료들의 해석을 이론적 틀과 관련시키는 데 기여하는 '전반적인 연구 디자인'의 차이를 뜻한다.

① 양적 연구: 계량화를 통한 이론의 검증

② 질적 연구: 자료의 축적과 의미의 해석을 통한 일반적 법칙의 발견

라. 이론적 틀

인식론적 위치를 구체화하는 개념적 지형으로서 분석에 기여하거나 분석을 통해 기여하려는 이론적 범위의 차이를 뜻한다.

① 양적 연구: 중범위 이론

② 질적 연구: 대이론

이같은 분석수준을 내용분석과 담론분석 차원에서 구분해 볼 수 있다. 전형적인 내용분석이 양적 연구라면 담론분석은 질적 연구를 대표한다. 내용분석이 실증주의적 관점에서 텍스트의 의미를 주어진 단어를 셈으로서 일반적 규칙을 발견하여 연구 바깥에 있는 맥락과 견주어 설명하는 것이라면, 담론분석은 텍스트의 의미를 단순히 단어의 계량화가 아니라 그 단어가 어떤 문장의 틀 안에서 작동하는지를 살펴 텍스트 자체의 맥락으로부터 의미를 해석하려는 것을 목적으로 한다. 내용분석이 외재적 관찰(etic)에 따르는 것이라면 담론분석은 내재적 관찰(emic)을 따른다.

〈표 2〉 양적 연구로서 내용분석과 질적 연구로서 담론 분석

	내용분석	**담론분석**
방법론적 패러다임	실증적/경험적 연구방법론	질적 연구방법론
앎의 방식	언어를 통해	담론을 통해
이론적 근거	현상으로부터 규칙을 찾고자 하는 것으로서 그 규칙으로부터 연구의 의미판단을 유도	언어, 구, 절, 문장 등 의미단위의 틀과 그 틀에 해당하는 내용이 지시하는 바를 해석
방법	단어 세기(counting)	단순한 단어 세기가 아니라 그 단어가 어떤 맥락 속에 있는가에 따라 의미가 달라짐
연구자의 위치	연구하고자 하는 사태의 맥락이 연구대상 바깥에 있음	연구하고자 하는 사태의 맥락이 연구대상 안에 있음

이 두 방식은 빅데이터 네트워크 분석에서 융합적으로 적용될 수 있다. 단어의 빈도와 그 빈도간의 관계로부터 어떤 규칙을 발견하려 한다는 점에서 내용분석에 가깝다면, 그러한 단어와 규칙이 어떤 틀 속에서 작용하는지를 그 전체성을 보여준다는 점에서 담론분석에 가깝다. 빅데이터 분석은 노드간의 관계를 수치로 표현하는 계량적 전통 하에 있지만 그렇게 발견된 결과 자체가 어떤 맥락을 설명한다.

4. 컴퓨터화된 사회과학: 빅데이터 연구 프로그램

지금까지 논의해온 사회과학적 탐구의 양대 패러다임은 빅데이터 연구와 어떻게 접목되는 가? 양적 연구와 질적 연구의 전통은 빅데이터 분석과 어떻게 연결되고 어떻게 다른가? 우 리는 빅데이터로부터 어떤 사회적 진실을 밝힐 수 있는가? 빅데이터로부터 밝혀진 지식은 사태에 대한 사회적 진실을 충분히 제공하는가? 빅데이터 분석은 어떤 과학적인 방법인가? 빅데이터 연구는 분석기술, 분석능력 그리고 지금까지 경험하지 못한 데이터가 주는 과학 에 대한 믿음으로 무장되어 있는 듯 보인다(boyd & Crawford, 2012). 대규모의 데이터를 수집하고 비교, 분석하는 데 있어서 강력한 컴퓨터 연산과 알고리즘의 고도화(분석기술), 각 학문분야별 분석기법과 분석결과에 따른 설명력의 증대(분석능력), 그리고 굳이 이론을 뒤지지 않더라도 대규모 데이터 자체가 진실과 지식을 찾아줄 것이라는 믿음(이론의 종언) 이 그것이다. 빅데이터를 사회현상을 해명하는 방법으로 사용하는 데 문제는 없는가? 이 장 에서는 컴퓨터화된 사회과학의 프로그램이 기존의 양적, 질적 연구와 어떻게 충돌하고 융 합되는지 살펴본다.

(1) 컴퓨터화된 사회과학: 자동생성 데이터 분석의 과학

빅데이터 분석 역시 사회적 진실을 밝히는 과학적 방식, 즉 사회현상에 대한 보편적이고 명 확한 지식을 밝히는 일종의 연구 프로그램이다. 이는 컴퓨터화된 사회과학(혹은 컴퓨터 연 산의 사회과학 CSS, Computational Social Science)의 발전과 그 맥을 같이 한다. 컴퓨터화 된 사회과학은 대규모의 디지털 데이터를 수집, 가공, 분석하여 사회적 진실을 규명하는 것 을 말한다(Lazer et al., 2009). 이같은 시도는 2차 세계대전 이래 정보의 축적과 1960년대 급속한 컴퓨터 기술의 발전에 힘입었다. CSS는 기본적으로 사회적 사태에 따른 데이터 생 성과 수집은 물론 이를 가공, 분석하는데도 컴퓨터 연산적 방법을 적용한다. 그런데 자세히 생각해 보면 지금까지 계량연구나 심지어 질적 연구조차도 컴퓨터 연산의 도움을 받지 않 은 적이 거의 없다. 특히 계량연구는 컴퓨터 연산의 발전에 발맞춰 발전해왔다고 해도 과언 이 아니다. 그렇다면 왜 특별히 빅데이터 연구에 이르러 CSS를 강조하는가?

그것은 데이터의 생성과 수집에 있어서, 데이터의 분석이 아니라, 컴퓨터 연산이 직접적으 로 적용되기 때문이다. 즉 분석대상으로서 사회적 사태에 대한 데이터가 컴퓨터 연산적 수 행을 통해 '자동적으로' 생성, 수집되기 때문이다. 대표적으로 어떤 행위와 동시에 그 행위 가 발생된 시간과 행위의 고유값이 기록되는 거래행위 데이터(transaction data)가 있다. 카드사용, 여행기록, 배달, 주문, 장바구니, 일기 등은 물론 뉴스에서의 동시출현 단어, SNS 상의 포스팅이나 코멘트 등이 그것이다. 그렇게 보면 빅데이터는 넓은 의미에서 모두 (거래) 행위와 동시에 생성되는 데이터 전체를 일컫는다. 이것은 이전의 사회과학 연구에서는 없었던 현상이다. 이전까지 계량연구는 사회적 행위자인 응답자의 회상에 근거한 서베이나 연구자의 직접적인 관찰(counting)을 통해 데이터를 '인위적으로' 수집했다. 데이터의 크기도 지극히 제한적인 표본이었다. 하지만 빅데이터 연구는 행위자가 어떤 행위를 할 때마다 그 행위의 의미를 담은 자동생성된 데이터를 분석대상으로 한다. 미디어화된 시대에 행위자는 행위와 동시에 어떤 데이터를 남긴다. 그렇기 때문에 빅데이터는 이전의 샘플링 데이터에 비해 월등히 그 양이 많을 뿐만 아니라 직접적인 데이터라는 점에 그 의의가 있다. 결국 빅데이터 분석의 핵심요지는 데이터가 많다는(big) 점과 함께 그것이 행위 그 자체를 담은 '자동생성된'(auto-generated) 것이라는 데 있다. 따라서 컴퓨터화된 사회과학이란 곧 자동생성 데이터 분석의 과학이다. 컴퓨터화된 사회과학이 데이터 추동연구(data-driven research)와 거의 동일시 되는 것은 데이터 자체가 연구의 상당부문을 규정하기 때문이다.

그렇기 때문에 빅데이터 분석의 첫 출발은 주어진 데이터에 대한 분석기법을 이해하는 데 있는 것이기보다 그런 데이터를 가지고 어떤 연구를 할 수 있는지 '통찰'하는 데 있다. 그 통찰은 우선적으로 '데이터의 존재'를 확정하는 데서 나온다. 즉 그런 데이터를 찾는 것, 수집하는 것, 찾거나 수집된 데이터와 데이터를 연결하는 것에서 통찰이 생겨난다. 하지만 데이터의 존재를 확정한다는 것이 말처럼 쉬운 것이 아니다. 데이터는 그것을 생성하는 어떤 플랫폼에 배타적으로 귀속되어 있기 때문이다. 만약 그런 플랫폼의 데이터에 직접 접근하기 힘들면 스스로 데이터를 수집하는 소프트웨어를 운용할 수 있어야 한다. 이에 대해서는 2부에서 자세히 살펴본다. 지금까지 알려지고 수행되어 온 빅데이터 연구에서 분석방법론은 무엇을 분류하거나 집단화하거나 관계와 네트워크를 설명해 왔는데, 이는 사실 기존의 통계방법론에서도 응용해오던 것이다. 가령 대표적인 빅데이터 분석방법론으로 활용되는 네트워크 분석은 이미 20세기 중후반 개혁확산 연구와 의견지도자 연구 등으로 많이 다뤄졌던 분석기법이다. 문제는 지금 우리가 말하는 자동생성된 빅데이터를 어디서 어떻게 구할 것인가이다. 빅데이터를 분석하기 이전에 데이터의 존재를 확정하는 작업이 컴퓨터화된 사회과학의 출발점이기 때문에 사회현상을 탐구하려면 먼저 이에 대한 능력을 갖추어야 한다.

자동생성 데이터 다음으로 주목해야 할 것이 컴퓨터 연산(computation)의 개념이다. 자동생성 데이터 개념에서 보면 컴퓨터 연산이란 컴퓨터 장치가 인간의 행위에 대한 직접적인 데이터를 생성시킴은 물론 그런 데이터를 분석할 수 있는 '계산가능성'(computability)을 포함한다. 세계를 인간의 이성을 통해 명료하게 밝힐 수 있다는 17세기 과학혁명 이래 계산가능성은 인간의 지적 능력을 뜻했다. 이것은 20세기에 이르러 기계에 의한 계산가능성, 즉 기계지능의 단계로 넘어온다. 만능기계로 널리 알려진 튜링(A. M. Turing)은 기계를 통한 수학적 연산으로 이전 상태에서 새로운 상태로 이전해가는 것을 '마음 상태'(state of mind) 라는 개념으로 기계의 계산능력을 증명해 보였다. 컴퓨터가 등장한 것이다. 따라서 20세기 이르러 계산가능성은 "특정한 문제를 해결하기 위해 실행 단계를 구체화해 놓은 유한한 규칙의 세트(a finite set of rule)"(Ausiello, 2013, p. v)인 알고리즘이 어떤 외적인 변수가 투입되더라도 '유한한' 연산과정을 거쳐 '자동적으로' 어떤 답을 내놓는 것을 일컫는 것으로 정의되었다. 계산과정은 주어지 논리구조의 틀에서 이뤄지기 때문에 '유한'하며, 그 과정으로 인해 반드시 어떤 결과값을 도출하기 때문에 '자동'적이다. 따라서 빅데이터 연구에서 컴퓨터 연산이란 결국 인간행위에 대한 데이터의 저장과 수집, 그것의 분석 등이 해당 컴퓨터 장치의 연산범위와 과정, 수준, 결과의 도출에 이르는 일련의 유한한 계산과정에 의해 자동적으로 작업할 수 있음을 뜻한다.

그렇게 볼 때, CSS는 일상생활 깊숙이 침투한 온라인 활동이 남긴 디지털 족적(digital footprint)으로서의 데이터 수집과, 이에 대한 분석능력(analytic capacity)을 갖춘 컴퓨터화된 사회과학적 연구방법을 지향한다. 애초에 디지털 족적이란 것은 정확하게 말하면 미디어나 여타 플랫폼 등이 어떤 목적을 수행하는 과정 중에 생겨난 부산물(byproduct)이었다. 하지만 이제는 그런 부산물이 원래의 목적을 위해 설계된 플랫폼 알고리즘이 보다 견실하게 수행할 수 있게 해주는 자원이 되고 있다. 분석능력이란 넘쳐나는 데이터를 의미있는 결과로 처리할 수 있게 하는 일종의 통계적 수행력이다. 고도로 발전한 SNS 플랫폼은 매일매일 넘쳐나는 복잡한 데이터를 일목요연하게 정리해서 커뮤니케이션이 발생할 수 있도록 해주는 자동화된 빅데이터 분석알고리즘이다. CSS는 그런 플랫폼, 플랫폼과 플랫폼에서 생성되는 데이터를 수집하고 이를 처리하는 분석능력에 의존한다. 따라서 CSS는 사회과학에서 새로운 연구영역이라기보다 기존의 연구영역에 컴퓨터 연산적 방법이 적용된 고도화된 지적 탐구 수행방법이다. 컴퓨터화된 경제학(computational economics), 컴퓨터화된 사회학(computational sociology)과 더불어 컴퓨터화된 미디어 연구(computational media studies)가 있다. 이는 곧 컴퓨터 사이언스가 추구하는 수학적 모형들이 컴퓨터가 매개하는 커뮤니케이션에서 어떤 계산가능성의 형태로 실현되고 있는지를 탐구하는 것이다(Chesebro, 1993). 이들 분야는 가상사회, 모델링, 네트워크 분석, 미디어 분석 등을 통해 사회적, 행동적 관계성이나 상호작용을 탐구한다.

이런 컴퓨터화된 사회과학은 전통적인 사회과학과 충돌하면서도 양대 패러다임을 일정하게 융합한다. 분석에 따르면(이재현, 2013), 첫째 컴퓨터화된 사회과학은 연구대상을 구성함에 있어 기술 발전에 의존한다. 그렇기 때문에 기술발전 수준이 무엇을 연구할 것인가는 물론이고 어느 수준으로 연구할 것인지, 연구의 변인을 어떻게 정할 것인지 등을 결정한다. 연구의 진행이 인간이 아닌 기술에 의해 주도되는 것이다. 둘째, 전통적 연구와 새로운 연구 사이의 긴장과 갈등이 나타나고 있다. 전통적인 학문영역으로서 양적 연구와 질적 연구는 새롭게 등장하는 CSS를 전적으로 수용하기 힘든 상황이다. 특히 사태에 대한 참여와 통찰, 다양한 자료로부터 성찰적 해석 등을 강조하는 역사적, 해석적 연구는 자료의 생성은 물론 복잡한 맥락에 대한 정보의 부족으로 CSS와의 접점을 찾기 힘들다. 셋째, CSS는 컴퓨터 과학, 데이터 과학, 통계물리학, 사회물리학 등 전통적인 사회과학 영역이 아닌 학문분야와 사회현상 탐구의 장에서 경쟁하고 있다. 학문융합은 인간탐구와 자연탐구로 이원화되어 왔던 배타적 학문 영역에 공통분모를 만들고 있다. 이는 서로간의 약점을 보완하게도 하지만 학문영역의 주도권 다툼으로 전개될 여지가 높다. 자연과학 입장에서 보면, 자연탐구에서의 엄격하고 보편적인 이론과 방법론은 미디어화가 낳고 있는 다양한 인간활동의 데이터 산출로 인해 사회과학 분석에서 재활용될 여지가 높다. 그런 만큼 인터넷 기반 커뮤니케이션과 상호작용성에 입각한 데이터로 말미암아 사회과학은 자연과학의 전통 안에서 21세기 과학으로 재탄생되어야 한다는 것이다(Watt, 2007). 복잡계 네트워크 이론은 유력한 대안 중 하나이다. 지식 생산의 학문 활동이 디지털 테크놀로지를 통해 "매개되면서" 이른바 디지털 인문학(digital humanities)의 가능성이 현실화되고 있기 때문이다(Berry, 2011). 미디어 융합 너머 학문융합이 본격화되고 있는 가운데 학문 헤게모니 다툼이 현실화하고 있음을 확인할 수 있다.

빅데이터 분석은 미디어화된 사회에서의 디지털 지식사회학적 측면, 즉 세상의 모든 영역에 미디어가 침투해가는 시대에 존재하는 지식이란 기본적으로 디지털 데이터에 기반해 있음에 주목한다. 미디어화 시대에 데이터는 도처에 존재한다. 검색은 물론, SNS, 휴대통화, 메시지, 상거래, 교통, 스포츠, 정부, 심지어는 갖가지 사물에 부착된 센서로부터 전해오는 데이터 등 데이터는 넘쳐난다. 이들 데이터는 인간의 행위와 함께 자동생성되기 때문에 인간 행동을 탐구하는 사회과학을 한 치의 오차없는 연구가 될 수 있게 해 준다. 적어도 데이터가 생성될 수 있는 환경 안에서는 그렇다. 눈부시게 발전하는 인터넷과 정보처리기술, 그리고 갖가지 정보를 한 곳으로 수집, 분류하는 데이터베이스 기술의 발전에 힘입은 결과이다.

(2) 양적 연구와 빅데이터 연구: 계량

전통적인 사회과학연구방법론은 가설연역적이다. 기존 연구와 이론으로부터 어떤 가설을 세우고 모집단이 아닌 샘플로부터 수집된 데이터를 토대로 가설을 검증함으로써 기존 이론을 확정하거나 확장(수정)한다. 연구자는 샘플 데이터를 가지고 기존 연구 검토를 통해 설정한 가설을 통계적으로 검증한다. 이때 통계적 검증이라 함은 연구자가 표본으로부터 얻은 통계량으로 모집단의 모수(parameter)를 예측하는 '통계적 추론'(statistical estimate)을 뜻한다. 통계량은 표본의 특성을 나타내는 평균이나 분산 등의 수치를 말하며, 통계적 추론은 그런 통계분석으로 모집단의 특성이 어떠할 것이라는 확률적 가능성을 판단하는 것이다.

이때 통계적 분석으로 연구자가 검증하는 것은 연구가설(까마귀는 검다)이 아닌 영가설(까마귀는 검지 않다)이다. 연구가설이 아닌 영가설을 검증하는 것은 과학적 사회조사방법론이 반증주의의 모델을 채택하고 있음을 보여준다. 연구자는 연구하고자 하는 모든 사례들을 일일이 관찰할 수 없다. 연구자는 자신의 연구분야에서 논의되어 왔던 기존 이론으로부터 유도된 연구가설을 임의적으로 진실이라 가정한 후 연구가설 바깥의 영가설을 검증하여 일정한 신뢰수준 이내에서 영가설의 관찰 빈도를 관찰한다. 그 결과 통계적으로 유의미한 수준(significant levels)에서 영가설이 채택되면 연구가설은 기각되고 영가설이 기각되면 연구가설은 채택된다. 이것이 가설연역적 방법이다. 오랜 세월 인간이 축적해온 이론으로부터 시작해 가설을 제시하고 이를 관찰-발견의 검증절차(영가설 검증)를 통해 기존 이론을 확정하거나 확장하는 것이다.

하지만 빅데이터 연구는 계량적 전통 하에 있으면서도 이같은 과정과 일정부문 충돌한다. 이론을 대하는 빅데이터 연구 고유의 태도, 표집과 표본의 영역, 데이터의 순수성 주장 때문이다. 이재현(2013)은 이를 빅데이터 연구의 무오류의 원리, 가치중립의 원리, 무관심의 원리로 설명한다. 여기에서는 이재현의 논의를 토대로 설명한다.

첫째, 이론에 관한 입장의 차이다. 근대사회 이래 양적 연구는 자연과학적 지적 엄밀성을 사회 현상에 적용함으로서 사회'과학'의 입지를 다져왔다. 앞서 설명한 것처럼, 연역법과 귀납법을 적절하게 연계한 가설연역적 방법은 과학과 비과학의 경계를 분명히 하고 사회현상에 대한 논리적 추론(연역)과 경험적 검증(귀납)이라는 과학적 수행방법이었다. 여기에서 이론은 새로운 현상을 바라보는 논리적 추론과 가설, 검증을 관통하는 과학수행의 길잡이였다면, '의미있는'(significant) 상관관계, 인과관계, 차이 등을 확증해 주는 수학적 검증 방식들은 그런 이론과 가설을 검증하는 경험적 과정, 즉 인간이 진실을 얻는 것이 단순한 직관적 관찰을 통해서가 아니라 논리적(수학적) 설명에 있다는 점을 보증했다. 그 결과 '관찰없는 이론'도 존재하게 되었다. 이는 곧 인간역사를 통틀어 축적해온 모든 이론이 모든 새로운 연구의 출발임을 의미한다. 기존 이론으로부터 논리적 오류를 발견하고 이를 수학적 논리로 증명하려는 시도는 (자연)과학을 수행하는 일반적인 방법이었고, 사회과학의 가설연역적 방법 또한 이를 토대로 한 것이었다.

하지만 이상적인 빅데이터 연구는 이론을 중요하게 생각하지 않는 경향이 있다. 방대한 데이터는 그 이유를 설명하기 힘든 의미있는 상관관계나 인과관계를 얼마든지 보여줄 수 있기 때문이다. 즉 데이터의 사이즈가 커지면 빅데이터 분석툴이 논리적 설명이 불가능한 노드간의 연관성을 읽어주는 아포페니아(apophenia) 현상을 보인다는 것이다(Leinweber, 2007; boyd & Crawford, 2012; 이재현, 2013). 빅데이터 연구자들은 다음과 같이 말을 한다. "사람들은 어떤 행동을 하며, 우리는 전례없을 정도로 정교하게 그 행동을 추적하고 측정할 수 있다. 충분한 데이터만 주어진다면 숫자는 스스로 말을 한다"(Anderson, 2008). 그렇기 때문에 빅데이터 연구 입장에서 보면 인간행동의 패턴에 대한 설명은 이론에 의지할 것이 아니다. 그것은 이미 데이터 자체에 담겨 있기 때문에 우리는 데이터를 모아 분석하기만 하면 된다. 극단적으로 말하면 빅데이터는 모집단에 가까울 수 있고, 만약 그렇다면 통계적 추론이 필요없이 분석된 결과값만으로 어떤 관계나 차이를 말할 수 있다는 것이다. 만약 연구 중인 빅데이터가 모집단 자체를 대상으로 한다면 거기에서 하나의 차이가 발견되어도 차이가 있다고 말할 수 있다. 빅데이터에 대한 이같은 인식과 태도는 '이론의 종언'(the end of theory)이라는 다소 과격한 선언으로 이어진다.

아포페니아(Apophenia)

통계학적으로 데이터 양이 극적으로 늘어나면 논리적 또는 이론적으로 관계가 없을 것으로 보이는 변인과 변인 간에 의미있는 관계가 있는 것으로 읽어내는 현상. 레인웨버는 데이터 마이닝을 통해 S&P 500지수가 방글라데시 버터 생산량 사이에 높은 상관관계가 있음을 보여주며 아포페니아 현상이 있음을 주장한다.

이같은 태도는 무관심(interest-free)의 원리이다. 데이터는 인간인식 이전에 존재하기 때문에 인간의 지적 관심에 의한 이론적 탐색이나 연구문제 및 연구가설의 설정 전에 데이터 분석이 먼저라는 것이다. 즉 인간의 의식활동(이론적 탐구) 이후 데이터를 탐색 하던 기존 연구방법과 달리 빅데이터 연구에서는 데이터 탐색이 일차적이다. 데이터로부터 시작한다는 점에서 보면 이는 다분히 귀납적인 태도이다. 하지만 관심없는 연구, 의식이 투영되지 않은 연구가 있을 수 있을까? 데이터를 수집하는 행위에 이미 특정한 연구의 방향이 설정되어 있는 것은 아닐까? 데이터 수집 자체가 이미 그러하다. 연구자의 연구관심과 이론 혹은 개념이 전제되어 있지 않다면 어떤 데이터 선택하고 수집할 수 있을까? 물론 어떤 데이터의 선행적 존재로부터 연구 아이디어가 도출될 수도 있다. 다양한 방식으로 이미 존재하는 빅데이터의 특성으로 볼 때 서베이나 내용분석을 위주로 한 정통 사회과학에 비해 데이터의 존재로부터 연구가 시작하는 경우가 상대적으로 많다. 하지만 이같은 경로로 발생하는 연구역시 해당 데이터가 함의하는 이론과 그런 이론에 관심을 두는 연구자의 지적 기획에 의해 디자인된다.

둘째, 표집 및 표본에 관한 입장의 차이이다. 빅데이터 연구는 표본의 양이 극단적으로 많을 뿐더러 때로는 전집에 가깝다고 주장한다. 만약 데이터가 일정수준을 넘어가면(전집에 가까울수록) 그 결과값은 전체를 대표한다. 이는 곧 대량의 표집으로 인해(심지어는 표본이 곧 모집단과 동일하다는 주장을 펼치기도 함) 빅데이터 표본과 모집단간의 표집오차가 발생하지 않는다는 주장으로 이어진다. 즉 모집단과 표본간에는 오류가 없다는 것이다(무오류(error-free)의 원리). "데이터가 말한다"는 언술은 데이터량이 많아 모집단에 가깝게 되면 표집오차를 고려한 통계적 추정이 아니라 직접 어떤 차이를 말할 수 있는 것과 같은 원리이다. 그런 경우 하나의 다른 사례가 관찰되어도 '차이가 있다'고 판단된다. 만약 모든 까마귀의 모집단을 데이터화 했다면 한 마리의 검지 않은 까마귀가 관찰되어도 '까마귀는 검다'라는 명제는 기각된다. 통계적 추론은 필요없고 그 자체로서 명확한 사실이기 때문이다.

그러나 현실에서는 결코 모집단 전체를 연구할 수 없다. 어떤 모집단도 그 자체로서 데이터 전체를 제공할 수 없기 때문이다. 지구상의 모든 까마귀를 관찰한다 하더라도 관찰 도중에 새로운 까마귀는 언제든지 태어날 수 있다. 거꾸로 관찰 시점 바로 직전에 검지 않은 까마귀가 죽었을 수도 있다. 더욱이 모여진 모든 까마귀가 까마귀 전체집단인지 확정할 수도 없다. 이처럼 빅데이터가 아무리 크다 하더라도 '전체 데이터'(whole data)일 수 없다(boyd & Crawford, 2012). 전체 데이터란 모집단의 모든 성격을 완전히 반영하는 데이터이다. 가령 텔레비전 시청률 빅데이터가 있다고 하자. 예전에는 피플미터로 표본조사했지만 지금은 해당 플랫폼에 가입된 모든 가구의 시청률 데이터를 분 단위 이상으로 수집할 수 있다. 하지만 그 데이터마저도 해당 플랫폼 전체 데이터는 아니다. 분 단위보다 더 촘촘한 초 단위 데이터는 누락되어 있다. 설혹 1초 간격의 데이터를 수집했다 하더라도 0.1초 단위의 데이터 역시 누락되어 있다. 빅데이터 역시 표집에 있어서 임의성, 즉 '시간적 표집'(temporal sampling) 문제가 발생한다(이재현, 2013). 아무리 큰 데이터라 하더라도 완전한 전체 데이터를 모을 수 없다. 빅데이터 역시 인위적인 표집이 가해진 것으로서, 특정 시점 혹은 시계열적으로 시간적 표집을 한 것에 지나지 않는다. 빅데이터 연구에서 주장하는 빅데이터에는 인간 사회의 완벽한 연속적 삶의 과정을 모두 담고 있는 전체 데이터가 아니다.

빅데이터 역시 어떤 방식으로든 샘플링된 데이터이다. 그렇기 때문에 빅데이터 분석에서 가설연역적 방법론을 무시할 근거는 아직 없다. 이론의 종말이나 완전한 귀납적 방식을 주장하기에는 빅데이터의 존재 자체가 제한적이다. 따라서 빅데이터 연구에서도 이론적 논의와 가설의 설정, 통계적 검증 등은 여전히 유효하다. 다만 빅데이터 분석에서는 통계적 추론이 기존의 계량적 연구와 달리 다소 느슨한 것이 사실이다. 통계적 유의값에 과학적 판단을 맡겨버린 기존의 사회과학적 태도와 달리, 데이터에 대한 구조적 분석을 포함하고 있다. 그런 점에서 빅데이터 연구는 데이터와 그 분석결과에 대한 연구자의 통찰을 보다 많이 요구한다.

셋째, 데이터의 순수성에 대한 입장의 차이다. 순수한 빅데이터는 인간의 인위적 조작없이 행위와 함께 자동적으로 생성된 것이다. 우리는 인터넷을 하거나 TV를 시청하면서, 심지어는 신용카드를 쓰면서도 데이터를 쏟아낸다. 이런 데이터는 기계적 알고리즘을 통해 해당 서비스를 제공하는 기업으로 흘러가 빅데이터가 된다. 이들 데이터는 인간의 기억에 기반해 진행하는 설문지나 인간의 분석 스키마에 입각한 내용분석과 달리 무척 가치중립적인 것처럼 보인다. 심지어는 그런 데이터를 분석한 결과도 인간의 개입과 해석을 최소화할 정도로 직관적이다. 이를 가치중립(value-free)의 원리라 한다.

하지만 앞서 살펴본 표집상의 무오류 주장의 허점이 함의하듯이 데이터 표집은 물론 분석의 알고리즘은 인간이 만든 것이다. 데이터 수집과 분석에 인간의 개입을 최소화하고 기계 읽기(machine reading)를 최대화하는 데이터 수집 및 마이닝 기법이 개발되고 있지만 그런 기법 역시 인간이 만들어낸 산물이기 때문에 데이터는 가치중립적일 수 없다. 온라인 뉴스 플랫폼에서의 뉴스 편집을 전통적인 방식대로 인간이 수행하는 것과 어떤 알고리즘이 수행한다고 했을 때, 현실적으로는 후자가 보다 객관적이고 가치중립적이라고 말하지만 그러한 주장에 대한 과학적 근거는 없다. 그 역시 인간이 만든 것이기 때문이다. 데이터 분석결과를 보여주는 갖가지 지표는 그 자체로서 완전한 것이 아니며 어디까지나 각 데이터의 관계를 읽어내는 데 동원되는 것일 뿐이다. 어떤 데이터를 수집할 것인지 말 것인지, 지표의 구성을 어떻게 할 것인지, 어떤 그래픽으로 분석결과를 도출할 것인지 등은 결국 인간이 정하는 것이다. 더욱이 그렇게 특정한 방향으로 틀 지어진 데이터는 그런 데이터가 내포하고 있는 세계를 보는 범위를 결정하고 무엇을 연구할 수 있는지 없는지 마저도 결정한다. 데이터가 말하기는 하지만 그것은 인간이 만들어낸 방식대로 말하는 것이며, 그렇기 때문에 그런 말하기 자체는 해당 영역의 전체를 말하기보다 특정한 방향으로 틀 지어진 말하기이다.

마지막으로 계량 연구적 관점에서 빅데이터 연구의 성과이자 한계인 '관계성'의 문제를 짚어볼 필요가 있다. 이것은 앞서 언급한 이론의 종언과도 일부 관련있다. 빅데이터 연구가 제시하는 결과는 다분히 직관적이다. 따라서 그 결과를 상식 수준에서 판단했을 때 많은 오류를 낳을 수 있다. 빅데이터에서 '데이터가 얘기하는' 결과는 상관관계인지 인과관계인지 알 수 없기 때문이다. 얘기한다 하더라도 어느 정도 수준에서 관계가 있다 혹은 없다라든가 인과관계가 어느 정도라고 통계적 추론을 제시하지 않는 경우가 대부분이다. 이론적 프레임 없는 빅데이터 분석결과만으로는 엄밀한 수준의 과학적인 판단을 내리는데 한계가 있게 되는 것이다. 그런 점에서 경제학에서의 주장이기는 하지만 아래의 글은 매우 설득력 있다.

> 이론적 배경 없이 데이터에만 의존해 다양한 패턴을 찾아내고 유의미한 상관관계를 찾아내는 일이 아주 의미가 없는 것은 아니다. 예를 들어 단순한 예측이 데이터 분석의 목표라고 한다면 데이터의 패턴은 유용한 정보를 제공한다. 하지만 근본적인 인과관계를 밝혀내고 그에 따른 정책적 처방과 평가가 목표라면 이야기가 다르다. 전자의 경우 빅데이터를 이용한 '데이터 마이닝(Data Mining)'이 유용한 접근법일 수 있지만, 후자의 경우라면 경제학 모델에 기반한 구조적 분석(Structural Analysis)이 더 적절하다. (…) 데이터에 아는 만큼 물어볼 수 있고, 데이터는 묻는 만큼 대답한다. 온갖 데이터와 통계적 주장이 넘쳐나는 시대에 살고 있는 이들이라면 반드시 기억해야 할 교훈이다(전성재, 2016).

주지하듯이 과학 영역에서 관계는 인과관계와 상관관계가 있는데, 이 두 관계성은 이론적 검토 없이 단순 관측만으로는 분별하기 힘들다. 결과적으로 빅데이터 분석은 분석하고자 하는 사태의 전체 '패턴'을 정확하게 보여주는 데 강점이 있다. 아직까지 빅데이터 분석 자체는 그 패턴으로부터 어떤 인과관계를 추론해 주지 않는다. 서론에서 살펴본 구글플루트렌드의 경우도 플루 트렌드의 패턴을 보여줄 뿐 그것의 관계를 확정적으로 얘기해 주지는 않는다. 이는 곧 빅데이터 연구 역시 이론과 모델, 그리고 이에 기반한 가설 등의 뒷받침이 없고서는 그 연구작업이 필요충분하지 않다는 점을 함의한다. 결국 기존의 사회과학이 추구해왔던 구조적 분석(structural analysis)이 데이터 마이닝(data mining)과 더불어 상호보완되어야 한다.

(3) 질적 연구와 빅데이터 연구: 전체성

지금까지 빅데이터 연구를 전통적인 계량적 연구와 빗대어 그 성과와 한계를 설명했다. 그렇다면 빅데이터 연구는 질적 연구 전통과 무관한 것인가? 질적인 사회과학 연구는 빅데이터 시대에 연구 프로그램의 종언을 선언해야 하는가? 아직까지 이론적으로 정립된 것은 아니지만 그렇지 않아 보인다. 빅데이터 분석에도 질적 분석과 유사한 측면이 있다. 흔히 질적 연구방법은 자연적 환경에서의 관찰, 맥락화, 귀납적 분석, 연구 디자인의 유동성 등의 특성이 있는 것으로 알려져 있다.[1] 질적 연구방법의 이같은 특성이 어떻게 빅데이터 분석과 결부될 수 있는지 살펴보자.

① 자연적 환경에서의 관찰(Naturalistic Observation)

인간의 해석 작용에 대한 연구는 변인에 대한 수량적 검증을 목적으로 하는 양적 연구에서처럼 통제되거나 조작화된 환경이 아니라 자연적 환경에서 관찰하는 것이 가장 좋은 방법이다. 인간 내면에서 일어나고 있는 상징적 작용을 파악하기 위해서는 사회적인 과정 내에 있는 피험자들의 평소 모습을 관찰해야 하기 때문이다. 빅데이터 연구는 자연스러운 인간활동과 함께 자동적으로 생성되기 때문에 자연적 환경에서의 데이터를 제공한다. 이는 기억에 의존하는 서베이나 인위적인 기준에 입각해 판단을 내리는 전통적인 내용분석과 분명히 대비된다.

② 맥락화(Contextualization)

자연스런 환경에서 관찰하는 것은 수많은 요소들로 구성되어 있는 상황을 전체적으로 파악한다는 것을 의미한다. 그것은 곧 주어진 사태를 총체적 시각(holistic perspective)에서 관찰하는 것을 뜻한다. 개별 기호나 변인은 상황이나 환경에 따라 그 의미가 달라지기 때문에 맥락에 대한 이해는 사회과학 연구에서 여전히 중요하다. 의미는 외부적 행위의 통계적 지표에 의해 결정되는 것이 아니라 그런 지표를 만들어내는 맥락에 의해 결정되는 것인데, 빅데이터는 이같은 맥락에 대한 지적 정보를 제공한다.

③ 귀납적 분석(Inductive Analysis)

질적 연구는 양적 연구와 달리 이론에 기반한 가설연역적 검증으로부터 자유롭다. 물론

---

[1] 이외에도 질적 연구는 개인적인 시각과 경험을 자료로 삼고 그것에 대해 깊이있게 기술하는 질적 데이터(qualitative data)의 특성, 수시로 변화하는 연구과정에서의 역동성(dynamic system), 각 사례의 독특한 특성(unique case orientation), 개인적인 접촉과 관찰(personal contact and insight)과 그러면서도 중립적인 감정유지(empathic neutrality) 등이 강조된다.

그렇다고 질적 연구가 이론적 분석을 게을리하는 것은 아니다. 기존의 이론이나 개념 역시 질적 연구의 길잡이가 될 수 있다. 그럼에도 진정한 질적 연구는 탐구 대상으로부터 새로운 개념이나 새로운 발견을 추구한다. 즉 질적 연구는 인간에게 일반적이지만 강력한 의미로 와 닿는 새롭고 정교한 개념(sensitized concept)을 만드는 것을 선호한다. 그런 점에서 질적 연구는 다분히 귀납적이다. 자료의 엄정한 분류와 그런 분류에 성격을 부여함으로써 변인과 변인, 개념과 개념의 상호관계를 파악해 내는 것이 질적 연구의 일차적인 목적이다. 빅데이터 연구가 이론을 다소 경원시하는 것처럼 보이는 것은 그것이 질적 연구에서 선호하는 귀납적 성격이 강하기 때문이다.

④ 연구 디자인의 유동성(Design Flexibility)

질적 연구는 나름대로의 연구절차를 가지고 있지만 양적 연구에서 엄격하게 지키는 표준화된 연구절차(Standard process)와 비교해 자유롭다. 따라서 연구의 형식이 연구의 내용에 선행하지 않는다. 왜냐하면 질적 연구는 각기 다른 연구 대상 혹은 연구 상황과 직접적인 접촉(personal contact)을 선호하기 때문에 미리 정해놓은 어떤 연구 절차를 일방적으로 적용할 수 없기 때문이다. 주지하듯이 빅데이터 분석은 기존의 계량적 연구와 달리 데이터의 존재, 데이터와 데이터의 연결에 따라 다양한 연구 디자인이 가능하다.

질적 연구방법과 빅데이터 연구 간의 유사성에도 불구하고, 현실적으로 빅데이터 연구로부터 어떤 질적인 요소를 구분해내는 것은 쉽지 않다. 빅데이터 분석결과가 제시하는 양적 요소를 가지고 질적인 주장을 하기가 무척 모호하기 때문이다. 가령 중심성 값을 통해 네트워크가 함의하는 커뮤니케이션에 대한 질적인 평가를 할 수는 있지만 그것은 어디까지나 제한적인 추론으로서 연구자의 판단에 따른 것이다. 특히 의미망 분석은 커뮤니케이션의 질적 측면을 많이 함의하지만 그것을 질적 분석이라고 명시적으로 단언하기는 힘들다(김장현, 2016). 군집화의 경우도 빅데이터 분석이 군집화 계수를 통해 군집을 수행해 주지만 연구자가 전체적인 맥락에 따라 군집을 구성할 수도 있다. 결국 빅데이터 연구를 질적 연구라고 단언하기는 힘들지만 빅데이터 분석과정이 자연적인 환경에서 도출된 데이터, 전체적인 맥락과 귀납적 분석, 유동적인 연구 디자인 등 질적 연구의 특성도 포함하고 있다는 점은 부인하기 힘들다.

그런 점에서 보면 빅데이터 연구에는 질적 연구의 특성으로서 '전체성'(wholeness)이 있다고 할 수 있다. 전체성은 빅데이터 연구가 자연적 환경에서의 데이터를 통해 사태의 맥락적 과정이나 상황에 대해 귀납적으로 설명할 수 있음을 뜻한다. 빅데이터 연구가 개별 데이터가 함의하는 텍스트, 즉 국지적 사건이나 행위 혹은 행위자, 개념 등을 해명하는 것을 넘어 그런 텍스트와 텍스트 간의 상호관계로 파악되는 맥락적 정보를 제공할 수 있기 때문이다. 빅데이터 연구는 표집된 일부 데이터로부터 모집단의 인과관계를 추정하기보다 광범위한 데이터가 가지고 사태의 전체 모습, 즉 특정한 방식으로 패턴화되어 있는 전체구조를 고찰한다. 빅데이터는 사회 현상에 대한 충분한 데이터를 제공하고, 그런 데이터를 분석하면 일정한 패턴을 알 수 있기 때문에 그로부터 어떤 지식을 얻을 수 있다는 성급한 이론의 종언 선언은 빅데이터 분석이 제공하는 전체성 때문이다. 사실 대부분의 빅데이터 분석은 사태의 전체적인 패턴, 학문분야로 말하면 위상학적 결과를 도출해낸다. 위상학(topology)이란 자르거나 붙이는 행위 없이 연결성과 연속성으로 정의되는 기하학적 성질을 다루는 것으로, 흔히 사물의 프랙탈(fractal) 개념으로 설명되는 형태와 구조의 동형성을 뜻한다. 이는 통계물리학 또는 사회물리학에서 많이 사용하는 개념이다. 제대로 수행된 빅데이터 분석은 인위적 데이터가 아니라 행위가 발생하는 자연적 현장의 데이터로부터 사태에 대한 위상학적 패턴을 제시하고 있어 맥락적 이해를 도모할 수 있는 전체성을 제시한다.

전체성은 연구자의 지적 게으름만 없다면 분명 빅데이터 연구의 장점임에 틀림없다. 맥락으로부터 벗어난 데이터 분석은 의미를 읽어내는 데 실패한다. 빅데이터 연구는 그것이 지금까지 사회과학이 수행해 온 특정 국면에 대한 분석이 아니라 해당 연구 대상의 전체적 패턴을 조망할 수 있게 해준다. 빅데이터 분석은 해당 연구내용의 전체 맥락, 즉 어떤 연구내용이든지간에 전체 과정을 보여줄 수 있다. 앞서 빅데이터 표집이 전체 데이터가 아니어서 인간 사회의 '완벽한' 연속적 삶의 과정을 모두 담지 못한다고 했지만, 빅데이터는 기존의 어떤 사회과학 데이터도 제공해주지 못했던 인간행위의 연속성에 대한 정보를 제공한다. 제한된 변인과 변인 간의 국면적 관계를 확률적으로 설명하는 것이 아니라 있는 그대로의 관계를 직관적으로 볼 수 있게 해준다. 따라서 진행되는 연구가 맥락과 전체성을 잃어버린 데이터 분석이라면 그것은 실패한 연구이다. 가령 의제설정 이론의 경우 기존의 의제설정 연구는 특정 국면에서의 미디어 의제설정을 주장했지만, 사실 의제라는 것은, 더 나아가 모든 자연적 사회적 활동 자체가, 생성과 성장, 소멸의 과정 속에 있다. 빅데이터 분석은 연구하에 있는 어떤 주제의 전체 과정을 볼 수 있게 해 준다.

그렇기 때문에 미디어 커뮤니케이션 분야에서 빅데이터 분석은 사회적 담론이나 이슈에 대한 주목의 생애주기에 관한 연구 프로그램을 가능케 해준다(임종수, 2016). 사회적 이슈의 생애주기적 파악으로 인해 이제 인간은 인간사회를 그것을 구성하는 '단순실체'(simple substance)로서 모나드(monad)의 운행으로 이해할 수 있게 되었다. 이에 대한 설명은 꽤나

깊은 인식론적 설명을 필요로 한다. 핵심은 사회가 어떤 구조로서가 아니라 행위자(인간, 비인간을 모두 포함)와 행위자간의 '관계적 효과'로 보려고 것이다. 사회라는 것이 개체 중심으로 성립되는 것이 아니라 속성 중심으로 볼 필요가 있다는 것이다. 탈구조주의, 행위자 네트워크론 등이 이같은 입장에 있다. 이는 빅데이터 분석이 맥락에 대한 설명에 관심을 두었던 질적 연구의 전통을 어느 정도 수용하는 것으로 이해된다. 앞서 전통적인 사회과학의 분석수준에서 본 것처럼 양적 연구에서 맥락은 연구자 바깥에 있었던 데 반해 질적 연구는 연구대상에 직접 포함하고 있다. 맥락은 인간행위를 국면과 국면, 변인과 변인으로 분리시켜 이해했던 전통적인 양적 연구에서는 취할 수 없었던 것이었다.

모나드(Monade)

모나드는 약 300년 전 1714년 수학자이자 과학자이며 법률가, 외교관이기도 했던 독일의 라이프니츠(G. W. Leibniz)에 의해 제안된 것으로서 자연세계를 구성하는 형이상학적 단순실체이다. 훗날 모나돌로지(Mona-dology, 국내에서는 '단자론'으로 번역 소개)라는 이름으로 이론화되는 모나드는 고대 그리스 시대부터 고민해 온 우주를 구성하는 원초적 물질 혹은 원리에 대한 근대적 답변으로서 외부세계에 대한 '지각능력'을 가진 상호 '독립적인' '정신적 실체'로 정의된다. 라이프니츠에 따르면, 모나드는 "부분을 갖지 않은 단순실체"(simple substances without parts)이다. 모나드는 사회적 미립자 분석을 통해 관찰되는 인간정신의 실현물, 즉 인간들이 주목하는 어떤 정신적 힘이다. 라이프니츠 이후 모나돌로지는 가브리엘 타르드(G. Tarde)와 질 들뢰즈(G. Deleuze), 브루노 라투르(B. Latour) 등을 거치면서 조금씩 다른 방식으로 사회현상에 접목시켜 왔지만 사회 안에서의 인간의 정신이 단순화된 어떤 실체로 파악될 수 있다는 생각만큼은 꾸준히 이어져왔다. 수 세기가 지난 지금 모나드에 주목하는 것은 형이상학적 개념으로서 모나드가 물리적 실체만큼이나 강렬하게 경험되기 때문이다. 미디어화된 시대에 네트워크는 인간의 주목의 실체로서 모나드와 모나드들의 생애과정이 실현되는 공간이다.

가령 개미를 생각해 보자. 개미는 자신이 전체 개미사회에서 어떤 일을 하고 있는지 알지 못한다. 그런 상상이 힘들면 이른바 주식시장의 개미를 상상해보자. 주식시장의 개미들은 전체 주식시장 속에서 자신이 어떤 투자를 하고 있는지 알고 있을까? 개미에 비해 이른바 기관은 조금 더 잘 알지 모르나 두 개체 모두(특히 개미) 전체 주식시장을 완전히 이해하지는 못한다. 만약 개미사회의 일개미가 개미사회를 온전히 지각한다면 일개미로부터 벗어나기 위한 혁명을 꿈꾸거나 아니면 일만 하는 자신의 운명에 자괴할 것이다. 주식시장의 개미가 주식시장을 온전히 지각한다면 그는 결코 실패하지 않을 것이다. 하지만 현실은 그렇지 않다. 왜냐하면 자연세계의 개미든 주식시장의 개미든 그들이 활동하는 세계의 전체 맥락을 인지할 수 없기 때문이다.

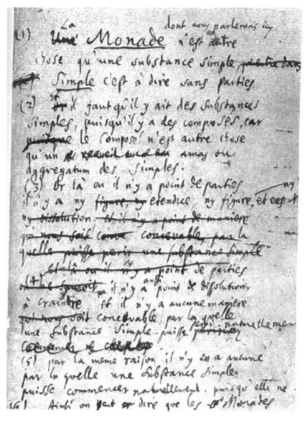

출처: Leibniz(1714), *La Monadologie*
[그림 12] Monad 원본

하지만 인간은 자연세계의 개미사회를 '전체적으로' 파악할 수 있다. 개별 개미들이 발생시키는 행위 데이터와 데이터가 빚어내는 어떤 패턴을 볼 수 있기 때문이다. 인간은 자연세계의 개미사회가 만들어내는 빅데이터의 결과를 어떤 패턴으로 파악할 수 있다. 그에 반해 주식시장의 개미들은 자신의 금융활동의 전체를 파악할 수 없다. 해당하는 빅데이터가 주어져있지 않기 때문이다. 만약 누군가가 그런 데이터를 가지고 있다면 그는 분명 주식의 신이 될 것이다. 개인보다 더 많은 정보를 가진 기관이 그렇지 않을까? 주식을 거래하는 프로그램이 그것을 알고 있는 것이 아닐까?

중요한 것은 데이터가 아니라 그런 데이터를 가지고 사회현상의 어떤 전체성을 규명할 것인가이다. 빅데이터 연구의 질문은 그런 것이어야 한다. 전체성에 대해 질문하는 능력과 답을 구하려는 지적 기획과 열정이 필요하다. 빅데이터 분석의 새로운 힘은 빅데이터 분석의 지표로부터 나오는 것이 아니라 그런 지표로부터 어떤 현상의 전체성을 파악하는 연구자의 사회과학적 기획력으로부터 나온다. 사회과학적 기획력은 두 말할 필요없이 사회현상에 대한 풍부한 지식과 정보, 해석 등이 뒷받침되어야 한다. 빅데이터가 연구자에게 어떤 지식과 정보를 줄 때는 그가 어떤 연구를 할 것인지, 그리고 그런 연구에 어떤 개념 또는 이론적 프레임이 작동하는지 제대로 인식할 때이다. 우리는 여전히 이론이 필요하다.

빅데이터가 우리의 연구에 함의하는 바는 그것이 기존의 사회과학 연구를 대체하는 데 있지 않다. 빅데이터 연구(big data research)가 사회과학적 연구에 남긴 가장 큰 혜택은 새로운 사회현상에 대한 빠르고도 정확한 파악에 있다(Pink, 2013). 전체성을 보여주기 때문이다. 빅데이터 분석은 보다 구체적이고 의미있는 사회과학적 연구를 수행하는데 있어 시간과 예산, 노력 등을 줄여주면서도 해당 연구분야가 주목하는 현상의 전후좌우의 정보를 제공해 준다. 그렇기 때문에 빅데이터 연구는 매일매일 쌓이는 빅데이터 자료는 수많은 관련 연구의 지렛대 역할을 한다. 따라서 빅데이터 연구가 성취해내는 궁극적인 데이터 추동의 지식(data-driven knowledge)은 기존의 파편적인 지식과 이론을 다시금 검증하거나 평가하는가 하면 완전히 새로운 지식과 이론을 유도해낼 수도 있다(Schroeder, 2014).

빅데이터 분석은 기본적으로 계량적 연구에 입각해 있기 때문에 인간의 해석에 대해 부정적이거나 소극적이다. 질적 연구는 데이터와 데이터로부터 읽혀지는 것을 중요시한다. 빅데이터는 그 자체만으로는 설명이 제한적이지만 데이터와 데이터가 만났을 때는 개별 데이터만으로는 제공하지 못하는 지적 정보가 있다. 즉 데이터의 시너지 효과가 있다. 비록 빅데이터가 질적 연구에서 말하는 개별 데이터와 데이터간의 심층적 관계를 보여주지는 못하지만 이러저러한 빅데이터를 연결시켰을 때 발생하는 시너지로서 전체성을 보여준다는 점에서 무척 '질적'이다. 빅데이터 연구는 기본적으로 양적 연구의 전통 하에 있으면서도 데이터와 데이터를 통해 전체적인 맥락과 패턴을 고찰할 수 있다는 점에서 질적 연구의 성격도 포함하고 있다.

CHAPTER 3

미디어 빅데이터
연구 프레임

1. 빅데이터의 정의와 범주

(1) 빅데이터의 정의

빅데이터 분석은 복잡하게 혼재해 있는 엄청난 양의 데이터를 바탕으로 그 속에 숨어있는 행위자간의 관계를 설명하는 과학이다. 위키피디아에서는 빅데이터란 기존의 데이터베이스 관리 도구로는 데이터의 수집, 저장, 관리, 분석 역량을 넘어서는 대량의 정형 또는 비정형 데이터 집합체를 의미하고, 빅데이터 분석이란 이런 데이터로부터 어떤 가치를 추출하고 연구결과를 얻어내는 기술이라고 정의한다. 흔히 빅데이터는 '3V'로 정의된다(Gartner, 2014). 즉 빅데이터는 부피가 클 뿐만 아니라(volume), 데이터의 존재방식과 그 속성이 매우 다양하며(variety), 데이터의 생성과 분석, 소멸 등 그 속도가 빠른(velocity) 것을 특징으로 한다는 것이다.

- 빅데이터는 데이터의 규모가 크다
- 빅데이터는 다양하게 존재한다
- 빅데이터는 시시각각 변화한다
- 빅데이터는 유용한 가치를 창출한다
- 빅데이터는 점차 복잡성을 띤다

여기에 빅데이터는 새로운 가치창출(value)과 비정형화된 데이터뿐만 아니라 각양각색의 데이터로 그 외연이 넓어짐으로 인해 데이터 관리 및 처리에서 복잡성(complexity)도 특징으로 하고 있다. 이처럼 빅데이터에 대한 정의는 기존의 사회과학에서 다뤄보지 못한 '다양한' 영역에서 '매일매일' 새로이 생성되는 '대량'의 '자동생성' 데이터를 기본 특징으로 한다.

(2) 빅데이터의 범주

통상적으로 빅데이터는 정형화된(structured) 데이터, 반정형(semi-structured) 데이터, 비정형(unstructured) 데이터로 범주화된다. 정형화된 데이터는 엑셀과 같은 통계처리 프로그램의 스프레드시트에 저장된 데이터처럼 연구자가 데이터를 읽음으로써 그 의미를 바로 파악할 수 있는 데이터를 말한다. 반정형 데이터는 고정된 필드에 저장되어 있지는 않지만, 메타데이터나 스키마 등을 포함하는 데이터(XML이나 HTML 텍스트 데이터)이다. 한 눈에는 정형화되어 있지 않지만 일정한 규칙으로 구조화되어 있는 데이터이다. 비정형 데이터는 고정된 필드에 저장되어 있지 않은 데이터로서 데이터 분석이 가능한 텍스트 문서, 이미지/동영상/음성 데이터 등이 있다. 반정형 데이터와 비정형 데이터는 정형화된 데이터로 전환되어 분석된다.

바둑을 예로 들면, 바둑 경기가 진행되는 도중 또는 게임이 끝난 후 흑돌과 백돌이 놓여있는 그 자체는 비정형 혹은 반정형 데이터이다. 흑과 백의 돌이 놓여있는 그 자체는 보는 사람에 따라 단순히 흑과 백으로만, 기껏해야 흑과 백 세력의 일부를 보여줄 뿐, 바둑의 시작에서 최종 결과까지 이어지는 게임의 전체 내용에 대한 정보는 주지 않기 때문이다. 그러나 바둑에 기보라는 것이 있다. 기보는 바둑을 둔 당사자가 바둑을 어떻게 두었는지 기록한 것을 뜻한다. 이렇게 기록되었다면 바둑을 아는 독자는 그것을 읽음으로서 의미를 파악할 수 있기 때문에 정형화된 데이터이다.

빅데이터 분석이 주목받는 것은 비정형 혹은 반정형 데이터를 정형화된 데이터로 바꿀 수 있는 솔루션을 제공하기 때문이다. 세상에는 수많은 비정형 데이터가 있다. 매일 매일의 신용카드결제, 도시가스 사용량, 정치사회문화에 대한 수많은 뉴스 기사와 사람들의 의견들, 텔레비전 시청, 거리를 오고가는 사람 또는 차량들 등등. 원래 아날로그 시대 이런 것들은 그 자체만으로는 유용하게 사용할 수 있는 데이터를 생성하지 못했지만, 디지털 족적을 가짐으로써 어떤 데이터로 기록되기에 이르렀고, 빅데이터 수집기술과 분석기술은 그런 데이터로부터 흥미로운 어떤 패턴들을 찾아내는 길을 열었다.

2. 빅데이터의 연구의 주요 국면: 생성, 존재, 인지, 분석

빅데이터 분석은 데이터 수집과 함께 이를 의미있는 결과로 분석해내는 마이닝과 시각화라는 일련의 과학적 수행행위를 일컫는다. 따라서 일반적으로 빅데이터 기술은 '생성 → 수집 → 저장 → 분석 → 표현'으로 이어지는 전 과정에서 요구되는 개념이다. 통상적으로 빅데이터 분석은 데이터의 수집 이후 진행되는 통계적 처리로서 데이터 마이닝(data mining), 즉 기계 학습, 자연어 처리(NLP), 패턴인식, 소셜 네트워크(social network) 분석, 비디오·오디오·이미지 프로세싱 등을 일컫는다. 그런데 이런 실질적 분석을 위해서는 빅데이터 분석 이전 단계, 그러니까 데이터가 어떻게 생성되어 분석에까지 이르는지에 대한 이해가 있어야 한다. 빅데이터의 주요 국면에 대한 이해는 빅데이터 분석을 기계적으로 수행하는 것이 아니라 연구자가 어떤 연구문제로 어떤 데이터를 어떻게 분석할 것인지를 구체적으로 판단하는데 도움을 주기 때문이다. 데이터의 전체과정을 이해해야 데이터 마이닝 결과를 정확하게 해석할 수 있다.

빅데이터는 그 자체로서 표준화된 실체로 존재하지 않는다. 빅데이터의 주요 국면에는 데이터의 생성(generation)과 존재(existence), 그리고 그것에 대한 인간의 통찰과 인지(recognition), 그리고 그런 데이터의 분석(analysis)이 있다. 즉 빅데이터 연구자는 데이터의 생성 → 존재 → 인지 → 분석에 이르는 일련의 국면을 이해해야 한다. 어떤 빅데이터를 '분석'한다는 것은 그런 분석에 사용될 데이터가 어떤 방식으로든 '생성'되어 '존재'한다(또는 존재할 수 있다)는 사실과 그런 데이터로 무엇을 할 수 있다는 통찰적 '인지'가 작용해야 하기 때문이다. 그런 점에서 볼 때, 빅데이터 분석을 통해 얻어진 사회적 진실은 연구자가 임의의 샘플링으로 얻어진 결과가 아니라 미디어 시스템에 존재하는 데이터로부터 혹은 그런 데이터를 찾아(crawling)서 이를 정련하여(mining) 구해진 것이다.

빅데이터의 '생성'은 컴퓨터화된 미디어 환경에서 분석가능한 데이터가 만들어지는 것을 의미한다. 빅데이터가 생성되는 과정은 무척 다양하다. 주식거래나 인구구조, 시험성적 등 개인이나 조직이 필요에 따라 축적해 오던 정형화된 데이터와 오늘날 인터넷, 어플리케이션, 디지털TV, 더 나아가 각종 센서를 장착한 IoT 등이 생성하는 비정형화된 데이터 등이 있다. 미디어 빅데이터 분석에 쓰이는 데이터들은 대체로 후자로부터 생성된다. 대표적으로 실시간 시청률 자료나 SNS 상의 버즈, 심지어 신문기사, 판결문 등 의사소통에 사용하는 데이터들이다. 손쉽게 생각할 수 있는 빅데이터 생성경로로는 어떤 플랫폼에서의 이용자 활동에 의해 자동적으로 생성되는 로그 데이터(로그분석), 이용자가 정보와 지식을 찾는 검색활동을 통해 얻어지는 검색 데이터(검색분석), 신문이나 방송 등 쏟아지는 뉴스나 드라마, 다큐멘터리 등의 정보 데이터(내용분석), SNS 등에서 나눈 대화가 만들어내는 소셜 데이터(SNS 분석) 등이 있다.

빅데이터의 '존재'는 빅데이터가 생성되어 존재하고 있는 상태에 관한 것이다. 이는 있는 그대로 주어진 것도 있지만 데이터 크롤링(crawling)을 통해 수집되기도 한다. 미디어에서 데이터 크롤링은 각종 미디어 플랫폼에 있는 데이터를 텍스트 형식으로 긁어오는 것을 말한다. 이를 위해서는 기존에 완성된 툴을 사용하거나 소프트웨어 작업을 통해 크롤링 툴을 만들어야 한다. 사회과학에서는 파이썬(Python)이나 알(R) 프로그램을 많이 이용한다. 빅데이터는 통일된 하나의 형식으로 존재하지 않기 때문에 연구자는 어떤 방식으로든 취득된 데이터의 데이터 구조(data structure)를 알아야 한다. 데이터 구조는 데이터가 어떤 구성태(formation)를 띠는가의 문제이다. 데이터가 함축하고 있는 속성(attribute)의 성격을 알아야 한다는 것인데, 대표적으로 SNS의 경우 노드간에 상호성이 있는지 없는지, 가령 네트워크 상에서 데이터 구조가 관계설정에 근거해 '대칭형'인지 '비대칭형'인지 파악되어야 한다. 대칭형이란 상호호혜적 방향성, 즉 서로가 서로에게 친구인 관계로 맺어진 네트워크를 뜻한다. 싸이월드나 페이스북의 개인간 친구맺기 방식이 그렇다. 그에 반해 비대칭형은 상호호혜적이지 않고 하나의 방향성만으로 네트워크가 성립되는 것을 뜻한다. 트위터는 구독(following)만으로 네트워크가 형성되는 대표적인 비대칭형 구조이다. 페이스북 팬 페이지에서 '좋아요' 선택만으로 구독가능한 경우 그 구형태는 비대칭형이다. 자연어 처리를 통해 얻어진 텍스트 데이터가 몇 차원의 데이터로 구성되어 있는지(one mode, two mode, three mode 등) 등도 마찬가지이다. 여기에서 모드는 의미를 구성하는 데이터의 의미론적 차원을 말한다. 언론학 연구의 메타분석에서 키워드와 세부 언론학 영역간의 관계를 연구한다고 할 때, 이 경우 키워드, 세부 언론학 영역이라는 두 개의 모드를 분석하는 것이 된다. 연구자가 데이터 구조를 알아야 하는 것은 데이터를 수집하고 가공하기 위한 기초적인 토대가 되기 때문이다. 자연 그대로의 데이터 자체는 물론 그것의 수집과 저장, 가공처리 등을 포함한 데이터 구성 전체에 대한 이해가 필요하다.

빅데이터의 '인지'는 데이터가 만들어지고 존재하는 것으로부터 무엇을 할 수 있는지에 대한 통찰적 의식활동을 뜻한다. 달리 말하면 사회현상을 데이터와 연관지어 볼 수 있는 데이터 마인드, 달리 말하면 '마음의 데이터 상태'(data state of mind)라고도 할 수 있다. 이 개념은 과거 기자들이 기사를 작성하기 위해 가져야 하는 '마음의 문서상태'(document state of mind)가 데이터 추동 저널리즘에 적용한 것이다(Webster, 2016). 미디어 빅데이터 분석에는 해당 소프트웨어를 잘 사용하는 것 외에 연구자의 생각 속에 미디어 현상에 대한 데이터를 염두에 두어 언제든지 연구문제로 가져올 수 있는 능력이 요구된다. 데이터가 넘치는 시대는 직접 현상을 보는 것보다 데이터를 면밀히 들여다봄으로서 오히려 더 많은 지식과 정보를 얻을 수 있다. 데이터 인지는 필요한 데이터가 어디에 있는지, 그런 데이터로부터 어떤 연구문제를 도출하고 해결할 수 있는지를 설명하는 개념이다. 데이터는 도처에 있지만 그런 데이터를 인식하고 얻는 것은 또 다른 차원의 문제이다. "필요한 데이터를 아는 것이 데이터 분석의 전부다"(박형준, 2015, 111쪽)라는 말처럼 빅데이터를 알아보는 연구자의 인지적 통찰이야말로 빅데이터 연구의 출발이다.

따라서 미디어화 시대 각기 다르게 존재하는 빅데이터로부터 어떤 연구문제를 설정하고 분석결과를 얻을 것인지는 전적으로 빅데이터에 대한 연구자의 지각과 인지로부터 시작한다. 전통적인 양적, 질적 연구들은 대부분 기존의 이론과 연구에 기초해 연구대상으로부터 데이터를 추출했기 때문에 데이터는, 양적이든 질적이든, 연구자의 통제 하에 있었다. 하지만 빅데이터 연구는 도처에 셀 수 없을 정도로 다양하게 존재하는 데이터로부터 스스로 연구문제를 설정해야 한다. 앞서 설명한 데이터 추동연구(data-driven research)의 성격이 강하게 작용하는 것이다. 따라서 빅데이터 연구자는 데이터의 생성과 존재에 대해 예민하게 인지할 수 있어야 한다. 물론 연구문제 또는 연구방법에 따라 순차적으로 데이터를 생성해낼 수도 있지만, 연구를 진행하기 전에 생성될 데이터를 가지고 무엇을 할 수 있는지에 대한 통찰이 필요한 건 마찬가지이다. 빅데이터 인지는 데이터의 구조, 양, 성격 등을 토대로 무엇을 할 것인가를 결정하는 인간의 창의적 지적 작업을 일컫는다.

빅데이터 '분석'은 인지된 빅데이터를 의미있는 지식과 정보로 가공하는 작업이다. 빅데이터로부터 어떤 노드를 분류하여 노드와 노드간의 관계로부터 어떤 패턴을 발견하는 것이다. 노드간의 관계는 대체로 시각적 정보로 제시된다. 이른바 빅데이터가 생성하는 시각화(visualization) 작업이 그것이다. 분석결과는 데이터의 생성과 존재, 그것에 대한 통찰적 인지활동을 고려해 연구결과로 기술된다. 특별히 빅데이터 분석툴이 없이 빅데이터만으로도 의미있는 정보와 지식을 생산해낼 수도 있지만, 대체로 빅데이터 분석은 적절한 분석툴을 통해 분석행위가 수행된다. 패키지화된 분석툴은 데이터 구조나 연구문제에 따라 각기 다르게 활용된다. 노드간의 관계를 시각적으로 분석하는데 많이 이용되는 분석툴로는 노드엑셀(NodeXL), 넷마이너(Netminer), 유씨넷(UCINET), 텍스톰(Textom) 등이 있다.

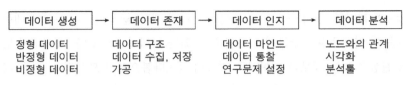

[그림 13] 빅데이터 연구의 주요 국면

빅데이터 연구에서도 역시 중요한 것은 연구자의 창의적인 연구 아이디어이다. 창의적 연구 아이디어는 빅데이터의 '생성'과 '존재'를 '인지'하고 그것을 '분석'하여 의미있는 연구성과물을 만들어내는데 있어 출발점이다. 때로는 창의적 연구 아이디어는 존재하지 않는 빅데이터를 새로이 생성하는데 기여하기도 한다. 예컨대 '구제역 지도'가 있다. 구제역 지도는 2011년 겨울 전국적인 돼지 구제역 감염상황에서 구제역 돼지 매몰지역에 관한 정부의 정보공개 거부에 반발한 네티즌들이 구글지도를 매쉬업하여 만든 '전국 구제역 매몰지(신고지) 지도'이다. 이 지도는 지금도 존재하며 여전히 '진행 중'이다.[2) 네티즌의 집단지성 사례로 볼 수 있는 구제역 지도는 향후 언제든지 분석할 수 있게 구조화한 상태에서 지속적으로 데이터를 생성할 수 있게 만든 것이다. 데이터가 생성되어 존재할 수 있으면 향후 어떤 방식으로든 분석되고 활용될 수 있을 것이라는 판단은 데이터를 지각하고 판단하는 연구자혹은 연구자 그룹의 창의적 통찰로부터 시작한다.

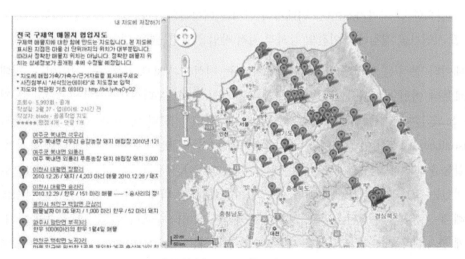

출처: 인터넷 주소: http://bit.ly/gDgG1j

[그림 14] 돼지 구제역 지도 @2011

---

2) https://www.google.com/maps/d/viewer?msa=0&ie=UTF&mid=zpEWO4-PeRfc.kz5oOG_hX2vo

3. 빅데이터 분석의 여러 형태들: 빅데이터 마이닝

디지털 미디어 이전 종이신문과 방송에 관한 연구는 해당 자료를 수집한 이후 수고로운 '코딩' 과정이 요구되었던 반면, 빅데이터 연구는 데이터가 현상의 발생과 함께 생성되는 디지털 족적으로 남기 때문에 매우 간단하게, 심지어는 거의 실시간적으로 연구를 진행할 수 있다. 빅데이터가 연구자의 손 안에 있다면, 다음 단계는 그것을 구체적으로 어떻게 분석(analysis)할 것인가이다. 이 분석 작업은 혼란스러워 보이는 빅데이터로부터 중요한 결과를 구하는 것으로, 마치 금맥을 찾는 것과 같아서 마이닝(mining)이라고 칭하기도 한다. 이에 대해서는 2부에서 자세히 다룬다. 여기에서는 정의와 미디어 빅데이터 분석에서 활용되는 사례를 소개한다.

① 분류: 의사결정나무(Decision tree), 신경망 분석(Neural network)

분류는 다른 모든 연구에서 그렇듯이 빅데이터로부터 어떤 패턴을 찾는 일차적인 분석 방법이다. 분류가 진행되려면 반드시 기준이 있어야 하기 때문에 분류는 기본적으로 지도학습(supervised learning), 다시 말해 연구자가 제시하는 기준에 입각해 데이터를 처리하는 것을 말한다. 빅데이터를 분류하는 분석방법으로는 의사결정나무(decision tree)와 신경망 분석(neural networks)이 대표적이다. 의사결정나무는 모형의 구축과정을 나무형태로 표현하여 대상이 되는 집단을 몇 개의 소집단으로 구분하는 분류 및 예측 기법이다. 따라서 최종 결과물은 규칙(rule)의 집합이다. 신경망 분석은 인간을 포함한 모든 동물의 신경망이 어떤 정보에 대해 활성화되는 것과 그렇지 않은 것을 컴퓨터 과학에서 응용한 것이다. 우리에게 널리 알려진 알파고(AlphaGo)의 정책망과 가치망을 생각하면 된다. 알파고의 알고리즘은 신경망 원리를 이용한 것으로, 바둑의 게임원리에서 다음번 돌을 놓을 위치를 선택하는 정책망과 실제로 돌을 놓았을 때 게임에서 승리할 확률을 계산하는 가치망으로 구분된다. 이는 이른바 몬테카를로 트리 탐색을 바탕으로 방대한 경우의 수에서 표본을 추출해 승률을 계산하는데, 그렇게 해서 선택된 경로들은 게임이 끝날 때까지 마치 신경망 활성처럼 이어간다. 미디어 연구에서는 아직까지 분류에 입각한 의사결정나무나 신경망 분석 기법이 본격적으로 소개되고 있지 않다.

② 군집(Clustering) 분석

군집은 분류를 통해 얻어진 어떤 규칙을 토대로 집단을 정의하는 것을 일컫는다. 다시 말해 모집단 또는 범주에 대한 사전 정보가 없는 경우 주어진 관측값들 사이의 거리 또는 유사성을 이용하여 전체를 몇 개의 집단으로 그룹화하는 분석 방법이다. 분류를 통해 유사성이 많은 것들을 함께 묶음으로써 동질성의 그룹을 생성하고 다른 그룹과의 이질성을 극대화한다. 미디어 연구에서 군집은 시청패턴의 파편화와 분극화로 인해 채널 레퍼토리 혹은 장르 레퍼토리 집단화라든가, 특정한 사회적 이슈에 대한 담론의 군집화, 커뮤니케이션 빈도에 따른 인간관계의 군집화 등으로 연구되고 있다.

③ 연관성(Association rule) 분석

연관성 분석은 데이터가 각기 다른 이질적인 영역으로 보였던 영역간의 관계를 찾아내는 것을 말한다. 다시 말해 상품을 구매하거나 서비스를 받는 등의 일련의 거래나 사건들의 연관성에 대한 규칙을 찾아내는 것을 일컫는다. 이는 데이터가 광범위하게 쌓이면서 가능해진 것으로서, 기본적으로 특정 상품을 선호하는 사람이 다른 상품도 선호할 확률, 즉 동시발생현상(concurrence)을 분석한다. 미디어 연구에서 대표적인 사례로 쇼핑몰 업체로 시작해 종합 미디어 플랫폼으로 진화하고 있는 아마존과 글로벌 OTT로 텔레비전 환경을 혁신적으로 바꾼 넷플릭스의 추천시스템이 있다. 이들이 채택하고 있는 추천은 수요예측 모델로서 '콘텐츠 기반 시스템'(contents-based systems)과 '협력적 필터링 시스템'(collaborative filtering systems)으로 구분된다. 콘텐츠 기반 시스템이 이용자의 콘텐츠 이용 패턴을 분석하여 유사 콘텐츠를 추천하는 방식이라면, 협력적 필터링은 사용자의 선호도와 관심 표현의 패턴을 분석하여 비슷한 패턴을 가진 고객들을 선별하고, 이를 기반으로 아이템을 추천하거나 서비스를 제공하는 것을 말한다.

④ 네트워크 분석(Network analysis)

네트워크 분석은 컴퓨터화된 사회과학에서 가장 흔하게 접할 수 있는 연구이다. 네트워크 분석은 행위자인 노드(node)와 그들 노드간의 관계(edge)로부터 어떤 패턴을 읽어내는 작업이다. 이는 매우 다양한 영역에서 활용된다. 사람들 중 누가 누구와 관계를 맺으면서 살아가고 있는지와 같은 인간 네트워크뿐만 아니라 어떤 의미와 의미가 어떻게 네트워크화되어 있는지, 음악이나 미술의 사조가 어떻게 네트워크 되어있는지, 학문세계에서 논문이나 저서가 어떻게 상호참조되고 있는지, 심지어 선호하는 주종이나 음식의 상호 매칭도 네트워크 분석으로 설명가능하다. 특별히 미디어 연구에서 네트워크 분석은 콘텐츠 분석과 수용 분석 모두에서 적용된다. SNS 유력자 연구, SNS 또는 뉴스에서의 의미망 연구, TV 수용의 파편화와 분극화 현상 연구 등이 있다.

⑤ 자연어 처리(NLP)

자연어 처리(NLP) 기법은 다양한 방식으로 존재하는 텍스트를 구체적인 어떤 분석이 가능하도록 하기 위한 선행처리 기법이다. 따라서 자연어 처리는 그 자체가 빅데이터 분석의 한 종류는 아니다. 자연어 처리가 빅데이터 범주에 속하는 것은 생활 속에서 접하는 언어의 양이 일일이 셀 수 없을 정도로 많고 그 자체가 자동생성된 것이기 때문이다. 사실 디지털화 이후 엄청난 양의 뉴스는 물론이고 그보다 더 많이 생성되는 블로그 상의 텍스트를 수집할 수 있지만 본격적으로 이를 분석할 수 있었던 것은 뉴스나 드라마, SNS 등 미디어 텍스트에서 언어 관계를 읽어내는 자연어 처리기법이 발달하면서이다. 그렇기 때문에 자연어 처리를 위해서는 구체적인 분석 알고리즘이 고도화되어야 한다. 현재 자연어 처리는 컴퓨터가 한국어의 형태소와 의미 등을 이해할 수 있도록 참조물로 설정한 '한국어말뭉치'를 응용한 다양한 처리 소프트웨어가 있다. 미디어 연구에서 자연어 처리는 텍스트로부터 형태소 분석과 구문 분석, 의미 분석, 담론 분석 등을 위한 규칙기반의 자연어 처리 기법의 등장은 뉴스의제, 더 나아가 일반적인 의미에서의 콘텐츠 생애 주기를 분석할 수 있다(박대민·김선호·백영민, 2015 참조).

4. 미디어 빅데이터 연구 절차

빅데이터 연구절차 역시 기존의 사회과학 연구절차와 크게 다르지 않다. 일부 이론의 종언 선언이 있기는 하지만 논의의 기본 수준과 틀은 물론 새로운 연구를 개척하기 위해서라도 기존 연구의 검토와 이론적 논의가 필요하다. 그럼에도 빅데이터 연구는 그 나름의 특성이 있기 때문에 연구자는 빅데이터 연구 특성이 반영될 수 있도록 개별 절차에 주의를 기울일 필요가 있다. 빅데이터 연구가 한 때의 '유행'으로 그칠 일은 아니기 때문이다. 만약 빅데이터 연구를 했다면 그러지 않았을 때와 분명한 차별성을 가져야 한다. 그런 점에서 빅데이터 연구는 빅데이터 마이닝에서의 '계량적 분석'과 함께 빅데이터 연구의 '전체성'의 속성이 구체적으로 어떻게 실현되는지를 설명해야 한다.

① 문제제기

• 빅데이터가 제공하는 새로운 연구 가능성(전체성) 제시

• 빅데이터로부터 새로이 발견하거나 기존의 논의를 반박, 확장하는 문제의식

② 기존문헌 검토 및 이론적 논의

• 관심하에 있는 주제에 대한 지적 담론의 검토

• 이론의 반박 혹은 확장

• 전체성의 측면에서 빅데이터 연구의 장점 및 지평 제시

③ 연구문제의 설정

• 연구하고자 하는 연구문제를 제시

• 연구문제를 통해 차별적으로 설명하고자 하는 바를 명확히 함

④ 연구방법

• 기존의 데이터를 수집하거나 새로운 데이터 발굴

• 빅데이터 역시 일정하게 샘플링된 것이라는 점을 인식

⑤ 데이터 마이닝

• 구체적인 분석을 시행하는 것으로서 분석에 적확한 툴을 이용

• 복잡한 데이터로부터 일반화된 패턴을 도출

⑥ 시각화

• 데이터 마이닝의 결과값이 어떤 관계와 전체성을 보여주는지 시각적으로 표현

• 데이터 마이닝 지표와 시각적 자료간의 상호 매칭 여부 확인

⑦ 결론

• 연구의 의의 및 한계 기술

이같은 연구절차를 그림으로 나타내면 [그림 15]와 같다. 어떤 플랫폼(providers)에 의해 끊임없이 제공되는 데이터는 그 자체로 바로 사용할 수 없다. 이들 데이터 역시 일정한 방식으로 샘플링되어(container) 분석 테이블 위에 올려져야 한다. 그렇게 올려진 데이터는 연구문제에 입각해 분석(analysis)이 진행되는데, 실제 분석은 시각화(visualization)와의 지속적인 상호작용으로 이루어진다. 출판(publication)은 이 작업 과정을 압축적이고 통찰력있게 담고 있어야 한다.

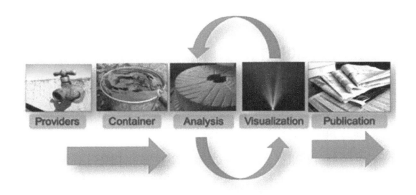

출처: Pew Research Center (2014).
[그림 15] 빅데이터 연구의 흐름

요컨대 빅데이터 연구 절차 역시 기존 사회과학이 추구했던 가설연역적 연구와 별반 다르지 않다. 이론과 샘플링이 여전히 적용되며 분석결과는 기존 이론을 지지하거나 반박하면서 지식을 확장해 나간다. 그럼에도 빅데이터 연구는 질적 연구에서 강조되는 맥락과 전체성을 표현할 수 있다. 흥미로운 빅데이터 연구는 엄숙한 계량적 연구 과정과 함께 통찰력 넘치는 질적 요소를 잘 설명하는 연구이다.

CHAPTER 4

데이터 사이언스와 미디어 연구의 미래

1. 융합학문으로서 미디어 연구

사회과학적 탐구 방법으로서 빅데이터 분석을 수행하려면 데이터에 관한 과학, 즉 데이터 사이언스에 대한 이해가 바탕되어야 한다. 데이터 사이언스는 데이터 구조, 데이터 마이닝 등 데이터 운용에 관한 과학적인 방법들을 다루는 것을 일컫는다. 더불어 데이터를 다양한 플랫폼이나 소프트웨어에서 자유자재로 전환, 추출, 쿼리, 클리닝, 분석해내는 실무적 감각도 키워야 한다. 그러나 무엇보다 사회과학적 데이터 사이언스를 정립하기 위해서는 사회를 개체론적 시각에서 관계론적 시각으로 바라볼 수 있어야 한다. 이같은 관점에 도움이 되는 것이 복잡계(Complex System) 과학이다. 복잡계는 새들의 발자국, 개들의 이동, 손 등의 물, 인간의 소비, 물 위의 부유물 등 질서라고는 없어보이는 혼돈의 세계 가장자리에서 어떤 규칙을 발견하고자 하는 지적 작업이다. 멱함수 법칙(power law), 자기조직화(self-organization), 프랙탈(fractal), 나비효과(butterfly effect), 기이한 끌개(strange attractor), 혼돈의 가장자리(edge of chaos) 등의 개념이 제시되고 있다.

복잡계를 이끄는 통계물리학 또는 사회물리학은 미디어 커뮤니케이션 분야가 눈여겨볼 필요가 있다. 그들은 인간행위 자체를 물리적 세계에서의 원자 활동과 등치시켜 파악한다. 그들의 시각에서 인간은 계량적 질서를 품고 있는 사회적 원자(social atom)이다(Buchannan, 2007). 그렇기 때문에 미디어화된 시대에 경제, 정치, 저널리즘, 여가, 오락, 소집단 등 인간 삶에서의 커뮤니케이션은 원자로서 인간의 미디어 활동이 만들어낸 데이터를 분석함으로서 들여다볼 수 있다. 앞서 사례로 든 구글플루트렌드는 물론 복잡한 사람들의 이동경로, 의제의 생성과 소멸과정, 스타 연결망, 그리고 넷플릭스, 페이스북, 구글 등의 추천, 링크, 제시 등은 개개인의 복잡한 관계 형성의 데이터로부터 어떤 패턴을 추출한 것이다. 최근 가짜 뉴스(fake news) 판별 챌린지가 개최되는 것을 보면 자연현상을 탐구하듯 인간사회를 탐구하려는 공학적 노하우가 얼마나 사회과학 깊숙이 침투해있는지 알 수 있다. 뉴스라는 인공적인 문화콘텐츠도 유사도나 딥러닝을 위한 데이터로 분석되는 것으로 볼 때 뉴스의 품질, 좋은 뉴스와 나쁜 뉴스, 공정성 등의 개념도 데이터 분석으로 평가될 날이 머지않아 보인다. 미디어 커뮤니케이션 현상을 데이터 분석하는데 있어 전통적인 사회과학적 연구방법론의 변신에 복잡계적 접근이 부딪히려는 찰라이다.

이는 다른 어떤 사회과학 하위 영역보다 미디어 커뮤니케이션학이 학문 융합에 가장 넓게 직면해 있음을 뜻한다. 빅데이터 사회과학을 사람의 행위 데이터로 어떤 일정한 패턴을 찾는 것이라고 할 때, 그 행위 데이터가 가장 많이 생성되는 곳이 바로 사람과 사람이 관계를 맺는 커뮤니케이션이기 때문이다. 전통적인 뉴스와 드라마, 광고의 생산과 소비도 그러할 뿐더러, SNS, 포털, OTT 등 융합 미디어는 데이터의 생성과 더불어 성장하고 있는 산업이다. 이제 미디어의 디자인과 소비방식은 행위 요소(node)와 행위 요소를 잇는 관계(edge)로서 커뮤니케이션을 수행하는 방향으로 진화하고 있다. 그것이 데이터를 만들기에도 적합하다. 이제 전통적인 신문방송학이 키워왔던 도메인 지식이 변화하는 미디어 환경에서 얼마나 성공적으로 이어질지는 데이터 사이언스에 입각해 새로운 연구전통을 얼마나 축적하느냐에 달려 있다.

따라서 이제 미디어 전공자들은 기존의 도메인 지식 위에서 데이터에 입각한 연구문제를 도출하는 능력을 키워야 한다. 그런 연구문제는 앞서 설명했듯이 데이터의 존재와 인지, 그리고 데이터를 활용할 수 있는 데이터 리터러시 등 데이터 마인드가 뒷받침됨으로써 보다 정교화해질 수 있다. 이를 위해 미디어 커뮤니케이션학 분야의 많은 교과목이 데이터에 입각해 질문을 유도해내는 능력을 키우도록 디자인될 필요가 있다. 물리학과 생물학, 화학 등을 정보에 입각한 계산가능성의 학문으로 통합해내었던 20세기 전반기 정보이론과 커뮤니케이션 모델에 대한 열정이, 단순한 소개를 넘어, 인간과 인간, 인간과 비인이 서로 연결되면서 일궈내는 복잡계적 네트워크에서 다시금 불붙을 필요가 있다(가령 섀넌과 위버의 커뮤니케이션의 수학적 모델을 완역 소개한 백영민, 2016). 데이터와 인공지능, 네트워크, 플랫폼이 미디어를 어떻게 바꿔내고 있는지, 거기에서 사회적인 것(the social)이 어떻게 발생하고 작동하는지에 관한 개념적, 이론적, 방법론적 정초가 필요한 때이다.

2. 데이터 사이언스의 영역들

마지막으로 간략하게 컴퓨터 과학의 하위 분야를 소개한다. 지금까지 살펴본 것처럼 컴퓨터화된 데이터를 생성하고 있는 문명적 변화로 볼 때 컴퓨터 사이언스 자체가 무엇을 하는지 정도는 알아둘 필요가 있다. 20세기 초 4비조(鼻祖)의 기여가 있었다면 21세기 초 미디어 커뮤니케이션 연구는 컴퓨터 사이언스로부터 창의적 수혈을 받지 않을 수 없다.

가. 인공지능(artificial intelligence)

인공지능은 최근 수년 사이에 가장 주목받는 화두이다. 인공지능이란 기계에 사람의 뇌가 하는 역할을 입히는 것을 뜻한다. 뇌 과학의 발달에 힘입어 기계에 데이터 분석능력을 부여함으로써 스스로 판단하는 기계가 등장하고 있다. 전통적인 자동차 제조사는 물론 구글과 애플 등이 앞장서고 있는 무인자동차가 대표적인 사례이다. 자동차 스스로가 도로상태, 교통흐름, 신호등, 목표지점 등에 대한 정보를 처리하면서 운전하는 것이다. 그 외에도 인공지능은 매우 다양한 분야를 포함하고 있는데, 인간-컴퓨터 상호작용(HCI, human computer interaction), 인간-로봇 상호작용(HRI, human robot interaction), UI/UX(user interface/ user experience), 자연어처리(NLP, natural language processing), 기계학습(machine learning) 등이 그것이다. HCI는 사람과 컴퓨터가 상호작용을 통해 일을 수행하거나 그 능률을 올리고 정보를 습득하는 것을 말한다. UI/UX는 HCI와 밀접하게 관련된 것으로, UI는 컴퓨터의 하드웨어나 소프트웨어의 배치를 통해 인간이 컴퓨터와 접촉하는 방식을 조정하는 분야라면, UX는 컴퓨터화된 프로그램을 사용할 때 겪게 되는 경험을 탐구하는 분야이다. 자연어처리는 애플의 siri나 자동차의 음성전화걸기처럼 인간의 언어활동을 컴퓨터가 이해하고 정보를 처리하는 분야를 말한다. 기계학습은 하나를 알면 둘을 아는 것처럼 인간의 연관학습능력을 컴퓨터가 할 수 있게 하는 분야이다.

나. 컴퓨터 비전(computer vision)

컴퓨터 비전은 컴퓨터가 내재된 기계가 인간처럼 사물을 보고 인식하는 것을 다루는 분야이다. 자동차 번호판 인식, CCTV 상의 동작 감지, 색깔 구분 등 패턴인식이 대표적이다. 스크린 골프에서 공의 위치와 회전을 시각적으로 읽어들이는 비전 카메라도 여기에 해당한다. 사람의 감각이 두뇌활동과 연결되듯이 기계가 무엇을 보는 것은 쉽게 인공지능과 연결된다. 가령 자동차가 자율주행한다는 것은 인간 드라이버처럼 주변환경을 보고 판단을 할 수 있어야 하는데, 이 경우 자동차의 카메라가 주변정보를 모아 인공지능에 내보냄으로써 주행 판단을 할 수 있게 한다. 드론에는 대부분 카메라가 장착되는데, 농약을 치는 농업드론의 경우 병충해가 심한 곳과 그렇지 않은 곳을 특수 카메라가 인식해내어 농약 분사를 조절할 수 있다.

다. 컴퓨터 그래픽(computer graphic)

컴퓨터 그래픽은 〈토이스토리〉(1995)로부터 시작한 픽사 애니메이션이 대표적인 사례이다. 예전에는 사람이 직접 애니메이션의 한 장면 한 장면을 그렸지만 지금은 컴퓨터 그래픽 기술이 이를 대체한다. 스티브 잡스가 만든 픽사는 주로 정부와 의료기관에 고성능 그래픽 디자인용 컴퓨터인 픽사 이미지 컴퓨터라는 하드웨어 판매로 시작했지만 점차 애니메이션 영역에 이 기술이 도입되면서 컴퓨터 그래픽 기술발전과 산업영역을 개척을 이끌었다. 실사 화면에 덧입혀지는 컴퓨터 특수 효과 역시 마찬가지이다. 그 외에도 가상현실 시뮬레이션, 게임, 3D 지도 등 다양한 분야에서 현실을 모사하거나 새로운 현실을 창조하고자 할 때 많이 사용된다.

라. 데이터 분석(data analytics)

이 책에서 설명하고 있는 분야이다. 영화 〈마이너리티 리포트〉를 보면 미래에 범죄를 저지를 것으로 판단되는 예상 범죄자를 선제적으로 체포함으로써 범죄없는 사회를 꿈꾼다. 범죄를 저지를 것으로 예측하기 위해서는 그에 대한 정보가 필요한데 데이터 마이닝과 데이터 추출이 이를 가능케 해준다. 이메일, 블로그, SNS, 게시판, 통화기록 등 개인이 수행한 수많은 커뮤니케이션 기록들은 잠재적으로 분석가능한 빅데이터들이다. 데이터 분석은 이들 데이터를 추출, 정련하여 어떤 지식이나 정보를 생산하고 그에 입각하여 예측을 수행한다. 날씨, 교통, 스포츠, 주식, 물가 등 정보가 수없이 쏟아지는 분야에 적용가능하다. 구글이 그들의 검색 알고리즘으로 선택한 페이지 링크 기반 검색랭크 시스템이나 독감 지표를 검색활동과의 상관관계를 기반으로 정확하게 예측한 구글 독감트렌드가 그 사례들이다.

마. 컴퓨터 보안(computer security)

컴퓨터화된 기술들은 컴퓨터 자체는 물론 개인의 보안 문제가 중요한 현안으로 떠오른다. 따라서 컴퓨터 보안 영역은 적극적인 해킹이나 소극적인 실수로부터 서버와 개인정보, 컴퓨터, 네트워크를 보호하는 효과적인 알고리즘을 구축하는 방법을 연구한다.

그 외에 인간 게놈 프로젝트처럼 인간의 DNA와 세포들의 고유정보를 시각화하여 생명현상에 대한 이해를 높이는 생물정보공학(Bio-informatics and Computational Biology), 관습적으로 이어오던 행위와 행위간의 모순관계를 분석하여 효과적인 인간행위 모델을 탐구하는 등 다양한 분야가 있다.

참고문헌

김경모 (2005). 커뮤니케이션 연결망 분석의 이론적 기초에 관한 탐색적 접근, 〈커뮤니케이션이론〉, 1(2), 162-207.

권승준 (2015). 무명의 그녀, 1년만에 ★을 따다, 〈조선일보〉, 2015. 12. 28, A24면.

김장현 (2016). 너와 나, 그리고 사물의 네트워크 바라보기, 〈커뮤니케이션학의 확장〉(pp. 265-294), 나남.

박대민 · 김선호 · 백영민 (2015). 〈뉴스 빅데이터 분석시스템 연구〉, 한국언론진흥재단.

박형준 (2015). 〈빅데이터 전쟁: 글로벌 빅데이터 경쟁에서 살아남는 법〉, 세종서적.

윤신영 (2011). 데이터 과학, '소셜'을 분석하다, 〈과학동아〉, 2011년 2월호.

이재현 (2013). 빅데이터와 사회과학, 〈커뮤니케이션이론〉, 9(3), 127-165.

임종수 (2016). 모나돌로지와 컴퓨터화된 사회과학으로서 미디어 연구: 사회적 미립자 분석과 이슈의 생애주기적 시각, 〈언론과사회〉, 24(4), 5-52.

전성재 (2016). [Weekly BIZ] 인과관계 밝힐 수 있나 … 빅데이터가 놓치고 있는 것들, 〈조선일보〉 2016년 4월16일.

정영호 · 강남준 (2010). 네트워크 분석을 활용한 다채널 시대의 시청행태 분석, 〈한국방송학보〉, 24(6), 323-364.

Anderson, C. (2008). The end of theory; Will the data deluge makes the scientific method obsolete? *Edge*, Retrieved from http://edge.org/3rd_culture/anderson08/anderson08_index.html

Ausiello, G. (2013). Preface, In G. Ausiello & P. Petreschi (Eds.), *The power of algorithms: Inspiration and examples in everyday life*(pp. v -viii), New York: Springer.

Berry, D. M. (2011). The computational turn: Thinking about the digital humanities, *Culture Machine, 13*, Retrieved from http://www.culturemachine.net/index.php/cm/issue/view/24.

boyd, d. & Crawford, K. (2012). Critical questions for big data: Provocations for a cultural, technological, and scholarly phenomenon, *Information Communication & Society, 15(5)*, 662-679.

Bucher, T. (2012). A technicity of attention: How software "make sense", *Culture Machine, 13*, Retrieved from http://www.culturemachine.net/index.php/cm/issue/view/24.

Burrell G. & Morgan, G. (1979). *Sociological paradigms and organisational analysis: Elements of the sociology of corporate life*, London: Heinemann Educational Book.

Buchanan, M. (2007). *The social atom: Why the rich get richer, cheaters get caught, and your neighbor usually looks like you*, New York: Bloomsbury.

Chesebro, J. W. (1993). Communication and computability: The case of Alan Mathison Turing. *Communication Quarterly, 41(1)*, 90-121.

Curran, J. (1990). The New Revisionism in mass communication research: A reappraisal, *European Journal of Communication, 5(2)*, 135-164.

Gartner (2014). IT glossary Big Data, Retrieved from http://www.gartner.com/it-glossary/big-data/

Ginsberg, J., Mohebbi, M., Patel, R., Brammer, L., Smolinski, M. & Brilliant, L. (2009). Detecting influenza epidemics using search engine query data, *Nature, 457*, 1012-1014.

Lazer, D., Kennedy, R., King, G. & Vespignani, A. (2014). The parable of google flu: Traps in big data, *Science, 343*, 1203-1205.

Lazer, D., Pentlan, A., Adamic, L., Aral, S., Barabasi, A-L, Brewer, D., Christakis, N., Contractor, N., Fowler, J., Gutmann, M., Jebara, T., King, G., Macy, M. Roy, D. & Alastyne, M. (2009). Computational social science, *Science, 323*, 721-723.

Leibniz, G. W. (1714). *La Monadologie*, Trans. by R. Latta (2015). *The monadology*, CreateSpace Independent Publishing Platform(Original version published in 1898).

Leinweber, D. (2007). Stupid data miner tricks: Overfitting the S&P 500, *The Journal of Investment, 16(1)*, 15-22.

Leskovec, J., Backstrom, L. & Kleinberg, J. (2009). Meme-tracking and the dynamics of the news cycle. KDD '09 proceedings of the 15th ACM SIGKDD international conference on knowledge discovery and data mining, 497-506.

Manovich, L. (2011). Trending: The promises and the challenges of big social data, In M. K. Gold(Ed.), *Debates in the digital humanities*(pp.460-475), Minneapolis, MN: The University of Minnesota Press.

Pew Research Center (2014). How we analyzed twitter social media networks, Retrieved from http://www.pewinternet.org/files/2014/02/How-we-analyzed-Twitter-social-media-networks.pdf

Pink, W. C. (2013). How big data liberates research, Insight of Millwardbrown, Retrieved from http://www.millwardbrown.com/Insights/Point-of-View/Big_Data/

Schroeder, R. (2014). Big Data and the brave new world of social media research, *Big Data & Society*, July-December, 1-11.

Shannon, C. E. & Weaver, W. (1963). 백영민 역(2016). 〈수학적 커뮤니케이션 이론〉 커뮤니케이션북스.

Watts, D. J. (2007). A twenty-first century Science, *Nature, 445(7127)*, 489.

Webster, M. (2016). What is a "data state of mind"? And how you can develop it, *Data Driven Journalism*, Sep. 19, 2016. Retrieved from http://datadrivenjournalism.net/news_and_ analysis/what_is_a_data_state_of_mind_ and_how_you_can_develop_it

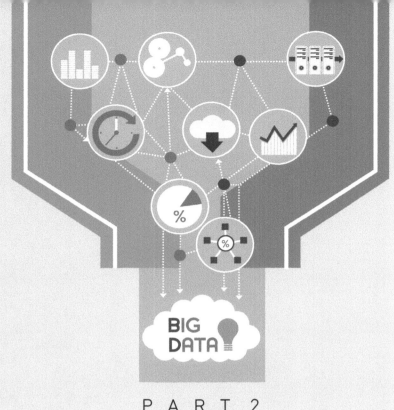

P A R T 2

미디어 빅데이터 마이닝: 이론

CHAPTER 1

미디어 빅데이터 마이닝 개론

1. 미디어에서의 빅데이터 유형과 분석과정

빅데이터란 과거 아날로그 환경에서 생성되던 데이터에 비하여 그 규모가 방대하고, 생성 주기도 짧고, 형태가 수치 데이터뿐 아니라 문자와 영상 데이터를 포함하는 대규모 데이터를 말한다. 기술적 환경이 아날로그에서 디지털로 바뀌면서 데이터의 무한 저장이 가능해졌다. 이러한 기술적 환경에 의해 무의식적이고 일상적인 인간의 행동들이 모두 저장된다. 이렇게 어떠한 특정 목적없이 자연스럽게 형성된 방대한 기록이 바로 빅데이터이다. 현재 수용자들의 디지털 생활은 일반적이고 보편적이다. 매일 이메일을 확인하고 실시간으로 소셜 미디어 및 메신저를 이용한다. TV를 켜 놓은 상태에서 태블릿 PC로 게임을 하고, 버스나 전철을 타고 이동하면서 스마트 폰으로 뉴스를 시청한다. 이러한 디지털 생활은 모두 저장 가능하고 이렇게 저장된 데이터는 수용자의 특성이나 패턴을 보여주는 흔적이 된다. 실제로 온라인에서 60초 동안 벌어지는 행위를 살펴보면, 60초 동안 구글 검색창에는 200만 건의 키워드가 입력되고, 페이스북에서는 180만 개의 '좋아요'가 클릭되며, 스냅챗에는 10만 개의 사진이 공유된다. 또한 2억 개 이상의 메일이 전송되며, 120개가 넘는 유튜브 동영상이 업로드 된다.[1] 즉, 현대 사회에서는 인간의 행위 자체가 데이터화 되고 있다는 것이다. 따라서 빅데이터 분석은 데이터화된 인간의 다양한 행위에 의해 저장된 수많은 양의 데이터 속에서 숨겨져 있는 패턴이나 알려지지 않은 유용한 정보들을 찾아내는 작업이다.

일반적으로 빅데이터 분석은 데이터 수집, 저장 관리, 처리, 결과 생성(분석 및 시각화)이라

---

[1] 한겨레신문에서 캐시백 보상 사이트 큐미(Qmee) 자료를 인용
(http://plug.hani.co.kr/futures/1410981)

는 일련의 프로세스로 이루어진다(최제영, 2012). 첫 번째 단계라고 할 수 있는 데이터 수집
은 데이터의 종류에 따라 다양한 방법이 사용된다. 데이터의 종류는 크게 정형화
(structured) 데이터, 반정형(Semi-Structured) 데이터, 그리고 비정형(Unstructured) 데이터
로 구분할 수 있다(Parmar & Yadav, 2017). 정형화 데이터는 관계형 데이터베이스나 스프
레드시트에 저장된 데이터를 의미한다. 즉 엑셀이나 통계패키지의 고정된 필드에 데이터가
입력되어 있는 경우이다. 가장 대표적인 정형화 데이터는 고객 정보, 시청률, 서베이 데이터
등이 이에 속한다. 정형화 정도에 따라서 반정형과 비정형 데이터로 나누지만 빅데이터 분
석을 위해서는 반드시 정형화 데이터로 변환시키는 작업을 실시해야 하기 때문에 정형화
데이터가 가장 기본적이면서도 중요한 데이터 형식이라고 할 수 있다. 다음으로 반정형 데
이터는 XML이나 HTML 텍스트와 같이 고정된 필드에 저장되어 있지는 않지만 메타데이터
나 스키마 등을 포함하고 있는 데이터 형식이다. HTML과 같은 웹 문서는 규칙적인 프로그
램 언어에 의해 생성되는 문서인 만큼 특정한 규칙을 적용한 프로그램을 이용해 고정필드
에 어렵지 않게 데이터를 입력시킬 수 있다. 즉, 눈으로 보기에는 정형화되어 있지 않지만
숨겨진 패턴이 정형화된 데이터를 반정형 데이터라고 한다. 마지막으로 비정형 데이터는
텍스트, 문서, 이미지, 동영상, 음성 데이터 등 전혀 정형화 되어 있지 않은 데이터를 의미한
다. 이러한 데이터는 정형화 작업이 쉽지 않다. 반정형 데이터의 경우 규칙을 가지고 데이터
를 찾아오는 크롤링(crawling) 작업을 통해 정형화가 이뤄지지만, 비정형 데이터의 경우에는
규칙이 없기 때문에 새로운 기법들이 요구된다. 텍스트 문서의 경우 자연어 분석을 통해 단
어를 형태소별로 분류한 후 정형화 작업을 하고, 동영상은 시간 프레임 단위로 구분한 후 각
각의 화면 상황을 정형화시킨다. 최악의 경우에는 연구자가 텍스트를 읽거나 동영상을 시청
청취하면서 직접 고정필드에 입력하는 코딩작업을 해야 하는 상황도 발생할 수 있다. 따라
서 데이터의 수집 방법은 데이터가 어떤 유형으로 구성되어 있느냐에 따라 결정된다.

〈표 1〉 빅데이터의 데이터 유형과 수집기술

데이터 유형	데이터 종류	수집기술
정형 (Structured)	RDB, 스프레드시트	ETL, FTP, Open API
반정형 (Semi-Structured)	HTML, XML, JSON, 웹문서, 웹로그, 센서 데이터	Crawling, RSS, Open API, FTP
비정형 (Unstructured)	소셜 데이터, 문서(워드, 한글), 이미지, 오디 오, 비디오, IoT	Crawling, RSS, Open API, Streaming, FTP

〈정형 데이터〉　　　　　　　〈반정형 데이터〉　　　　　　　〈비정형 데이터〉

[그림 1] 빅데이터의 데이터 유형

데이터 수집 과정을 통해 확보된 빅데이터는 데이터 분석에 적합한 방식으로 안전하고 영구적인 방법으로 보관된다. 이러한 과정을 빅데이터 저장 관리라고 한다. 빅데이터 저장 관리는 다시 빅데이터 전·후 처리와 빅데이터 저장으로 나눌 수 있다. 전처리(pre-processing) 과정은 필터링(filtering) 과정이라고 할 수 있는데 데이터의 활용목적에 맞지 않는 정보를 제거하여 분석시간을 단축하고 저장 공간을 효율적으로 이용하기 위한 작업이다. 빅데이터 후처리(post-processing) 과정은 데이터 분석에 용이하도록 데이터를 변환하는 과정을 의미한다. 일반적으로 통합과 축소의 과정을 거치게 되는데 통합은 상호 연관성 있는 데이터들을 하나로 결합시키는 기술로 단위를 일치시키거나 변환시키는 작업 등이 수행된다. 축소는 불필요한 데이터를 축소하여 분석에 대한 효율성을 높이는 과정이다.

이렇게 처리된 데이터는 정형화된 테이블로 구성된 데이터들의 집합체인 관계형 데이터베이스(RDB)에 저장된다. 관계형 데이터베이스는 SQL(Structured Query Language) 문장을 통해 데이터베이스의 생성, 수정, 검토 등의 서비스를 수행하는 것으로 오라클(oracle), mySQL, msSQL 등이 있다. 또한 전통적인 방식의 관계형 데이터베이스와는 다르게 설계된 NoSQL이라는 비관계형 데이터베이스에 저장되기도 한다. 이러한 비관계형 데이터베이스는 테이블 스키마(Table Schema)가 고정되지 않고 테이블 간 조인(Join) 연산을 지원하지 않지만 수평적 확장(Horizontal Scalability)이 용이한 특성을 가지고 있으며 MongoDB, Cassandra, HBase 등이 있다. 특히 최근에는 분산된 서버의 로컬 디스크에 파일을 저장하고 API(Application Programming Interface)를 제공해 파일을 처리하는 분산파일시스템을 이용한다. 이는 데이터 저장시스템이 파일 읽기와 쓰기 같은 단순연산을 자동으로 지원하는 대규모 데이터 저장소라고 할 수 있다. 대표적인 분산파일시스템은 HDFS(Hadoop File

System)가 있다.

이렇게 저장된 데이터는 여러 서버로 분산해 각 서버에 나눠서 처리하고, 이를 다시 모아서 결과를 정리한다. 이러한 분산, 병렬 방식의 대표적인 기술로는 하둡(Hadoop)의 맵리듀스 그리고 마이크로소프트의 드라이애드(Dryad)가 있다.

마지막으로 저장된 빅데이터를 이용해 숨겨진 패턴이나 의미있는 지식을 얻기 위해서 빅데이터 분석을 실시한다. 빅데이터 분석 기법은 기계학습이나 데이터 마이닝 분야에서 사용되는 분석방법들이다. 즉, 정형화 데이터를 취급하는 통계분석이나 데이터 마이닝, 비정형 데이터를 취급하는 텍스트 마이닝, 소셜 네트워크 분석 등을 통해 숨겨진 의미를 찾아내고 이를 시각화함으로써 최종 결과물을 산출하게 된다.

이러한 과정을 살펴보면, 데이터 수집, 저장, 처리 단계는 빅데이터 시스템과 관련된 것으로 프로그램이나 기술적인 과정이라고 할 수 있다. 최근 빅데이터 시스템과 관련해서 가장 많이 언급되는 솔루션이 하둡(Hadoop)이다. 하둡은 하둡 파일 시스템을 통해 데이터 수집 및 저장하고 맵리듀스를 이용해 데이터 처리를 진행한다. 빅데이터 시스템의 특징은 정형화 데이터뿐만 아니라 비정형 데이터를 다양한 채널을 통해 다량의 데이터를 수집하여 처리하는 것이다. 하둡은 이러한 빅데이터 시스템을 갖추고 있으며 게다가 오픈소스로 제공되고 있고 커스텀마이징(customizing) 요소가 크기 때문에 많은 빅데이터 솔루션 구축 기업 및 기술자들이 쉽게 접근해서 사용하고 있다.

마지막 단계인 최종 산출물 생성과정은 기술이나 혹은 시스템적으로도 가능하지만 이런 방법만으로는 유의미한 결과를 도출하기가 쉽지 않다. 연구자가 원하는 결과를 찾기 위해서는 연구목적에 적합한 분석방법으로 수집된 데이터를 이용해 연관관계 및 연결성 등 유의미한 결과를 직접 도출해 내야 한다. 솔직히 사회과학 분야에 있는 연구자나 학생들이 빅데이터 시스템 측면을 구축하고 이해하기란 쉬운 일이 아니다. 하지만 수집된 데이터를 어떻게 분석할 것인지에 대해서는 사회과학 분야 해당자들이 더 큰 강점을 가질 수 있다. 따라서 이 장에서는 빅데이터 수집 및 저장 등 기술적인 처리보다는 대표적인 빅데이터 분석 방법 및 기법을 소개하고자 한다.

[그림 2] 빅데이터 분석 과정

2. 통계와 데이터마이닝

데이터 분석(Data Analysis)은 아마도 아주 오래 전 데이터가 처음 생성되었을 때부터 행해졌을 것이다. 하지만 과거와 현재의 데이터는 완전히 다르다고 할 수 있다. 현재 데이터는 데이터수집기, 컴퓨터, 정보처리기술의 눈부신 발달로 예전의 데이터와는 양과 복잡성에서 차원이 다르다. 이런 대용량 데이터 분석 행위를 의미하는 용어가 빅데이터 분석이다. 따라서 빅데이터 분석은 현재의 데이터 분석(modern data analysis)이라고 할 수 있다.

빅데이터 분석은 크게 통계분석과 데이터마이닝으로 구분가능 하다. 이 두 분석 방법은 양적인 데이터를 분석해 유용한 정보를 찾아낸다는 관점에서 매우 유사하다. 통계분석은 기본적으로 기술통계와 추정통계로 구분된다. 기술통계는 수집된 데이터의 평균, 표준편차 등 주요 특성을 분석 및 기술하는 방법이고, 추정통계는 샘플링(sampling) 방법을 통해 데이터를 수집하고 이렇게 수집된 표본(sample)의 특성이 전체 모집단에서 일반화시킬 수 있는지 여부를 판단하는 예측방법이다. 데이터마이닝은 대용량 데이터로부터 데이터 내에 존재하는 관계, 패턴, 규칙 등을 탐색하고 찾아내어 모형화함으로써 유용한 지식을 추출하는 일련의 과정으로 정의할 수 있다. 데이터마이닝 역시 데이터를 탐색하고 모형화해 예측한다는 측면에서 통계분석 방법과 공통점을 가지고 있다. 또한 데이터마이닝에 회귀분석 등과 같은 통계분석 방법을 포함시키거나 주성분 분석, 판별분석, 군집분석 등 통계학에서도 사용되고 있는 알고리즘을 그대로 데이터마이닝에서도 이용한다. 따라서 데이터 마이닝은 통계학에서 사용되는 다양한 계량 기법에 데이터베이스 쪽에서 발전한 OLAP(온라인 분석 처리:On-Line Analytic Processing), 인공지능 진영에서 발전한 SOM(Self Oranizing Map), 신경망(Neural network), 전문가 시스템 등의 기술적인 방법론이 확장된 것이라고 할 수 있다.

하지만 통계분석과 데이터마이닝은 분명히 다른 면이 있다. 통계는 연구자가 연구문제를 해결하고 가설을 증명하기 위해 데이터를 수집·분석하는 목적론적 측면에서 접근하지만, 데이터마이닝은 자연스럽게 쌓여진 데이터 속에서 지식을 추출해 내는 결과론적 측면의 시도라고 할 수 있다. 그래서 통계는 '분석'이라는 용어를 사용하지만 데이터 마이닝은 수많은 데이터라는 광산에서 채굴이나 채광을 통해 금광석이라는 유용한 정보를 찾아낸다는 의미에서 '분석(analysis)'이라는 용어대신 '마이닝(mining)'이라는 용어를 사용한다. 이러한 차이를 보다 구체적으로 살펴보면, 먼저 데이터를 수집하는 과정에서부터 차이를 갖는다.

통계학에서 사용하는 데이터는 기본적으로 특정 목적을 가지고 수집된 서베이 및 실험데이터를 대상으로 하고 있기 때문에 데이터의 크기가 비교적 작지만, 데이터마이닝은 비계획적으로 축적된 대용량 데이터를 대상으로 한다. 또한 통계학은 특정 목적에 의해 추출된 표본을 가지고 추정(estimation)을 통해 가설 검정(testing)을 실시하지만, 데이터마이닝은 전체 데이터를 사용하는 경우가 많고 이럴 때는 표본 오차가 존재하지 않기 때문에 추정과 같은 통계방법이 필요치 않다. 또한 표본을 추출해 사용하더라도 데이터마이닝은 패턴이나 예측모형을 도출하는 것이 주목적이기 때문에 추출된 데이터의 일부를 학습 데이터(training set)로 하여 패턴이나 관계 모델(알고리즘)을 구축하고 나머지 데이터(test data)를 이용해 모델의 적합성을 검증하게 된다. 이러한 과정은 전체 데이터에서 샘플링을 반복해 실시되기도 한다. 이상의 목적과 방법의 차이 때문에 통계분석은 사용자-드리븐(user-driven) 또는 증명-드리븐(proof-driven)이라고 하고, 데이터마이닝은 데이터-드리븐(data-driven)이라고 지칭한다.

〈표 2〉 통계와 데이터마이닝의 비교

구분	통계학	데이터마이닝
데이터 수집	계획적(서베이, 실험 등)	비계획적
데이터 크기	소량	대용량
분석목적	기술 및 추정과 검정	패턴과 예측모형 구축
분석	user-driven/proof-driven	data-driven

데이터마이닝이 통계학의 중복성과 차별성으로 인해 분석 소프트웨어도 데이터베이스 공급업체가 제공하는 제품군과 통계분석용 전문 소프트웨어로 구분할 수 있다. 데이터베이스 공급업체가 제공하는 데이터마이닝 소프트웨어로는 IBM의 Intelligent Miner, MS의 SQL Server 2005, 오라클의 Data Mining, 테라데이터의 Warehouse Miner가 있다. 통계관련 업체에서 제공하는 데이터마이닝 분석용 소프트웨어로는 SAS의 Enterprise Miner, IBM의 SPSS Modeler가 있다. 최근 주목받고 있는 R과 파이썬(Python)은 오픈소스 형태로 제공되기 때문에 무료로 사용할 수 있는 소프트웨어이다.

〈표 3〉 통계학과 데이터마이닝에서 사용되는 용어의 차이

통계	데이터마이닝(기계학습)
variable	feature
predicted value	output
dependent variable	target
independent value	input
regression/classification	supervised learning
clustering	unsupervised learning

CHAPTER 2

미디어
빅데이터 마이닝

데이터마이닝은 대용량 데이터로부터 그 안에 숨겨져있는 유의미한 지식을 찾아내는 과정으로 간략히 정의할 수 있다. 미디어와 관련된 데이터 역시 디지털 TV, 스마트폰, SNS 등 매체 자체가 디지털화됨에 따라 대규모로 축적되고 있다. TV 시청률 자료는 초단위로 측정되어 저장되고 있으며, 영화나 음악 사이트는 이용 시간이나 장소, 주제, 개인 정보 등을 실시간으로 수집하고, 게임회사에서는 이용자들이 나누는 대화와 사용하는 아이템 등을 분석한다. 또한 SNS나 검색어 등은 최근 사회적 주요 이슈나 여론의 흐름을 파악하는데 이용되고 있다. 즉, 수용자들이 미디어를 이용함과 동시에 그 이용 흔적은 실시간으로 생성 및 저장되고, 이러한 발자취는 빅데이터를 구성한다. 따라서 이제 미디어와 관련된 데이터를 분석하기 위해서는 전통적인 통계분석과 함께 데이터마이닝 기법이 필수적이라고 할 수 있다.

데이터마이닝 기법은 패턴, 규칙, 관련성이라는 분석 목적에 따라 일반적으로 분류(Classification), 군집화(Clustering) 그리고 연관성(Association Rule)으로 분류한다. 하지만 요즘은 관계와 시각화를 보다 강조한 네트워크분석(Network Analysis)도 데이터 마이닝 기법에 포함시키기도 한다.

1. 분류(Classification)

분류는 수용자가 어떤 범주에 속할 것인가를 예측하는 방법이다. 분류방식은 이미 우리 생활 속에서 일반화된 현상이라고 할 수 있다. 은행에서 대출을 받을 때도 집이 있는지, 직장이 있는지 등을 조사하고, 심지어 결혼을 할 때도 조건을 따지는 경우가 있다. 이러한 조건이 분류 기준이 된다. 대출의 경우에는 조건에 따라서 상환 능력 유무로 대출신청자를 분류하고, 결혼은 조건에 따라 이 사람이 배우자로 적합한지 그렇지 않은지를 결정하게 된다. 이러한 분류방식은 미디어 빅데이터 분석에서도 빈번히 사용된다. 영화의 흥행 예측, TV 프로그램의 시청 여부, 드라마의 시청 제한 연령 구분, 음반이나 도서 구매 가능성 등 수용자 집단에 대한 특정 정의를 통해 그들의 속성이나 행위를 분류하고 추론하게 된다.

통계학에서 대표적인 분류 방법으로는 로지스틱 회귀분석과 판별분석이 있고, 이에 해당하는 데이터마이닝 분류 기법이 의사결정나무(Decision Tree)와 신경망분석(Neural network)이다. 데이터마이닝에서 사용되는 이러한 분류기법은 축적된 데이터 일부를 샘플링해 학습데이터(training data)로 사용하여 모델을 생성하게 된다. 다음으로 모델 생성 시 사용되지 않았던 검증 데이터(test data)를 이용해 모델을 테스트한 후 새로운 데이터를 사용해 미래를 예측한다.

(1) 의사결정나무(Decision Tree)

의사결정나무는 의사결정 규칙을 나무형태로 표현하여 집단을 몇 개의 소집단으로 구분하는 분류 및 예측 기법이다. 즉, 주어진 훈련데이터를 반복적으로 분할하여 각각의 분할된 파티션이 대상자의 전부 또는 대부분을 갖도록 하는 것을 목표로 한다. 이러한 의사결정나무 모형은 브레이먼(Breiman, et al., 1984) 등에 의해서 소개되었고, 로와 시(Loh & Shih, 1997)에 의해 많은 발전을 이루어 왔다. 의사결정나무 모형은 '여성(조건 1)이고 40대(조건 2)이면 아침드라마 시청집단(결과변수)'이라는 규칙으로 표현된다. 이렇듯 구축모형에 대한 이해가 쉽고 도식적 표시에 의한 체계적 의사결정이 가능하기 때문에 실제 실무에서 많이 사용되는 빅데이터 분석방법이다.

의사결정나무는 '의사결정나무의 생성', '가지치기', '타당성 평가', '해석 및 예측'이라는 4 가지 단계를 거쳐 수행하게 된다. '의사결정나무의 생성' 단계는 분석의 목적과 자료구조에 따라 적절한 분리기준(split criterion)과 정지규칙(stopping rule)을 지정하여 의사결정나무 모형을 구축하는 것이다. '가지치기'는 오분류율을 크게 할 위험이 높거나 부적절한 규칙을 가지고 있는 가지를 제거하는 단계이다. '타당성 평가'는 이익도표(gain chart)나 위험도표(risk chart) 또는 검증용 데이터(test data)를 이용해 의사결정나무 모형의 타당성을 평가한다. 마지막으로 '해석 및 예측' 단계는 의사결정나무의 최종 예측모형을 결정하고 해석 및 예측하는 것을 말한다.

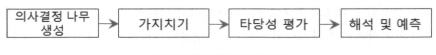

[그림 3] 의사결정나무 분석 과정

먼저 의사결정나무 생성 단계를 보다 구체적으로 살펴보면, 기본적으로 의사결정나무의 생성은 뿌리에서 가지를 거쳐 잎으로 분화되는 나무의 성장과정 형태를 취한다. 의사결정나무의 맨 위쪽에 위치하는 마디를 가리켜서 뿌리마디(Root Node)라고 부르는데, 분류대상이 되는 모든 개체집단을 의미한다. 하나의 마디가 하부마디로 분화가 될 때 특정마디 위쪽에 존재하는 마디를 부모마디(Parent Node)라고 부르고 특정마디 아래쪽에 존재하는 마디를 자식마디(Child Node), 더 이상 마디가 분화되지 않는 최종마디를 끝마디(Terminal Node)라고 한다. 이와 같이 각 마디들이 분화되어 있는 모습이 나무 모양을 닮았다고 하여 의사결정나무라고 부른다. 의사결정나무 모형은 이러한 반복적인 가지의 분화를 통해 하나의 잎이 케이스의 값을 전부 또는 대부분을 갖도록 분류한다. 결정나무의 각 마디는 "If A then B1, Else B2"의 논리적 구조를 구성한다. 즉, A의 경우이면 B1으로 가고 그렇지 않으면 B2로 가라는 것이다. 모든 관측은 최종적으로 잎에 도달한다. 간단한 예로, 전체 10명 중 7명이 아침드라마를 시청하고 3명이 시청하지 않는 데이터가 있다. 이를 의사결정나무로 모형화한다면, 첫 번째 분류기준 속성을 연령(50대 이상: 4명, 40대 이하: 6명)으로 설정하여 가

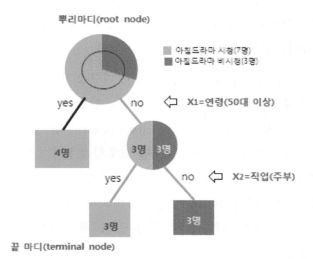

[그림 4] 의사결정나무 구조 및 분류 과정

지치기를 하면 50대 이상 4명이 모두 아침드라마를 시청하는 것으로 나타났고, 40대 이하 6명 중 3명은 시청으로 3명은 비시청으로 분류되었다고 가정하자. 아직 분류가 완벽하지 않은 40대 이하 집단을 다시 직업(주부: 3명, 비주부: 3명)을 기준으로 가지치기를 하면 주부 3명 모두 아침드라마를 시청하고 있었으며, 비주부 3명은 시청하지 않는 것으로 재분류되었다. 이렇게 의사결정 나무 모형이 설정되었다면, 이 모형은 '40대 이하이면서 주부가 아니라면 아침드라마를 시청하지 않는다'는 의사결정 규칙(rule)을 생성하게 된다.

아침드라마 시청 모형에서 살펴볼 수 있듯이 의사결정나무 모형은 규칙을 가지고 가지를 나누는 방법을 사용하기 때문에 어떤 속성(변수)을 기준으로 가지를 분기칠 것인지, 그리고 어떤 값을 기준으로 나눌 것인지 등 분리변수를 선정하는 작업이 가장 중요하다. 만약 분리변수가 범주형이라면 분리기준은 전체 범주를 두 개의 부분집합으로 나누게 된다. 예를 들어 명목변수 {Yes, No}라면 {Yes}에 속하면 왼쪽 자식마디로 {No}에 속하면 오른쪽 자식 마디로 자료를 분류한다. 전체 범주가 {1,2,3,4}로 구성되었다면 {1,2}과 {3,4}으로 분류하고 범주 {1,2}에 속하면 왼쪽 자식마디로, 범주 {3,4}에 오른쪽 자식마디로 자료를 분리하게 된다. 분리에 사용될 변수가 연속 변수인 경우에는 분리 기준이 하나의 숫자로 주어지며, 일반적으로 분리변수가 기준 숫자보다 작으면 왼쪽 자식마디로, 크면 오른쪽 자식마디로 자료를 분리한다. 따라서 각 마디에서의 분리규칙은 분리에 사용될 분리변수(split variable)의 선택과 분리가 이루어질 분리기준(split criteria)에 의해 결정된다.

각 마디에서 분리변수와 분리기준은 목표변수의 분포를 가장 잘 구별해주는 쪽으로 정해야 한다. 목표변수의 분포를 얼마나 잘 구별하는가에 대한 측정치로 순수도 (purity) 또는 불순도 (impurity)를 사용한다. 예를 들어 남성과 여성의 비율이 45%와 55%인 마디는 각 그룹의 비율이 90%와 10%인 마디에 비하여 순수도가 낮다(또는 불순도가 높다). 이렇게 집단의 비율이 비슷한 마디는 분류가 제대로 안되어 있다는 것을 의미한다. 따라서 각 마디에서 분리변수와 분리기준의 설정은 생성된 두 개의 자식마디의 순수도의 합이 가장 큰 것을 분리변수와 분리기준으로 선택하게 된다. 그리고 부모마디보다 자식마디의 순수도가 증가하도록 분류나무를 형성해 나간다. 다시 말하자면 분할된 데이터의 불순도를 얼마나 많이 제거했는가로 분리변수와 분리기준을 결정한다(분리변수(기준) 선택: 현재의 불순도 - 노드를 분리한 다음의 불순도). 결론적으로 의사결정나무 생성과정은 전체 데이터를 점차 더 작은 그룹으로 나누고 나누어진 그룹은 원래의 큰 그룹보다 더 순수한 그룹으로 만들어 가는 방식이라고 할 수 있다.

이와 같은 분할가지에 대한 판단기준을 정량적으로 계산하기 위한 방법으로 피어슨 카이제곱 검정값(χ^2), 지니지수(Gini Index), 엔트로피(Entropy)가 가장 널리 사용된다.

> 가지 마디의 분리규칙은 분리변수(split variable) 선택과 분리기준(split criteria)을 정하는 것 → 카이제곱 검정값(χ^2), 지니지수(Gini Index), 엔트로피(Entropy)를 이용

분리변수와 분리기준에 사용되는 지수에 따라 CHAID, CART, C5.0 등의 방식으로 의사결정 나무를 형성하게 된다. 먼저 카이제곱 검증을 근거로 분할하는 방법이 CHAID(Chi-squared Automatic Interaction Detection)이다(Kass, 1980). 'CH'는 카이제곱(chi-squared)을 의미하며 CHAID의 분할기준은 카이제곱 검정에 근거하고 있다. 분할의 효과를 판단하기 위한 CHAID의 검정법은 열의 분포(목적변수 값인 분류의 비율)가 각 행 (자식마디)에서 서로 같은가를 검정함으로써 분할의 가치를 판단하는 방법이다. 카이제곱 검정은 관측도수(O_j)와 기대도수(E_j)의 차이의 제곱합을 사용하는 피어슨(Pearson) 카이제곱 통계량을 사용한다.

$$\chi^2 = \sum_j \frac{(O_j - E_j)^2}{E_j}$$

카이제곱 통계량이 자유도에 비해서 매우 작다는 것은 예측변수의 각 범주에 따른 목표변수의 분포가 서로 동일하다는 것을 의미하기 때문에 예측변수가 목표변수의 분류에 영향을 주지 않는다고 할 수 있다. 결국 분리기준을 카이제곱 통계량 값으로 한다는 것은 유의확률인 p값을 가장 작게 만드는 예측변수와 그 때의 최적분리에 의해서 자식마디를 형성시킨다는 것이다. 카이제곱 통계량이 크다는 것은 관측빈도와 기대빈도의 차이가 크다는 것으로 순수도(Purity) 역시 높아지고 이는 보다 명확한 분리(Split)를 의미한다. 결론적으로 카이제곱 통계량이 가장 큰 예측변수를 사용하여 자식마디를 형성하게 된다. [표 4]는 CHAID의 분류기준에 의하여 어떤 변수가 분류변수로 적합한지 나타내고 있다. 아침드라마 시청 여부를 분류하는 분류변수는 직업이 연령보다 더 순수도(카이제곱 값)가 크기 때문에 직업을 우선 분리변수로 선택하게 된다. 따라서 앞의 [그림 4]는 연령보다 직업을 이용해 먼저 분리하는 것이 타당하다.

〈표 4〉 CHAID의 분류기준에 의한 모형 비교

직업		아침드라마 시청여부		$\chi^2(p)$	연령		아침드라마 시청여부		$\chi^2(p)$
		시청	비시청				시청	비시청	
직업	주부	5	0	4.826	연령	40대 이하	3	3	2.857
	비주부	2	3	(0.038)		50대 이상	4	0	(.091)

CART(Classification & Regression Tree) 방식은 분류기준으로 지니지수(Gini index)를 사용한다(Breiman, et al., 1984). 지니지수는 마디의 이질성(다양성)을 측정하여 값의 높고 낮음에 의해서 분류가 이뤄지는 방법이다. 지니지수는 각 마디에서의 불순도(impurity) 또는 다양성(diversity)을 측정하는 것으로 다양성 지수(Diversity Index)로 사용되기도 한다. 다양성 지수는 다음과 같은 식으로 표현된다.

$$Gini = \sum_{j=1}^{c}(P(j))(1-P(j)) = 1 - \sum_{j=1}^{c}P(j)^2 = 1 - \sum_{j=1}^{c}\left(\frac{n_j}{n}\right)^2$$

여기서 c는 목표변수의 범주의 수, $P(j)$는 j 범주에 분류될 확률, n은 마디에 포함되어 있는 관찰치의 수, n_j는 목표변수의 j 번째 범주에 속하는 관찰치의 수를 나타낸다. 즉, 지니지수는 값이 클수록 다양하다는 것을 의미하며 이는 불순도가 높다는 것이다. 따라서 지니지수가 가장 낮은 예측변수를 사용하여 자식마디를 형성하게 된다.

지니지수는 0 에서 1 사이의 숫자로 나타낼 수 있으며, 0인 경우는 완벽히 순수(purity)한 노드를 나타낸다. 아침드라마 시청 여부를 다시 예로 들면, 부모마디에서 시청과 비시청을 구별하는데 있어 자식마디인 직업의 경우 주부는 시청 5명, 비시청 0명이고, 비주부는 시청 2명, 비시청 3명이다, 연령의 경우 40대 이하는 시청 3명, 비시청 3명이고 50대 이상은 시청 4명으로 분류된다. 먼저 부모마디(시청 7명, 비시청 3명)의 지니지수는 {1-(7/10)²+(3/10)²}= 0.420이다. 자식마디 직업노드에서 주부의 지니지수는 1-{(5/5)²+(0/3)²}=0이고, 비주부의 지니지수는 1-{(2/5)²+(3/5)²}=0.480이다. 따라서 자식마디인 직업의 전체 지니지수는 (0+0.48)/2=0.24이거나 개체수의 가중치를 적용하면 (5/10×0)+(5/10×0.48)=0.24이다. 한편, 자식마디인 연령의 경우 40대 이상의 지니지수는 1-{(3/6)²+(3/6)²}=0.500이며 50대 이상의 지니지수는 1-{(4/4)²+(0/4)²}=0이다. 따라서 연령에 의한 자식마디 전체 지니지수는 평균 (0.500+0)/2=0.25이다. 또한 개체수의 가중치를 적용하면 (4/10×0)+(6/10×0.5)=0.3이다. 결론적으로 부모마디 지니지수는 자식마디인 직업의 지니지수에 의해 0.18(=0.420-0.24)만큼 줄어든 반면, 연령의 지니지수에 의해서는 0.12(=0.42-0.3)만큼 줄어들었다. 따라서 직업이 연령보다 부모마디의 불확실성을 더 크게 줄이기 때문에 직업이 연령보다 더 합당한 분류기준이 된다. 이는 CHAID 방법에서 사용한 카이제곱 값의 결과와 같다는 것을 확인할 수 있다.

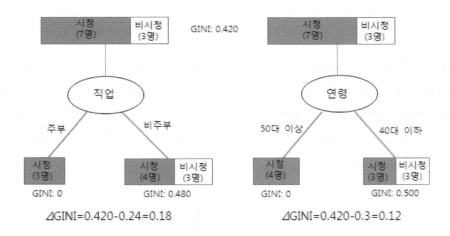

[그림 5] 지니지수에 따른 의사결정나무 분할

C5.0 방식은 이득률(gain ratio)에 의한 동질성 측도를 이용해 분류가 이루어진다. 이러한 동질성 척도를 엔트로피 지수라고 한다(Pandya, 2015). 이 지수는 다항분포에서 우도비 검정통계량을 사용하는 것으로, 수치가 가장 작은 예측변수와 그 때의 최적분리에 의해 마디를 생성한다. 이득률은 부모마디(parent node)의 엔트로피에서 자식마디의 엔트로피(Entropy)를 차감하여 산출한다. 엔트로피 지수는 각 마디(node)의 목표변수의 범주별 비율에 로그(log)를 취하고, 각 비율을 곱한 값들을 합하여 계산된다. 단, 일반적으로 음의 값을 갖게 되므로 -1을 곱하여 양수로 나타내게 된다. 이러한 공식에 의해 산출된 엔트로피 값이 높을수록 불순도가 크다는 것을 의미하기 때문에 엔트로피 값을 가장 낮게 만드는 분리변수를 사용하여 자식마디를 형성하게 된다.

$$Entropy = -1 \cdot \sum_j [P_j \cdot \log(P_j)]$$

다음은 엔트로피 값을 이용해 특정 프로그램의 시청률을 예측하는 의사결정나무 모형의 사례이다. 자료는 [표 5]와 같이 정형화된 데이터이고 변수는 연령, 직업소유, 성별, 주인공에 대한 선호도, 시청여부로 구성되어 있다. 우선 가장 먼저 분류를 실시할 분류기준 변수를 선정해야 한다. 이를 위해서 전체 데이터의 엔트로피를 구하고 이를 가장 크게 줄이는 변수를 선택해야 한다. 전체 데이터의 엔트로피는 0.971(=-6/15 * log2(6/15) - 9/15*log2(9/15))이다. 엔트로피 공식을 이용해 각 변수별 엔트로피를 계산하면 연령은 0.888, 직업소유 0.647, 성별 0.551, 주인공에 대한 선호도 0.608이다. 따라서 전체 데이터와 엔트로피 차이(information gain)가 가장 큰 변수가 성별(0.420=0.971-0.551)이기 때문에 성별이 첫 번째 분류기준이 된다. 다음으로 성별의 엔트로피와 다른 변수들 간의 엔트로피 차이를 비교하여 두 번째 분류변수를 결정하게 된다.

〈표 5〉 시청률 데이터 예제

Id	연령	직업소유	성별	주인공 선호도	시청여부
1	young	FALSE	man	1	no
2	young	FALSE	man	2	no
3	young	TRUE	man	2	yes
4	young	TRUE	woman	1	yes
5	young	FALSE	man	1	no
6	middle	FALSE	man	1	no
7	middle	FALSE	man	2	no
8	middle	TRUE	woman	2	yes
9	middle	FALSE	woman	3	yes
10	middle	FALSE	woman	3	yes
11	old	FALSE	woman	3	yes
12	old	FALSE	woman	2	yes
13	old	TRUE	man	2	yes
14	old	TRUE	man	3	yes
15	old	FALSE	man	1	no

만약 성별변수에 의해 분류된 시청여부에 따른 엔트로피 값과 직업소유 변수의 엔트로피 값의 차이가 가장 크다면 [그림 6]과 같은 의사결정나무가 형성된다. 이는 뿌리에서 가지를 거쳐 입으로 분화되는 나무의 성장과정을 규칙의 형태로 변환하여 해석할 수 있다. 만약 여자라면 전체 시청률은 40%(6/15)가 되고 시청확률은 100%(6/6)이다. 만약 남자이면서 직업이 있다면 전체 시청률은 33.3%(5/15)이고 시청확률은 100%(5/5)가 된다. 따라서 이 프로그램의 주시청자는 여자이고, 만약 남자라면 직장이 있는 사람이라는 것을 알 수 있다.

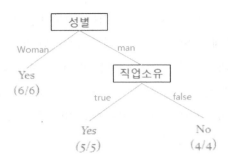

[그림 6] 엔트로피 값의 변화에 따른 시청률 의사결정나무 모형

최종적인 의사결정나무 모형의 결과는 '만약 어떤 사람의 나이가 50대 이상이고, 직업이 있고, 서울에 살고, …, Otherwise, …' 식의 규칙을 형성한다. 따라서 분류변수들이 많아 의사결정나무를 키워가게 되면 규칙 역시 매우 복잡해진다. 규칙이 지나치게 복잡하면 실제 사회현상에 적용하기에 어렵고 효율성도 떨어지기 때문에 사소한 규칙들은 제거할 수 있도록 적당한 시점에서 가지치기(Pruning)를 하는 것이 매우 중요하다. 이러한 가지치기를 통해 최종적으로 가장 적절한 수의 규칙이 생성된다.

가지치기 방식은 나무가 생성되는 초기에 가지치기를 하는 '사전 가지치기'와 나무가 모두 완성된 후 가지를 제거해 나가는 '사후 가지치기'로 구분할 수 있다. CHAID 방식의 경우 사전 가지치기를 사용한다. 마디들은 카이제곱 기준에 의한 p값이 미리 결정한 수준을 넘거나 순수도(purity)의 증가가 통계적으로 유의미하지 않을 때(P > 0.05) 분기를 멈춘다. 또한 나무의 확장은 각 마디에 속한 사례의 수가 미리 정한 한계 값 미만이 되면 중지될 수도 있다. CART와 C5.0은 사후 가지치기 방식을 사용해 완성된 나무에서 가지를 제거해 나간다. 나무가 끝까지 성장한 전체(full) 모형을 구축했더라도 100%를 맞게 분류하는 경우는 드물다. 원래는 'yes'인데 'no'로 분류할 수도 있는데 이를 '오분류율'이라고 한다. 즉, 10개 중 8개를 맞추었을 경우 맞춘 확률은 0.8이고 오분류율은 1-0.8로 0.2가 된다. CART 방식의 경우 비용 복잡성(Cost-complexity)을 이용해 가지치기를 수행한다. 여기서 사용하는 비용 복잡성은 나무 크기를 고려한 오분류율을 의미한다.

$$CC(T) = Err(T) + \alpha L(T)$$

CC(T)는 비용을 나타내고 Err(T)는 오분류율, L(T)는 잎 노드의 수, α는 사용자가 정의하는 잎 로드 수에 대한 가중치이다. α가 0이면 비용은 오분류율과 같다. α를 증가시키면서 뿌리노드를 포함하고 있는 모든 가능한 부분 나무에 대한 비용을 측정하고 어떤 부분 나무의 비용이 완전한 나무의 비용보다 적거나 같으면 이를 첫 번째 후보 부분 나무로 찾는다. 그리고 이 나무에 포함되어 있지 않는 가지들을 제거하는 방식으로 가지치기를 한다. [그림 7] 처럼 부분 나무인 B1-C1-C2와 가지치기한 B1의 비용 복잡성을 비교하여 부분 나무인 B1-C1-C2의 비용 복잡성이 적지 않으면 가지치기를 수행한다. 즉, 비용이 같을 경우 더 단순한 나무가 최적이 된다. 이는 각 입 노드에서 예측에 가장 영향을 덜 미치는 가지를 제거하기 위한 작업이다.

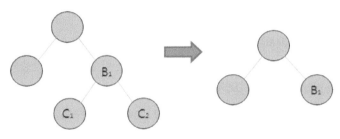

[그림 7] 사후 가지치기 결정 과정

C5.0의 가지치기는 훈련데이터로 설정된 모형에 의해 추정된 예측된 값과 실제 관측 값의 차이를 정규분포를 이용해 추정에러율을 계산하여 부모마디와 자식마디를 비교하는 pessimistic 방법을 사용한다. 위의 [그림 7]에서 C1의 추정에러율과 C2의 추정에러율의 합이 B1의 추정에러율보다 높으면 가지치기를 하게 된다.

의사결정나무에 활용되는 알고리즘 비교

구분	CHAID	CART	C5.0
목표변수(출력변수)	범주형, 연속형	범주형, 연속형	범주형
분류변수(입렵변수)	범주형, 연속형(범주화)	범주형, 연속형	범주형, 연속형
분리기준	카이제곱(범주형) F-검정(연속형)	지니지수(범주형) 분산의 차이(연속형)	엔트로피 차이 (Information gain)
분리형태	다지 분리	이지 분리	다지 분리
가지치기	사전가지치기	사후(비용복잡성)	사후(추정에러율)

가지치기를 통해 최적의 의사결정나무 모형이 생성되었다면, 이익도표(gain chart)나 ROC (Receiver Operating Characteristic) 또는 검증용 데이터(test data)에 의한 교차 타당성 등을 이용하여 의사결정나무 모형의 타당성을 평가하게 된다. 이익도표에서 가로축은 전체사례수를 100%로 하여 나타낸 것이고, 세로축(Y)은 전체 반응(hit) 수 대비 X축 해당 퍼센티지에 대한 반응 수이다. 여기서 반응(hit)은 판별결과가 T와 F라면 T로 표현된 것을 말하며, 우수고객, 시청자, 구매자 등이 해당된다. 따라서 이득(gain)이란 전체 반응수 대비 해당분위의 반응수의 비율이라고 할 수 있다. [그림 8]은 이익도표의 예시이다. 만약 전체 100,000명을 접촉했더니 시청자가 20,000명으로 조사되었다면 전체 반응률은 20%이고 전체 반응수는 20,000명이다. 전체 10%인 10,000을 조사했을 때 시청자가 6,000명이었다면 이익(gain)은 30%((6,000/20,000)*100)가 된다. 즉 전체 반응률(X축)이 10%일 때 이익(Y축)은 30%라는 것이다. 구축모형이 완전히 무의미한 경우에는 항상 일정한 반응확률을 갖는 45도 직선이 되고 구축모형이 성공적일수로 이 직선에서 멀어지게 된다. 예컨대 X축 10%에 해당되는 Y축 이익값이 30%라는 것은 구축된 모형으로 전체사례수의 10%를 조사하면 모형이 없을 때(10%)보다 3배의 이익을 얻는다는 것을 의미한다.

전체응답자	시청자
10000	6000
20000	10000
30000	13000
40000	15800
50000	17000
60000	18000
70000	18800
80000	19400
90000	19800
100000	20000

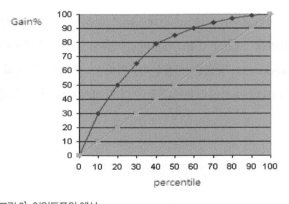

[그림 8] 이익도표의 예시

모형의 타당성을 도표를 이용해 평가하는 또 다른 방법이 민감도를 측정하는 ROC 도표이다. ROC 도표는 만약 분류가 긍정(T)과 부정(F)으로 되어 있다면 X축에는 긍정일 것으로 예측했지만 긍정이 아닐 확률, Y축에는 긍정일 것으로 예측하고 실제 긍정일 확률을 도표로 나타낸 것이다. 그래서 (0, 1)은 완벽히 분류가 된 것이고, (1, 0) 완전히 잘못된 분류를 의미한다. 그리고 (0, 0)은 모두 부정적으로 분류, (1, 1) 모두 긍정적으로 분류된 경우이다. 따라서 ROC 선의 아랫부분의 면적이 높을수록 좋은 모형이라고 할 수 있다.

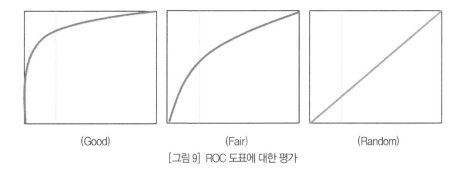

(Good)   (Fair)   (Random)

[그림 9] ROC 도표에 대한 평가

모형 타당성 평가 방법 중 빈번히 사용되는 또 다른 방법이 교차확인(Cross Validation, CV) 방법이다. 데이터 분할방법의 일반화로 볼 수 있으며 K-fold CV 알고리즘이 대표적이다. K-fold CV는 데이터 셋을 K개의 같은 크기로 나눈 후 하나의 서브 셋은 타당성 검증을 위해 남겨 두고 나머지 K-1개의 서브셋을 학습 데이터로 사용한다. [그림 10]처럼 자료1은 서브 셋 1을 남겨두고 나머지 데이터를 이용해 모형을 구축하고 서브셋 1을 이용해 오분류률을 계산한다. 자료2는 서브셋 2를 남겨두고 나머지 데이터를 이용해 모형을 구축하고 서브셋 2 를 이용해 오분류율을 계산한다. 이러한 작업을 마지막 자료 K까지 수행 한 후 각각의 오분류율의 평균을 계산한다. 이렇게 계산된 평균값을 가지고 전체 데이터를 이용하여 구축한 모형의 오분류율과 비교하여 큰 차이가 없으면 모형은 타당성을 갖게 된다.

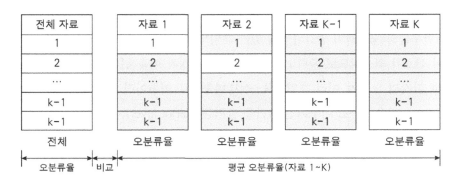

[그림 10] K-fold 교차확인 방법

지금까지 논의한 의사결정나무 모형은 결과가 나오게 된 과정에 대한 이유를 명확하게 알려주기 때문에 이해하기 쉽고 현실과 실무에 적용하기가 용이하다. 또한 분석 속도가 빠르고 많은 변수들을 대상으로 분석이 가능하다. 그렇기 때문에 어떠한 변수들이 분류에 중요한 영향을 미치는지 쉽게 알 수 있어 변수선택 전략으로도 사용될 수 있다. 무엇보다 통계

모형에서 중요하게 고려되는 정규성, 선형성, 등분산성 등의 가정이 필요하지 않아 제약조건에서 자유롭다. 하지만 의사결정나무 모형은 연속변수를 비연속적인 값으로 취급하기 때문에 분리 경계점에서 예측 오류가 발생할 가능성이 있어 연속변수를 사용할 경우 예측력이 떨어질 수 있다. 무엇보다 훈련 데이터에만 의존하는 의사결정나무는 새로운 자료의 예측에서 불안정을 가질 가능성이 있다. 따라서 충분한 훈련 표본수가 있어야 한다. 또한 나무의 노드 안에 들어 있는 자료들은 모두 일률적으로 같은 사후확률을 가지기 때문에 개인별 점수화 산출이 어렵다는 단점도 가지고 있다.

(2) 신경망 분석(Neural Network Analysis)

신경망 분석 방법은 인간의 두뇌에서 신경들 사이의 신호 전달체계를 모방한 방법이다. 실제로 인간의 두뇌만큼이나 복잡해 신경망 분석의 전 과정을 이해하기는 사실상 매우 어려운 작업이다. 따라서 신경망 분석의 전체적인 진행 과정 위주로 살펴보는 것이 신경망 안에서 벌어지는 복잡한 수식계산 체계를 이해하는 것보다 훨씬 효율적일 것으로 판단된다 (Lippmann, 1987)

신경망 분석은 일반적으로 3가지 노드(node)와 이들로 이뤄진 3가지 층(layer)으로 구성되어 있다(Gorman & Sejnowski, 1988). 주어진 정보를 외부로부터 받아들이는 설명변수 각각을 입력노드(input node)라고 하고 이 설명변수들에 의하여 설명되어지고 예측되어지는 반응변수를 출력노드(output node)라고 한다. 신경망 분석의 분류 체계는 입력노드에 주어진 설명변수들의 정보들이 중간과정에 있는 은닉노드(hidden node)라는 신경들에게 전달되며, 이 신호가 최종적으로 출력노드에 전달되어 추정과 예측 결과를 만들어 내는 논리이다. 또한 각각의 노드가 여러 개일 때는 설명변수들로 이루어진 입력노드 집단을 입력층(input layer), 반응변수로 이루어진 집단을 출력층(output layer), 은닉노드 집단을 은닉층(hidden layer)이라고 한다. 이 경우 정보를 받아들이는 입력층과 결과를 출력하는 출력층은 각각 하나이나 은닉층은 신호전달 시스템에 따라 여러 개일 수 있다. 이러한 신호의 흐름은 입력층 → 은닉층 → 출력층 형태로 진행되는데 이 때 각각의 노드들은 활성화 함수라는 매개체를 통해 신호를 전달하게 되고 이를 반복하면서 노드간 연결강도의 조정을 통해 최종적인 추정 및 예측 모형이 만들어진다.

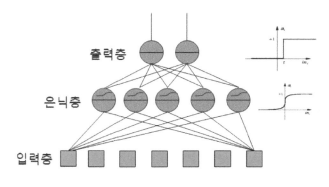

[그림 11] 신경망 분석 구조

신경망의 구성이 입력층과 출력층만으로 구성되어 있다면 단층신경망(Single-layer perceptron) 모형이라고 하고 입력층과 출력층 사이에 은닉층이 포함되어 있다면 다층신경망(Multi-layer perceptron)이라고 한다. 입력망은 각 입력변수에 대응되는 노드로 구성되어 있으며 노드의 수는 입력변수의 개수와 같다. 은닉층은 입력층으로부터 전달되는 변수값들의 선형결합을 비선형함수로 처리하여 출력층 또는 다른 은닉층에 전달한다. 출력층은 목표변수에 대응되는 노드로 분류모형에서의 경우 그룹의 수만큼의 출력노드가 발생한다.

신경망 구조에 따른 분류영역

신경망 구조	분류영역	분류결과
단층구조	선형회귀분석과 같은 결과 직선으로 두 영역분류	
2중 구조	세 영역으로 분류	
다중 구조	다중 영역으로 분류	

입력층 → 은닉층 → 출력층으로 정보가 전달되는 과정을 보다 세부적으로 살펴보면, 입력층에 있는 노드들은 설명변수들이다. 입력층에 있는 노드(설명변수)로부터 전달되는 값들을 모아 선형결합을 통해 값을 계산하여 은닉층에 전달한다. 은닉층은 이 값을 이용해 활성함수(activation function)에 넣어서 값을 계산하고 다시 출력층에 보내게 된다. 출력층에서는 은닉층에서 받은 값을 다시 활성함수를 이용해 최종 결과물을 산출한다. 따라서 은닉층은 정보를 받는 결과변수(내생변수)인 동시에 출력변수에 정보를 제공하는 설명변수(외생변수)라고 할 수 있다.

예를 들어, 만약 X_1, X_2, X_3을 입력노드라고 할 때 이들 변수들의 선형결합($L_j = \omega_{j0} + \omega_{j1}X_1 + \omega_{j2}X_2 + \omega_{j3}X_3$)된 값(L)이 은닉층에 있는 은익 노드에 전달된다. 은닉 노드는 L 값을 가지고 활성함수를 이용해 $Z = f(L)$ 값을 계산하고 Z 값을 출력층에 전달한다. 출력층은 은닉층에서 받은 Z 값을 다시 활성함수를 이용해 최종 결과물($Y = g(\psi_0 + \psi_1 Z_1 + \psi_2 Z)$)을 산출한다.

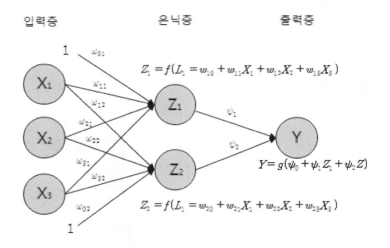

[그림 12] 신경망 분석 진행 과정

은닉층에는 입력층에서 들어오는 값을 받는 활성함수 $f(L_j)$와 출력층으로 내보다는 활성함수 $g(Z_j)$를 갖는다. $f(L_j)$에서 사용하는 활성함수는 시그모이드(sigmoid) 함수가 일반적이다. 그리고 출력변수(목표변수)가 분류모형이라면 $g(Z_j)$ 역시 시그모이드 함수를 사용한다. 반면 출력변수가 연속변수라면 $g(Z_j)$는 선형회귀모형을 이용하게 된다. 여기서 시그모이드 함수는 [그림 13]과 같은 일반적인 로지스틱 함수를 가리킨다.

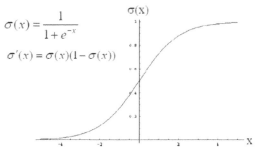

$$\sigma(x) = \frac{1}{1+e^{-x}}$$

$$\sigma'(x) = \sigma(x)(1-\sigma(x))$$

[그림 13] 시그모이드 함수(로지스틱 함수)

활성화 함수 종류

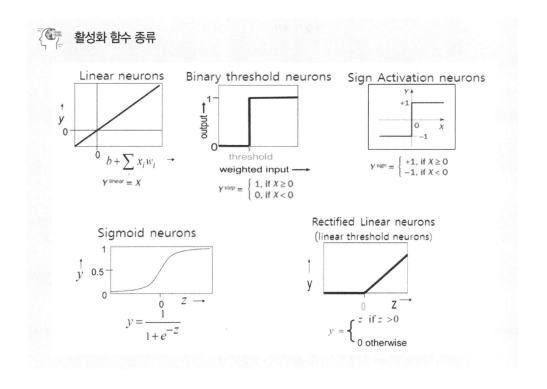

즉, 입력변수를 가지고 최대한 관찰된 목표변수 값과 일치하도록 회귀계수 가중치(ω_j)를 계산하여 함수식을 $f(L_j)$을 만들고, $f(L_j)$에 의해서 나온 값을 가지고 다시 함수 $g(Z_j)$를 이용해 출력층의 값을 계산하는 과정을 거치게 된다. 계산과정에서 가중치(ω_j, ψ_j)는 처음에는 랜덤으로 정해지나 학습하면서 지속적으로 업데이트 된다. 이러한 과정을 역전파 알고리즘(back propagation of error)이라고 한다(Rumelhart, et al., 1986). 최적의 결과를 얻을 수 있도록 가중치를 추정하게 되는데 모든 케이스에 대해 각각의 결과치를 추정하고 실

제 관찰치와 비교하여 발생하는 오차(error)를 중간의 은닉층에 나누어주며 각각의 가중치를 반복적으로 수정한다.

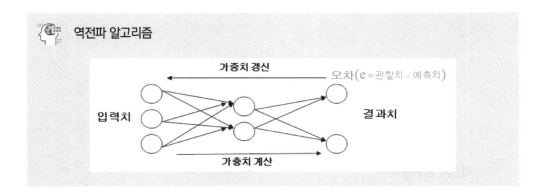

역전파 알고리즘에 의한 은닉층과 출력층 사이의 가중치(ψ_j)의 수정은 먼저 출력 노드의 관찰치와 예측치의 차이를 조정하면서 이뤄진다. k 번째 노드의 예측치를 $\widehat{y_k}$, 관찰치를 y_k라고 하면 이 둘에 의해서 발생하는 오차($error_k$)는 다음과 같이 정의할 수 있다.

$$error_k = \widehat{y_k}(1 - \widehat{y_k})(y_k - \widehat{y_k})$$

이러한 오차를 이용해 은닉층과 출력층 사이의 가중치(ψ_j)를 다음과 같이 갱신하게 된다.

$$\psi_{jk}^{new} = \psi_{jk}^{old} + l(error_k)\widehat{z_j} \text{ , } l = \text{weight decay}(0 \langle l \langle 0).\ \widehat{z_j} = \text{은닉층 j 노드 예측값}$$

다음으로 입력층과 은닉층 사이의 가중치(ω_j)는 은닉층의 원래의 값에 은닉층과 출력층 사이의 가중치(ψ_j)에 맞춘 값과의 차이를 오차로 사용한다.

$$error_j = \widehat{y_j}(1 - \widehat{y_j})\sum_{k \in output}(error_k \cdot \psi_{jk})$$

이러한 은닉층에 발생한 오차를 이용해 입력층과 은닉층 사이의 가중치(ω_j)를 조절하게 된다.

$$\omega_{jk}^{new} = \omega_{jk}^{old} + l(error_j)\widehat{L_i}, \ \widehat{L_i}\text{은 입력층 i 노드 예측값}$$

이런 식으로 반복해서 수정된 가중치는 모든 개체가 다 사용되었거나 이전 가중치와 신규 가중치 사이에 차이가 크지 않을 때 멈추게 된다.

신경망 분석은 질적 변수나 양적 변수에 관계없이 모두 분석가능하고 활성함수를 통해서 입력 변수들 간의 비선형 조합을 만들 수도 있다. 또한 예측력이 다른 분류분석보다 상대적으로 우수한 것으로 알려져 있다. 특히 신경망 모형의 경우 목적변수가 0~1 값을 갖는 로지스틱 활성함수를 일반적으로 사용하기 때문에 모든 변수들이 0~1 사이의 값일 때 가장 예측력이 정확하다. 따라서 모든 변수들을 0~1사이의 값으로 변환해서 사용해야 한다. 하지만 신경망이 복잡할 경우 분석 시간이 오래 걸리고 구체적인 분석방법과 가중치의 의미를 정확히 해석하기가 어렵기 때문에 결과 해석 역시 쉽지 않다. 무엇보다 분석 시 변수의 개체들을 정렬되어 있는 순서에 따라 투입하기 때문에 정렬 순서에 따라 결과가 일정하지 않을 수도 있다는 단점을 가지고 있다.

변수 종류에 따른 표준화 계산방법

1) 연속변인(continuous variable)
   a(최소값) $< X <$ b(최대값), $X = (X-a)/(b-a)$
2) 이산변인(binary variable) → 0과 1을 그대로 사용
3) 순위변인(ordinal variable)
   n개의 순위가 있을 때 n으로 나눔 → [0, 1/n, …, (n-1)/n, 1]
4) 명목변인(Nominal variable)
   n개의 범주라면 n-1개의 더미변인(dummy variable) 생성

다음의 예제는 실험자 6명을 대상으로 TV 시청시간과 게임 이용시간에 따라 시험결과 (Pass:1, Fail:0)가 어떻게 달라지는지를 신경망 분석 모형을 이용해 살펴본 것이다.

먼저 입력층으로 노드 X_1과 노드 X_2를 설정하였고 X_1에는 TV 시청시간, X_2에서 게임 이용시간을 투입하였다. 다음으로 은닉층에는 Z_1, Z_2, Z_3라는 3개의 노드를 임의로 두었으며, 출력층에는 노드 Y를 설정해 결과물이 산출되도록 하였다. 이렇게 모형을 설정하면 X_1(TV 시청시간)과 X_2(게임 이용시간)에 투입된 값을 시그모이드 활성화 함수를 이용해 은닉층(Z_1, Z_2, Z_3)에 전달하고 은닉층은 다시 시그모이드 함수를 이용해 출력층(Y)에 결과물을 전달한다. 초기 가중치는 랜덤하게 배정되지만 계속적으로 입력층에 입력 노드가 투입되면서 오

〈표6〉 시청시간 및 게임시간과 테스트 결과 데이터

obs.	TV time	Game time	Test pass
1	0.3	0.8	1
2	0.4	0.5	1
3	0.2	0.4	0
4	0.2	0.5	0
5	0.1	0.1	0
6	0.2	0.9	1

차를 줄이는 쪽으로 은닉층의 값들을 수정해 가중치를 지속적으로 갱신하게 된다. 이러한 반복 과정을 거쳐서 최종 출력값이 계산되는데 여기서의 출력 결과는 0(실패), 성과(1)이기 때문에 0.5를 컷오프(cut-off) 값으로 설정하였다.

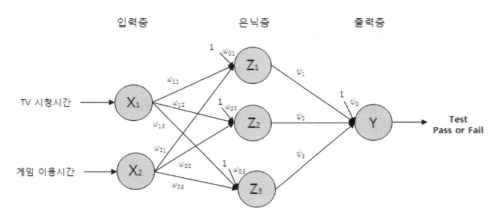

[그림 14] TV 시청시간 및 게임 이용시간과 시험결과의 신경망분석 모형

[그림 14]와 같이 신경망 모형이 설정되었다면 입력노드인 X_1과 X_2에 각각 첫 번째 개체인 TV 시청시간 0.3과 게임 이용시간 0.8이 들어가고, 은닉층에서는 입력층에서 나오는 값을 가지고 랜덤하게 가중치(상수)를 준 후에 활성함수를 이용해 출력층으로 보낼 은닉층 Z_1 노드 값을 산출하게 된다. 처음 초기값(ω_{01})과 가중치(ω_{11}, ω_{21})는 -0.05에서 0.05사이의 값으로 랜덤하게 설정되기 때문에 임의로 ω_{01}=-0.2, ω_{11}=0.02, ω_{21}=0.04로 선택되었다면, 다음의 계산 과정을 통해 출력층으로 보낼 Z_1의 값 0.46이 계산된다.

$$Z_1 = f\left(L_1 = \omega_{01} + \omega_{11}X_2 + \omega_{21}X_2\right) = \frac{1}{1 + e^{-\left(\omega_{01} + \omega_{11}X_2 + \omega_{21}X_2\right)}}$$

$$= \frac{1}{1 + e^{-\left(-0.2 + 0.02\,\cdot\,0.3 + 0.04\,\cdot\,0.8\right)}} = 0.46$$

이러한 방식으로 은닉층 $Z_1(0.46)$, $Z_2(0.57)$, $Z_3(0.52)$에서 생성된 결과값을 가지고 출력층에서는 다시 활성함수를 이용해 0.53이라는 최종 결과를 산출하게 된다.

$$Y_1 = \frac{1}{1 + e^{-\left(0.01 + 0.05\,\cdot\,0.46 + 0.15\,\cdot\,0.57 + 0.01\,\cdot\,0.52\right)}} = 0.53$$

최종결과 값 0.53은 컷오프 0.5를 기준으로 시험패스에 해당된다. 하지만 첫 번째 관찰자의 실제 값은 1인데 출력값이 0.53으로 오차가 발생한다. 이러한 오차를 이용해 다시 각각의 가중치를 조정한 후 다시 두 번째 개체를 넣어서 결과물을 예측하고 이를 계속적으로 반복하게 된다.

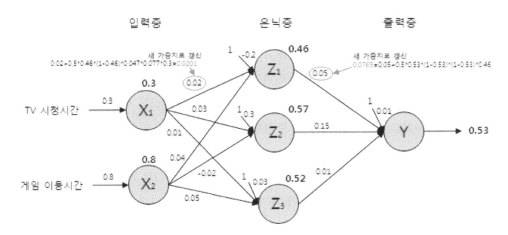

[그림 15] 시청시간 · 게임시간과 시험결과에 대한 신경망분석모형 결과 및 역전파알고리즘

신경망 분석에 의해 최종 모형이 설정되었다면 앞의 의사결정나무 모형에서 논의 되었던 이익도표(gain chart)나 위험도표(risk chart), 검증용 데이터(test data)를 이용해 타당성을 평가하고, 이를 바탕으로 최종 예측모형을 결정해 해석 및 예측을 하게 된다.

2. 군집화(Clustering)

동질적인 요소들을 기초로 사람이나 사물을 묶거나 구분함으로써 그에 대한 이해를 점진적으로 높일 수 있다. TV 시청자를 시청시간, 시청장르 및 시청행태, 시청 장소와 시청 시간대, 그리고 시청 매체에 따라 그룹화 함으로써 시청자를 집단별로 분리해 낼 수 있다. 이렇게 일정한 기준에 따라 몇 개의 동질적인 그룹으로 나누는 작업을 군집화(clustering)라고 하고, 마케팅에서는 세분화(segmentation)라고 한다. 특히 마케팅에서 세분화 작업은 타깃별 요구를 명확히 파악하고 그 요구에 맞는 마케팅 자원을 효율적으로 사용할 수 있는 중요한 방법으로 여겨지고 있다.

군집화 작업은 우리 일상생활에서 자주 찾아볼 수 있다. 신용카드 대금 청구서를 받으면 쇼핑, 식사 등 유사한 사용처를 묶어서 그 사용비중을 보여주기도 하고, 포털이나 웹 신문은 유사한 콘텐츠끼리 묶고 범주화해 사용자에게 제공하고 있다. 컴퓨터에 저장되어 있는 파일 역시 유사한 특성을 가진 것들을 모아서 폴더에 저장한다. 인터넷 서점에서는 자신이 검색했거나 구매한 책과 유사한 책들을 묶어서 추천하기도 한다. 별을 밝기나 주기에 따라 군집화하기도 하고 생물의 특성에 따라 종을 나누기도 한다. 일상생활뿐 아니라 미디어 관련 연구에서도 군집화 작업은 실제 빈번히 사용되고 있다. 최근 다매체 · 다채널 환경이 등장하면서 미디어 이용자들이 어떻게 매체를 조합하여 사용하는지, 혹은 어떻게 채널을 연결시켜서 이용하는지 등의 미디어와 채널 레퍼토리에 관한 연구들이 자주 등장한다. 이는 이용 매체, 채널, 프로그램의 군집화를 통해 분석할 수 있다. 또한 TV 시청 시간에 따라서 경시청자와 중시청자로 나눠서 두 집단의 특성을 비교하기도 하고, 다양한 TV 프로그램을 군집화해 프로그램의 유사성을 분석하기도 한다. 매체 구매자의 특성을 파악해 다른 사람이 사면 따라서 사는 추종자, 얼리 어댑터(Early Adopter), 그리고 기본 기능선호자로 분류하여 그 특성을 파악하기도 하며, 언론 매체가 가지고 있는 특성을 바탕으로 보수 언론과 진보 언론으로 구분하기도 한다.

이렇듯 군집화라는 것은 모집단에 대한 사전 정보 없이 관측된 값들을 가지고 유사성을 이용해 전체를 몇 개의 집단으로 그룹화 하는 분석 방법이다(Tryon, 1939). 군집분석은 유사성이 많은 것을 모음으로써 그룹 내에서는 동질성을 극대화하고 서로 다른 그룹 상호 간에는 이질성을 극대화시키는 작업이다. 특히 군집분석은 특정한 가설을 세우지 않고 숨겨진 패턴(pattern)을 찾는 것으로 목표(target)변수가 없기 때문에 이를 무감독학습(unsupervised learning)이라고 한다. 반면 의사결정나무와 신경망 분석과 같이 목표변수가 있는 경우를

감독학습(supervised learning)이라고 한다(Grabmeier & Rudolph, 2002).

군집분석을 위해서는 관측값들이 서로 얼마나 유사한지 또는 유사하지 않은지를 측정해야
만 하기 때문에 이를 위한 척도가 필요하다. 보통 유사성(similarity)보다는 비유사성
(dissimilarity)을 기준으로 하는 거리(distance)를 사용한다. 거리를 사용한다는 것은 수치
가 작을수록 유사하고 클수록 이질적이라는 것을 의미한다. 거리를 계산하는 방법은 많은
방법이 있지만 연속변수일 경우 유클리드 거리($d_{ij} = \sqrt{(X_i - X_j)'(X_i - X_j)}$)를 가장 일반
적으로 사용하며 특수한 목적에 따라 Mahalanobis 거리($d_{ij} = (X_i - X_j)'S^{-1}(X_i - X_j)$),
Minkowski 거리($d_Mk(x,y) = \{|x_1 - y_1|^m + |x_2 - y_2|^m + \cdots |x_n - y_n|^m\}^{\frac{1}{m}}$)등을 사용하기도 하고
두 개체의 상관성을 찾기 위해 상관계수(1-r)를 이용하기도 한다. 한편 범주형 자료의 경우
에 사용되는 거리 값은 항목간 불일치 항목수를 계산한다. 만약 A가 남자, 고졸, 서울의 특
성을 가지고 있고, B는 여자, 고졸, 부산, C는 남자, 대졸, 서울이라면, 불일치한 항목수를
바탕으로 A와 B의 거리는 2, A와 C의 거리는 1, B와 C의 거리는 3이 된다. A와 C가 가장 유
사한 사람이다.

이러한 거리의 비유사성을 가지고 군집화하는 방식은 크게 계층적 군집화(hierarchical
clustering)와 분할 군집화(partitional clustering)로 구분할 수 있다. 계층적 군집화는 계층
트리에 의해 구성되며 하위 군집을 상위 군집이 포함(nest)하는 구조를 갖게 분류하는 것이
고, 분할 군집화는 데이터 개체들을 중복 없이 부분집합으로 나누는 방식으로 K-means 방
법이 대표적이다. 그리고 계층적 군집분석과 분할 군집분석을 모두 사용하는 2단계
(two-step) 군집분석이 있다.

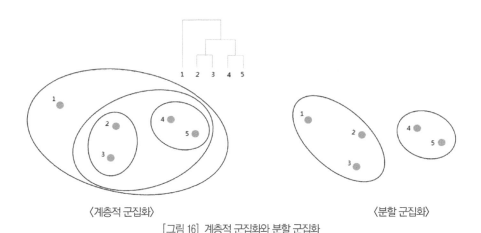

〈계층적 군집화〉　　　　　　　　　　　　〈분할 군집화〉

[그림 16] 계층적 군집화와 분할 군집화

군집분석 방법(계층적, 분할, 2단계)을 선택하고 유클리안 거리 등 유사성 척도를 결정하였다면, 최적의 군집수를 결정하고 결정된 군집의 속성에 맞게 각각의 군집에 이름을 붙여주는 과정으로 군집분석은 진행된다.

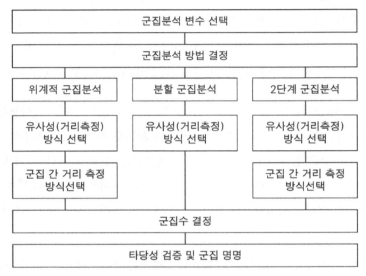

[그림 17] 군집분석 절차

(1) 계층적 군집분석(Hierarchical Clustering)

계층적 군집분석은 개체 혹은 집단끼리 유사성(similarity)을 측정하여 가장 유사한 개체(집단)를 순차적으로 묶어가는 방법이다. 순차적으로 묶는 방법은 전체 대상을 하나의 군집으로 출발해 소그룹으로 나누고 최종 개체로 분할해 나가는 Top Down 방식을 쓰는 분해(division) 방법이 있고, 각각의 개체를 하나의 군집으로 출발해 소집단으로 묶고 최종 전체집단으로 묶어가는 Bottom up 방식을 사용하는 통합(agglomerative) 방법이 있다. 일반적인 통계 패키지에서는 Bottom up 방식인 통합 군집분석을 주로 사용하기 때문에 이 장에서는 계층적 군집분석 방법 중 Bottom up 방식인 통합 군집분석 방법을 설명하기로 한다.

군집분석에서 사용하는 유사성 척도는 개체간 혹은 집단간 거리(distance)를 사용한다. 그래서 거리가 가까워야 유사한 것이기 때문에 실제로는 비유사성 척도를 사용한다고 할 수있다. 통합 계층적 군집분석 방식은 각각의 개체를 하나의 군집으로 하여 출발한다. 만약 N개의 개체가 있다면 초기 군집은 N개가 된다. N개의 개체 중 가장 거리가 가까운 것을 순서대로 묶게 되는데 이 과정에서 몇 개의 개체가 합쳐진 소군집을 형성하게 된다. 이들 소군집들을 다시 묶어서 소군집들을 통합하는 과정이 필요하다. 이렇게 소군집간 거리를 측정해 개체와 마찬가지로 군집간 거리가 가까운 것을 묶게 된다.

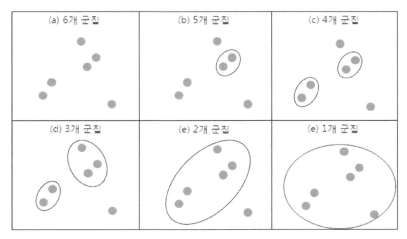

[그림 18] 계층적 군집분석의 통합 과정

위의 [그림 18]의 (b) 단계부터는 개체와 개체 간 거리와 소군집과 개체의 거리 중 어느 것이 더 가까운 지를 계산하게 된다. (c) 단계부터는 (b) 단계에 소군집들 간 거리가 추가되어 비교하게 된다. 이렇게 개체와 소군집 간, 혹은 소군집들 간의 거리를 구해야 하는데 이때 거리를 계산하는 방법으로 최단연결법(single linkage), 최장연결법(complete linkage), 평균연결법(average linkage), 중심연결법(centroid linkage), Ward 방법이 있다(Yim & Ramdeen, 2015). 최단 연결법은 각 군집에 속해있는 개체들 중 가장 가까이 있는 개체의 거리, 최장 연결법은 각 군집에 속해있는 개체들 중 가장 멀리 있는 개체의 거리, 평균 연결법은 한 군집의 개체와 다른 군집의 개체들의 각 거리의 평균, 중심연결법은 각 군집의 평균간 거리, Ward 연결법은 군집의 평균간 거리를 각 군집의 개체수의 역의 합으로 나눈 제곱근을 구한 거리로 각 군집의 분산을 최소화하는 점 간의 거리를 사용한다. 이러한 방법으로 계산된 거리가 가장 짧은 것을 하나의 군집으로 묶게 된다. 최단 거리법은 군집수가 줄어들고 이상 개체(outlier) 판단에 유리하고, 최장 연결법은 군집간 거리를 최소화 하는 경향이 있어 개체수가 적은 군집을 얻게 된다. 가장 보편적인인 평균 연결법은 이상 개체에 영향을 덜 받는 장점이 있지만 분산이 유사한 군집끼리 묶이는 경향이 있다. 이렇듯 [그림 19]처럼 거리를 측정하는 방법에 따라 군집 Ⅲ이 다르게 묶이는 것을 확인할 수 있듯이 여러 방법을 이용해 가장 적합한 군집을 찾아내는 작업이 필요하다.

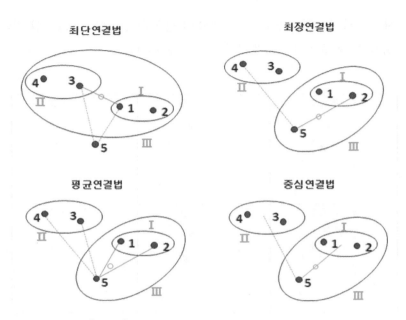

[그림 19] 개체와 소군집, 소군집 간 거리계산 방법의 비교

계층적 군집분석의 결과는 나무구조인 덴드로그램(dendrogram)을 통해 간단하게 나타낼 수 있고, 이를 이용해 전체 군집들 간의 구조적 관계나 군집수를 쉽게 파악할 수 있다. 간단한 예로 5명의 일주일 간 총 TV 시청시간이 A=10시간, B=20시간, C=50시간, D=90시간, E=110시간으로 조사되었다면, 거리는 유클리안 거리를 사용하고 군집간 연결은 중심연결법(centroid linkage)을 이용해 계층적 군집분석을 실시하면 다음과 같다.

- 1단계(①): 가장 거리가 가까운 10(A)과 20(B)을 묶음(중간값: 15) → 15(A, B), 50(C), 90(D), 110(E) 으로 군집형성

- 2단계(②): 다음으로 가까운 90(D)과 110(E)을 묶음(중간값: 100) → 15(A, B), 50(C), 100(D, E) 으로 군집형성

- 3단계(③): 15(A, B)와 50(C)을 묶음(중간값: 35) → 35(A, B, C), 100(D, E)

- 4단계(④): 35(A, B, C), 100(D, E)을 묶음 → (A, B, C, D, E)

이러한 과정은 [그림 20]과 같은 덴드로그램(dendrogram)을 통해 나타낼 수 있다. 특히 선 (1), 선 (2), 선 (3)을 기준으로 군집수를 결정하게 되는데 군집에 속하는 개체들의 속성이나 개체수를 가지고 군집수를 결정하면 된다. 만약 선 (3)을 기준으로 군집수를 2개로 결정하

였다면, 군집1은 (A:10, B:20, C:50), 군집2는 (D:90, E:110)로 구성된다. 군집에 속해있는 개체들의 특성을 파악해 군집1은 경시청자 집단, 군집2는 중시청자 집단으로 명명할 수 있다. 만약 선 (2)를 기준으로 군집수를 3개로 결정하였다면 군집1은 (A: 10, B: 20), 군집2는 (C: 50), 군집3은 (D: 90, E: 110)이다. 이럴 경우에는 군집1을 경시청자, 군집2를 중간시청자, 군집3을 중시청자로 지칭할 수 있을 것이다.

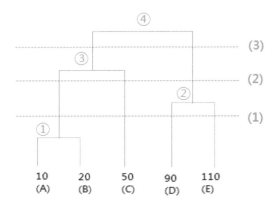

[그림 20] 계층적 군집분석 과정과 덴드로그램

(2) 분할 군집분석(Partitional Clustering)

계층적 분석은 광범위하게 사용되지만 개체 수가 많으면 계산과정이 많기 때문에 시간이 오래 걸리고 개인 PC에서는 멈추는 경우까지 발생한다. 또한 군집수를 결정하는 것도 직감에 의존해야 하기 때문에 군집수를 결정하기도 상당히 어렵다. 이러한 문제를 해결하기 위해 비계층적 군집분석 방법인 분할방식을 사용하는데 K-평균 알고리즘(K-means algorithm)이 가장 대표적이다.

K-평균 군집분석은 주어진 데이터를 K개의 군집으로 묶으면서 각 군집간 거리 차이의 분산을 최소화하는 방식으로 작동한다(Huang, 1998). 사전에 결정된 군집 수 K에 기초하여 전체 데이터에서 상대적으로 거리가 가까운 개체들을 K개의 군집으로 구분하는 방법이라고 할 수 있다. K-평균 군집분석은 계층적 군집분석에 비해 계산량이 적기 때문에 대용량 데이터를 빠르게 처리할 수 있는 강점을 가지고 있다.

K-평균 군집분석 과정을 구체적으로 살펴보면, 먼저 군집화에 사용할 변수를 정한다. 변수들의 단위에 따라 그 크기가 달라질 수 있기 때문에 표준화 작업이 필요하다. 표준화란 각 변수의 관찰값으로부터 그 변수의 평균을 빼고, 그 변수의 표준편차로 나누는 것이다. 표준

화된 자료는 모든 변수가 평균이 0이고 표준편차가 1이 된다. 따라서 변수는 원칙적으로 연속척도여야 하지만 이항변수일 경우에는 0과 1로 더미(dummy) 코드화해 사용한다. 다음으로 K 값(군집 수)을 결정한다. 원칙적으로 K는 이론적 논의나 자료 탐색을 통해 알아내야 하지만 대용량 자료의 경우엔 현실적으로 쉽지 않으므로 이해와 관리가 가능한 3~10정도 해서 반복적으로 시행하는 것이 좋다. K 값을 결정하는 방법은 뒷부분에서 보다 자세히 설명할 것이다. 만약 K를 2로 설정하였다면, 랜덤하게 2개의 값(최초 군집)이 배정되고 모든 개체들이 두 개의 초기 군집과 가까운 곳에 배속된다. 이때 거리의 계산은 유클리드 방법 등이 사용된다. 초기 군집을 중심으로 두 개의 임시 군집이 형성되었다면 그 군집별로 중심(평균점)을 새로 계산한다. 여기서 군집의 중심은 한 군집에 배속된 모든 개체들의 평균점이다. 이러한 과정을 평균점의 이동 변화가 없을 때까지 반복한다.

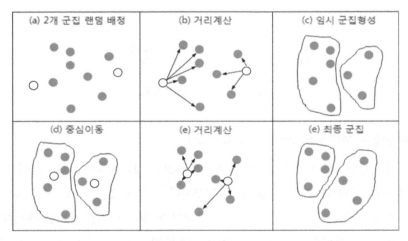

[그림 21] K-means 군집분석 과정

K-평균 군집분석법의 결과는 초기 군집수 K에 의해 결정된다. 실제 자료의 분석에서는 여러 개의 K값을 선택하여 군집분석을 수행한 후 가장 적합하다고 판단되는 K 값을 이용하는 것이 일반적이다. 여러 개의 군집분석 결과 중 어떤 것이 좋은지 판단하는 문제는 군집수별로 군집내 분산합을 비교함으로써 결정할 수 있다. 군집내 분산의 합이 더 이상 크게 줄어들지 않는 군집수를 K로 설정한다. 특히 가장 좋은 방법은 자료의 시각화를 통해 최적의 군집수를 결정하는 것이다. 시각화를 위해서는 차원의 축소가 필요한데 이 때 주성분 분석방법(principal component analysis)을 주로 사용한다. 시각화가 어려운 경우에는 재현성 평가나 일치성 지표(Rand index) 등을 이용해 군집 수 K를 결정하게 된다.

재현성 평가는 기존 데이터와 동일한 메커니즘(랜덤 추출 등)으로 생성된 새로운 데이터 셋을 기존 데이터로 군집화한 모형에 적용하고, 다시 새로운 데이터를 이용해 자체 군집화한 결과와 어느 정도 유사한지를 파악하는 것이다. 만약 두 결과가 상당부분 일치하다면 재현이 높기 때문에 바람직한 군집수라고 할 수 있다. 이를 위해 의사결정나무모형과 같은 분류 분석(지도학습)에서 사용한 데이터 분할 방식을 이용한다. 먼저 주어진 자료를 임으로 2개 분할하여 하나를 학습 자료로 하고 다른 하나를 테스트 자료로 활용한다. 학습 자료를 이용해 K-평균 군집분석을 실시하고 이렇게 형성된 모형에 테스트 자료를 적용하여 각 개체들을 군집한다. 그 다음 테스트 자료를 동일한 방식으로 군집화해 자체 모델을 산출한다. 테스트 자료의 두 군집화 결과를 토대로 교차분류표를 만들어 대응성을 살펴본다. K 값을 조절해 가면서 두 군집분석의 교차표를 작성해 개체들의 오분류율이 가장 작은 K 값을 선택해 군집수로 결정한다. 또한 이러한 교차표에 의한 일치율을 나타내는 Rand Index를 활용

 **Rand Index**

N=5인 데이터 셋을 2번 군집분석했을 경우 다음과 같이 분류되었다고 가정하면,

ID	군집(A)	군집(B)
1	1	2
2	2	1
3	2	2
4	1	1
5	1	1

* Rand Index: (a+d)/(a+b+c+d)

	군집(A)에서 같이 분류	군집(A)에서 다르게 분류
군집(B)에서 같이 분류	a	b
군집(B)에서 다르게 분류	c	d

Rand Index는 군집 안에서 가능한 모든 쌍을 비교해 a, b, c, d를 계산하게 된다.

위의 예에서 비교 가능한 쌍의 계수는 $\binom{5}{2}$=10개 이다.

군집(A)의 ID 1과 2의 쌍 → (1, 2) → 1≠2
군집(B)의 ID 1과 2의 쌍 → (2, 1) → 2≠1
                    → d = +1
군집(A)의 ID 1과 3의 쌍 → (1, 2) → 1≠2
군집(B)의 ID 1과 3의 쌍 → (2, 2) → 2=2
                    → b = +1
이렇게 가능한 모든 쌍을 비교하면, a=1, b=3, c=3, d=3이 된다.
따라서 Rand Index = (1+3)/(1+3+3+3) = 0.4 이다

해 이 값이 가장 높은 K 값을 군집수로 활용하기도 한다.

(3) 2단계 군집분석(Two-step Clustering)

2단계 군집분석은 소규모 자료보다는 대용량인 빅데이터 자료의 군집화에 매우 효율적이다. K-평균 군집화는 각각의 개체를 여러 번 읽어 들이는데 반해 2단계 군집화는 각각의 개체를 한 번만 읽어 처리할 뿐 아니라 연속형 변수와 범주형 변수 모두 처리할 수 있고, 무엇보다 군집수가 자동으로 결정되는 장점을 가지고 있다.

2단계 군집분석은 각각의 개체들을 여러 개의 예비 군집(sub-cluster)으로 나누는 사전군집화 단계(1단계)와 이러한 예비 군집들을 원하는 수로 군집하는 2단계로 구성되어 있다. 1단계인 사전 군집화 단계에서는 연구자가 사전에 군집수의 최대치를 설정해 놓고 그 수만큼 예비 군집을 만드는 과정이다. 개체를 순차적으로 하나씩 읽어서 군집을 형성해 나가는데 새롭게 들어오는 개체와 기존의 군집들과의 거리를 측정하고 그 거리가 사전에 정한 기준보다 작으면 이 개체를 그 군집과 병합하고 그보다 크면 이 개체를 새로운 군집으로 정의한다. 그러다가 군집의 수가 분석자가 사전에 정한 수보다 커지게 되면 거리 기준을 상향조정해 군집간 거리가 새 기준에 미달하는 군집들을 병합하여 총 군집수를 조정한다. 일반적으로 이러한 1단계 예비군집 방식은 나무구조의 시스템을 이루는 'CF(Cluster Feature) Tree' 분석을 이용한다. CF Tree의 구체적인 사전군집 과정은 [그림 22]와 같다. CF Tree는 개체들의 모임인 군집(cluster), 군집이나 개체들의 모임인 leaf node, leaf node가 아닌 모임인 non-leaf node로 구성된다. 먼저 개체 1이 군집1을 형성한다. 다음으로 개체 2가 들어와서 군집1과 거리를 측정한 결과, 사전에 설정한 거리값(T)보다 크기 때문에 새로운 군집을 형성해 군집2가 된다. 그러면서 2개의 leaf node가 생성된다. 개체 3은 군집1과 가장 가깝지만 군집1로 묶었을 때 T 값보다 커지게 되므로 다시 새로운 군집3이 되고 leaf node가 3개가 된다. 다시 개체 4가 들어왔는데 군집2와 가장 가깝고 군집2에 포함시켜도 T 안에 들어오기 때문에 개체 4는 군집2로 묶는다. 다음으로 개체 5가 들어왔는데 군집3과 가장 가깝지만 개체 3을 포함시키면 군집3이 T의 범위를 벗어나기 때문에 새로운 leaf node를 만든다. 하지만 만약 leaf node를 3개 이하로 설정하였다면 non-leaf node를 만들고 leaf node를 3개 이하로 줄이게 된다. 마지막으로 개체 6이 들어오고 이는 군집3과 가장 가깝고 군집3에 포함되어도 T 범위 안에 있어 군집3에 들어간다. 이렇듯 1단계 예비군집화는 개체들의 진입 순서에 의존적이기 때문에 개체들의 입력이 임의적이어야 한다.

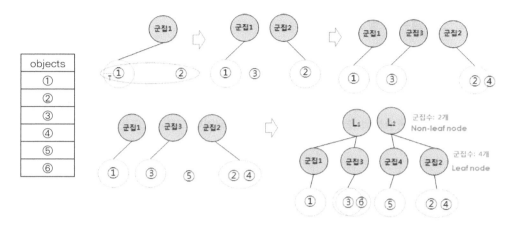

[그림 22] CF(Cluster Feature) Tree 형성 과정

다음의 2단계 분석에서는 CF Tree의 entry들은 노드들에 대한 정보(군집 속 개체수, 군집 속 개체의 선형합, 군집 속 개체의 제곱합)만을 바탕으로 실시한다. 2단계에서는 전 단계에서 구한 예비 군집들을 이용하여 적절한 군집수를 구하는 작업이다. 기본적으로 사전 군집화 단계에서 이미 군집수가 대폭 줄어들었기 때문에 여기에서는 이들에 대하여 전통적인 군집화 방법인 계층적 군집화 방법을 이용한다. 이는 가장 가까운 군집들을 단계적으로 연결하여 최종적으로 전체를 하나의 군집으로 연결해 나가는 방법이다. 2단계 군집분석에서는 연속형 변수와 함께 범주형 변수를 이용하여 군집화를 실시하는데 개체간 거리의 측정에 유클리안 거리 또는 로그 우도(log-likelihood) 거리를 이용한다. 그러나 자료가 범주형 변수를 포함하는 경우에는 로그-우도 거리를 이용하는 것이 더 바람직하다. 로그-우도의 경우 연속형 변수는 정규분포를, 그리고 범주형 변수는 다항분포를 따르는 것으로 가정하며, 각각의 변수들은 상호 독립적인 것으로 가정한다. 이러한 거리측정 방식으로 2단계에서는 군집의 수를 1, 2, …. K까지 군집화해 각각의 군집수에서 Schwarz's Bayesian Criterion(BIC) 통계량을 구한다. BIC는 모델의 적합도를 나타내는 통계량이기 때문에 가장 작은 값을 갖는 군집수를 최적의 군집수로 결정하게 된다(Schwarz, 1978).

$$BIC = -1\ln l + k\log(n),\ \ln l: \text{loglikelihood}, n: \text{샘플수}, k: \text{파라미터 수}$$

(4) 군집분석 결과의 활용

군집분석에 의해 군집이 형성되면 각 군집의 특성을 파악하고 군집간 서로 독립적인지 확인을 해야 한다. 그런 다음 각각의 군집에 속한 개체들이 어떠한 특성을 가지고 있는지 살펴보는 작업이 필요하다. 아래의 예제는 TV 시청량과 인터넷 이용량을 이용해 군집분석을 실시한 결과이다. 군집분석 결과 4개의 군집이 형성되었다. TV와 인터넷 고이용자, 인터넷 고이용자(TV 저이용자), TV 고이용자(인터넷 저이용자), TV와 인터넷 저용자로 군집화된 것을 확인할 수 있다. 이러한 결과가 나왔다면 먼저 각 군집별로 TV 시청량과 인터넷 이용량에 차이가 있는지 통계적 차이 검증(ANOVA나 MANOVA 등)을 통해 군집간 독립성을 확인해야 한다. 군집들 사이에 TV 시청량과 인터넷 이용량의 차이가 통계적으로 유의미하다면 각 군집은 독립적으로 잘 분류되었다고 할 수 있다. 다음으로 군집별로 인구통계학적 변인과의 관계(교차분석, 차이검증 등)를 분석하여 각 군집의 특성을 파악해야 한다. 아래의 예제에서는 TV와 인터넷 고이용자는 남성, 학생, 고학력층, TV 고이용자는 여성, 고연령층, 가정주부, 인터넷 고이용자는 남성, 저학력층, 사무기술직, 두 매체 모두 저이용자는 저학력층이라는 군집별 특성을 확인할 수 있다.

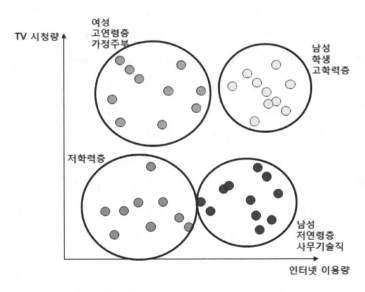

[그림 23] TV와 인터넷 이용량에 대한 군집분석 결과

3. 연관성 규칙(Association Rule)

온라인 서점에서는 독자들이 특정 전자책을 열람하는 횟수, 한 번에 읽는 페이지 분량, 한 권을 읽는 데 소요되는 시간 등 상세 데이터를 활용해 새로운 책들을 추천하는 서비스를 제공하고 있다. 또한 특정 책을 구매하려고 하면 그 책을 구매한 사람들의 특징을 분석해 그 책과 함께 구매한 책들을 추천해 주기도 한다. VOD나 음악, 티켓 판매 등 다양한 분야에서 이러한 연관성 규칙을 이용해 유용한 서비스를 제공하고 있다.

연관성 규칙이란 상품을 구매하거나 서비스 등을 받는 과정에서 발생하는 구매 상품이나 서비스의 지배적인 패턴을 찾아내는 방법이다. 연관성 분석을 마케팅에서는 손님의 장바구니에 들어있는 품목간의 관계를 알아본다는 의미에서 장바구니분석 (market basket analysis)이라고도 한다. 데이터마이닝에서 연관성(association)이라고 하는 것은 특정 제품의 동시구매현상 또는 특정 사건의 동시발생현상(concurrence)을 의미하는 것이기 때문에 통계학에서 말하는 상관관계 분석(correlation)과는 차이가 있다. 즉, 연관성 분석은 어떤 아이템이 나타날지를 다른 아이템의 발생으로부터 예측하는 규칙을 찾는 작업이라고 할 수 있다(Zhang & Zhang, 2002).

이러한 연관성 규칙 현상은 "(item set A:조건) ⇒ (item set B:결과)" 또는 "if A, then B", "A ⇒ B"로 표현된다.

슈퍼마켓에서 구입한 물건이 들어있는 고객들의 장바구니 정보를 생각해 보자. '목요일 식료품 가게를 찾는 고객은 아기 기저귀와 맥주를 함께 구입하는 경향이 있다', '한 회사의 전자제품을 구매하던 고객은 전자제품을 살 때 같은 회사의 제품을 사는 경향이 있다'. 이러한 분석을 통해 효율적인 매장 진열, 패키지 상품의 개발, 교차판매전략 구사, 기획 상품의 결정 등을 수행 할 수 있다. 최근에는 아마존 등의 온라인 쇼핑몰에서 특정 상품과 함께 구매한 책이나 영화 등을 소개할 때도 연관성 분석을 사용하고 있다. 또한 채널 혹인 프로그램 레퍼토리 및 중복 시청 연구, 미디어 이용 패턴 연구 등 다채널 · 다미디어 시대에 미디어 이용 패턴 연구에도 유용하다.

대용량 데이터를 다루는 데이터마이닝에서 연관성 분석의 목적은 수많은 품목간의 연관관계를 수치로 정량화하는데 있다. 이러한 정량화를 위해서는 연관성의 내용이 일반화 할 수 있는지 판단하는 비교기준이 필요하다. 이를 위해 지지도(Support), 신뢰도(Confidence), 향상도(Lift 또는 Improvement)라는 평가개념이 사용된다.

지지도(Support)는 전체 자료에서 관련성 있는 품목들이 같이 포함될 거래나 사건의 확률을 의미한다. 'A를 구입하면 B를 구입한다(A ⇒ B)'는 규칙의 지지도는 전체 거래 수에서 A와 B를 동시에 구입하는 확률로 구해진다. 즉, 지지도는 두 품목의 구매가 얼마나 자주 일어났는가를 측정하는 것이다. 만약 지지도가 낮다면 우연히 발생했을 확률이 높다.

$$지지도 = \frac{A와\ B를\ 동시에\ 포함하는\ 거래수}{전체\ 거래\ 수}$$

신뢰도(Confidence)는 '품목 A를 구매하였을 경우 품목 B를 구매하는 가능성'을 나타낸다. 따라서 품목 A가 구매되었을 때 품목 B가 추가로 구매될 확률인 조건부 확률이 된다. 이를 통해 가정과 결론이 얼마나 신뢰할 수 있는지를 알 수 있다.

$$신뢰도 = \frac{A와\ B를\ 동시에\ 포함하는\ 거래수}{A를\ 포함하는\ 거래\ 수}$$

지지도와 신뢰도를 다음의 뉴스에 대한 미디어 이용행태에 관한 예제를 통해 이해하도록 하자. [표 7]은 1000명을 대상으로 매체별 뉴스 이용실태를 조사한 것이다. 휴대폰 이용자 40명은 핸드폰만 이용해 뉴스를 시청하는 사람이다. 그리고 컴퓨터만 이용해 뉴스를 보는 사람이 60명, TV를 통한 뉴스 시청자는 150명이다. 이 자료에서 휴대폰(휴대폰, 휴대폰+컴퓨터, 휴대폰+TV, 휴대폰+컴퓨터+TV)을 이용해 뉴스를 시청하는 사람은 430명이다. 따라서 핸드폰을 이용해 뉴스를 시청할 지지도는 43.0%이다. 즉, 3가지 매체 이용 시 휴대폰을

〈표 7〉 다중미디어 이용자 수와 지지도

다중 미디어 이용	이용자 수	미디어 이용자	확률(지지도)
휴대폰	40	40+130+150+110=430	0.43
컴퓨터	60	60+130+180+110=480	0.48
TV	150	150+150+180+110=590	0.59
휴대폰 + 컴퓨터	130	130+110=240	0.24
휴대폰 + TV	150	150+110=260	0.26
컴퓨터 + TV	180	180+110=290	0.29
휴대폰+ 컴퓨터 + TV	110	110	0.11
시청안함	180	–	–
계	1000	2400	

이용해 뉴스를 시청할 확률이 43.0%라는 것이다. 결과적으로 단일 매체로는 TV를 통해 뉴스를 시청할 확률이 59.0%로 가장 높고, 다중 미디어 이용에 있어서는 컴퓨터와 TV를 동시에 이용해 뉴스를 시청할 확률이 29.0%로 가장 높다는 것을 알 수 있다.

[표 8]은 신뢰도를 산출한 결과이다. 신뢰도를 통해서 뉴스를 시청할 때 이뤄지는 다중 미디어 이용의 규칙을 발견할 수 있다. 아래 표에서 Pr(A∩B)은 A와 B를 동시 이용 확률을 의미하고, Pr(A)은 A만을 이용한 확률을 나타낸다. 먼저 휴대폰으로 뉴스를 시청하는 사람이 컴퓨터로 뉴스를 이용할 신뢰도는 0.56이다. 즉, 뉴스를 휴대폰 시청한다면 컴퓨터로도 시청하는 경우가 56.0%라는 것이다. 또한 휴대폰으로 뉴스를 시청하면 TV로 시청할 신뢰도가 60.0%라는 것을 알 수 있다.

〈표 8〉 다중미디어 이용과 신뢰도

규칙	Pr(A∩B)	Pr(A)	신뢰도(Pr(A∩B)/Pr(A))
휴대폰 → 컴퓨터	0.24	0.43	0.56
휴대폰 → TV	0.26	0.43	0.60
컴퓨터 → TV	0.29	0.48	0.60
컴퓨터 → 휴대폰	0.24	0.48	0.50
TV → 컴퓨터	0.29	0.59	0.59
TV → 휴대폰	0.26	0.59	0.44
(휴대폰 + 컴퓨터) → TV	0.11	0.24	0.46
(휴대폰 + TV) → 컴퓨터	0.11	0.26	0.42
(컴퓨터 + TV) → 휴대폰	0.11	0.29	0.38

지지도와 신뢰도는 확률의 개념이므로 0에서 1사이의 값을 갖는데 1에 가까울수록 연관성이 크다는 것을 의미한다. 만약 규칙 'A ⇒ B'가 의미가 있다면, 전체 거래의 내역에서 B를 포함하고 있는 거래의 비율보다 A의 구매 시 B를 포함하는 비율이 더 클 것이다. 따라서 A와 B의 구매가 상호관련이 없다면 Pr(B|A)는 Pr(B)와 같게 된다. 이를 상대적으로 표현하기 위해서 향상도(Lift 또는 Improvement)라는 개념을 사용하고 아래와 같이 정의한다.

$$향상도 = \frac{Pr(B|A)}{Pr(B)} = \frac{Pr(A \cap B)}{Pr(A) * Pr(B)}$$

$$향상도 = \frac{A와\ B를\ 동시에\ 포함하는\ 거래\ 수}{A를\ 포함하는\ 거래\ 수 * B를\ 포함하는\ 거래\ 수}$$

위의 식을 보면 Pr(B|A)는 향상도에 Pr(B)이 곱해진 값이다. 따라서 향상도 값이 1에 가까우면 A와 B는 독립에 가까운 사건, 1보다 크면 양의 연관관계(A⇒B), 1보다 작으면 음의 연관(B⇒A)관계로 판단할 수 있다. 따라서 의미 있는 연관성 규칙이 되려면 향상도 값이 1 이상이 되어야 한다. 뉴스시청 자료에 대한 향상도를 구해보면 [표 9]와 같다. 3중 미디어 이용의 경우에는 향상도 1보다 작아 연관성 규칙이 있다고 결론내기 어렵다. 즉, '휴대폰과 컴퓨터로 동시에 뉴스를 시청하는 사람이 TV를 이용한다'는 규칙은 단순 TV만 이용할 확률의 0.78배라는 것이다. 하지만 2중 미디어 이용의 경우에는 향상도가 1보다 크다. '휴대폰으로 뉴스를 시청하면 컴퓨터로 뉴스를 시청한다'는 규칙이 단순히 컴퓨터로 뉴스를 시청하는 확률보다 1.16배 높다는 것이다. 이러한 향상도를 이용하면, '휴대폰으로 뉴스를 시청하면 컴퓨터로도 뉴스를 시청한다'는 규칙이 '휴대폰으로 뉴스를 시청하면 TV로도 뉴스를 시청한다'는 규칙보다 더 좋은 규칙이라는 것을 알 수 있다.

〈표 9〉 다중미디어 이용과 향상도

규칙	Pr(A∩B)	Pr(A)	Pr(B)	향상도 (Pr(A∩B)/Pr(A)*Pr(B))
휴대폰→컴퓨터	0.24	0.43	0.48	1.16
휴대폰→TV	0.26	0.43	0.59	1.02
컴퓨터→TV	0.29	0.48	0.59	1.02
컴퓨터→휴대폰	0.24	0.48	0.43	1.16
TV→컴퓨터	0.29	0.59	0.48	1.02
TV→휴대폰	0.26	0.59	0.43	1.02
(휴대폰 + 컴퓨터)→TV	0.11	0.24	0.59	0.78
(휴대폰 + TV)→컴퓨터	0.11	0.26	0.48	0.88
(컴퓨터 + TV)→휴대폰	0.11	0.29	0.43	0.88

연관성 규칙의 3가지 평가기준에서 지지도는 잘 구매되지 않는 품목의 경우 값이 작게 되어 있다. 즉, A와 B가 연관이 깊어도 지지도는 작을 수 있다는 것이다. 이러한 단점을 보완하기 위하여 A가 구매되었을 때 B가 추가로 구매되는 확률인 신뢰도를 이용한다. 또한 향상

도 값이 1보다 큰 것을 찾아내는 일은 생각보다 간단하기 때문에 의미 있는 연관성을 찾을 때 향상도 값을 이용하면 유용하다.

4. 네트워크 분석(Network Analysis)

(1) 그래프 이론과 마이닝

네트워크 분석 방법은 기본적으로 그래프 이론에 바탕을 두고 있지만 수학이나 물리학 전 공자가 아닌 경우 대부분은 그래프 이론과 네트워크 이론을 혼용해서 사용하고 있다. 그 이유는 그래프 이론에서 사용되는 그래프를 그리는 원칙이나 방법, 그리고 해석이 그대로 네 트워크 이론에서 적용되기 때문이다. 따라서 이 장에서는 그래프 이론의 효용성을 중심으로 논의하고 네트워크 분석부분에서 실제적인 그래프 이론이나 활용법을 설명할 것이다.

그래프 이론은 관점을 단순화해 문제를 손쉽게 해결할 수 있게 하는 방법론이다. 그래프 이론은 기본적으로 모든 세계가 행위자(사람, 분자, 도시, 공항, API 등)와 행위자간의 '관계'로 설명된다는 입장이다. 관계는 네트워크로 명칭되며 표현된다. 네트워크에는 동일한 행위자 간의 네트워크(동종 네트워크)와 이종 행위자간의 네트워크(이종 네트워크)가 있다. 그래 프 이론은 이런 네트워크의 원리를 표현하는 방법으로 복잡한 데이터로부터 의미있는 네트 워크 형태로 정보를 마이닝해 나가는 방법을 제시한다.

원래 그래프 이론은 쾨니스히스베르크(Konigsberg)의 7개 다리 문제에서부터 시작되었다 (DeLaunay, 2010). [그림 24]처럼 각 구역을 이어주는 7개의 다리를 한 사람이 한 지역에서 출발하여 모든 다리를 한 번씩 다 건너서 산책을 할 수 있을까하는 한 붓 그리기 문제이다.

출처 : http://en.wikipedia.org/wiki/Seven_Bridges_of_K%C3%B6nigsberg

출처: http://en.wikipedia.org/wiki/Seven_Bridges_of_K%C3%B6nigsberg

[그림 24] 쾨니스히스베르크 7개 다리 문제와 그래프 이론

오일러(Leonhard Euler)는 이러한 경로가 없다는 것을 증명하였는데 이 사건이 바로 그래프 이론의 시작이라고 할 수 있다. 오일러는 육지를 점, 다리를 선으로 대응시켜 문제를 단순화시켰다. 그래프 이론에서 점은 '정점(vertex)', 정점을 연결하는 선을 '간선(edge)'이라고 한다. 정점과 간선을 건너뛰지 않고 움직이는 것이 '워크(walk)'이다. 간선이 중복되지 않는 워크를 '트레일(trail)', 모든 간선을 지나가는 트레일을 '오일러 트레일(Euler trail)'이라고 한다. 시작점과 도착점이 같은 워크를 '닫혀있다(closed)'라고 하며, 모든 간선을 '적어도' 한 번씩 지나가는 닫힌 워크를 '투어(tour)'라고 한다. 모든 간선을 한 번만 지나가는 투어가 '오일러 투어(Euler tour)'이다. 쾨니히스베르크의 다리를 단순화한 그래프는 오일러 트레일이 아니다. 이는 쾨니히스베르크 다리를 정확히 한 번씩만 건널 수 없다는 것을 의미한다. 그래프가 오일러 트레일을 가질 조건은 뜻밖에도 간단하다. 한 정점에 연결된 간선의 개수를 '차수(degree)'라고 하는데, 홀수 차수를 갖는 정점의 개수가 2개 이하인 그래프는 오일러 트레일을 갖는다. 모든 정점이 짝수 차수를 갖는다면 아무 점에서나 시작해도 오일러 투어를 그릴 수 있으며, 홀수 차수를 갖는 정점이 2개면 그 점이 시작점이나 끝점이 되는 오일러 트레일을 그릴 수 있다. 쾨니히스베르크 다리의 그래프는 홀수 차수의 정점이 4개나 되므로 오일러 트레일을 갖지 않는다는 것을 알 수 있다.

이러한 그래프 이론은 우리 생활 속에서 흔히 접할 수 있다. 지하철 노선의 경우 역들 간의 거리나 위치는 실제 지도와 완전히 다르다. 지하철 노선도는 역 간의 실제 거리, 역의 자세한 위치가 중요하지 않고, 단지 어떠한 역들이 서로 연결되어 있는지가 가장 중요하다. 그것만 알면 목표지점까지 가는데 전혀 문제가 없기 때문이다. 따라서 지하철 노선도는 역 사이의 관계를 명확히 보여주기 위해 거리 등의 구체적인 정보를 생략하고 간결한 그래프로 나타내는 것이 보다 효율적이다.

그래프 이론은 지하철 노선도처럼 복잡한 대상이나 관계를 단순화해서 편의성을 제공하기도 하지만, 최적의 경로를 찾아 업무의 효율성을 높이기 위한 방법으로 사용되기도 한다. 우리가 놀이공원이나 동물원을 방문한다면 여기 저기 위치해 있는 방문지를 시간이나 체력 낭비 없이 최적의 거리를 이용해 방문하기를 원한다. 또한 택배나 우체부 역시 모든 배달지를 통과하는 최적의 경로를 찾아 비용과 시간을 절약하려 할 것이다. 이러한 문제는 모든 간선을 적어도 한 번 통과하는 최단 거리의 닫힌 워크를 찾는 것과 같다. 하지만 지하철 노선도와 같은 단순 연결 관계만 나타낸 그래프로는 이를 해결 할 수 없다. 즉, 최적의 노선을 확보하기 위해서는 각 길을 통과하는 데 걸리는 시간인 거리정보가 필요하다. 이렇게 각 간선에 값을 부여한 그래프를 '가중 그래프(weighted graph)'라고 하고, 각 간선에 부여된 가중치를 알면 적절한 알고리즘을 이용해 최적의 경로를 찾아낼 수 있다.

[그림 25]는 동물원을 방문했을 때 최적의 이동경로를 찾는 간단한 예이다. 정문에서 가장 가까운 거리에 있는 동물은 원숭이기 때문에 원숭이를 가장 먼저 보러가고, 원숭이에서 다른 동물로 가는 4가지 길 중 곰까지의 거리가 가장 가깝다. 그래서 곰을 보러 간 후 기린을 보러 간다. 이렇게 가장 가까운 거리를 찾아서 가면, 정문 → 원숭이 → 곰 → 기린 → 호랑이 → 돌고래 → 사자 → 기린 → 정문이라는 194분의 최단 코스가 형성된다.

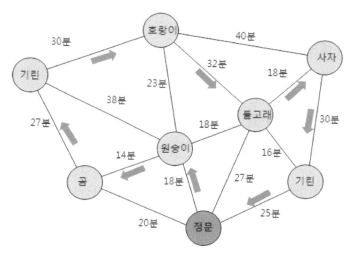

[그림 25] 기중화된 그래프를 이용한 최적경로 찾기

사람과의 관계에 있어서도 그래프 이론은 중요한 역할을 한다. 학교에서 친한 친구끼리 연결을 하면 학생은 정점이 되고 친구관계는 간선이 되어 그래프 문제로 변환된다. 이러한 그래프를 통해서 어떤 학생이 친구관계에 중심 위치를 차지하고 있는지, 어떤 학생이 친구 없이 학교생활을 하고 있는지, 여러 친구집단에 속해있어 친구 집단을 이어주는 있는 학생이 누구인지 등을 어렵지 않게 파악할 수 있다.

이렇듯 그래프 이론은 수학뿐만 아니라 다양한 분야에서 응용되고 있다. 특히 빅데이터 분야에서 큰 용량의 데이터를 빠르고 효율적으로 다루기 위한 데이터 구조 파악에 그래프 이론이 중요하게 사용된다. 사회과학 분야에서는 초기에 사람들 사이의 관계를 기술하고 해석하기 위해 그래프 이론을 사용했지만 최근에는 집단에서 계층이나 역할의 분화를 설명하거나 통계적 모델을 이용해 위상이나 관계가 특정한 변수에 어떠한 영향을 미치는지 증명하는데도 자주 이용된다. 또한 복잡한 네트워크로 구성된 SNS를 분석해 사회과학적 네트워크의 메커니즘을 연구하기도 한다. 그래프 이론은 비교적 최신 연구 분야인 만큼 다양한 곳에 적용 가능하고 새롭고 의미있는 결과를 도출할 수 있는 기회의 분야라고 할 수 있다.

(2) 네트워크 분석

네트워크 분석은 무원칙하고 혼란스러우며 복잡해 보이는 현상 이면에 일정한 패턴이 존재할 것이라고 가정하고 이를 파악하는 시도이다. 즉, 관계의 패턴을 파악하는 것이라고 할 수 있다. 이러한 네트워크적인 관점은 어떠한 현상이 외부로부터 주어진 것이거나 혹은 개인의 독립적 판단의 결과가 아니라 행위자간의 상호작용에 의해 형성된 것으로 본다.

네트워크 분석의 대표적인 연구는 1967년 하버드대학 심리학자 밀그램(Milgram, 1967)의 6단계 분리 이론(six degrees of separation)이 있다. 그는 미국 내 임의의 두 사람 간 거리를 알고자 무작위로 선택된 두 개인 사이에 편지 전달 실험을 실시하였다. 160개 편지 가운데 42개가 최종 목적지에 도착하였는데 최종 도착하기까지 평균 5.5 단계를 거치는 것을 확인하였다. 1973년 그라노베터(Granovetter, 1973)는 약한 관계(weak tie)의 중요성을 보여주었는데 그는 취업과정의 네트워크 효과를 알고자 보스턴 실업자들이 일자리 정보를 누구로부터 얻는지를 조사하였다. 그 결과 평소 자주 만나는 강한 연결망보다 가끔씩 만나는 약한 연결망이 취업에 더 큰 효과를 발휘하는 것을 확인하였다. 이뿐 아니라 질병확산과정, 권력구조, 사회자본 등 다양한 분야에서 개인적 관계 및 집단 간의 관계를 파악하기 위해 네트워크 분석이 이용되고 있다. 현재 가장 사용 빈도가 높은 분야는 소셜 미디어일 것이다. 트위터, 페이스북, 블로그, 유튜브 등의 소셜 미디어로 형성된 개인적 관계나 미디어 이용관계와 함께 SNS 상에서 퍼져가는 내용을 파악하기 위해서 네트워크 분석이 주로 사용된다. 이 장에서는 관계분석을 위한 네트워크 분석방법론에 대해 소개할 것이고, 내용에 대한 네트워크 분석은 텍스트 마이닝과 오피니언 분석에서 보다 상세히 다루기로 한다.

보통 네트워크 분석을 사회과학분야에서는 사회연결망 분석(social network analysis)이라고 부른다. 이는 개인, 개인들 간의 관계, 개인과 집단 간의 관계, 집단과 집단 간의 관계를 분석하기 때문에 개인과 집단으로 이뤄진 사회의 연결망을 분석한다는 의미를 가지고 있다. 각 개인의 상호작용에 의한 연결망은 행위를 통해 재생산되고 유지되며, 개인들에 의해 생겨나는 연결망의 전체 구조는 그들의 행위에 다시 영향을 미친다는 것이다.

사회연결망 분석은 보통 개인 및 집단들 간의 관계를 노드와 링크로 모델링하여 위상구조를 파악하고 확산 및 진화과정을 계량적으로 분석하는 방법론이다. 또는 수학의 그래프 이론을 바탕으로 행위자를 포함한 모든 개체간의 관계를 분석하는 정량적인 분석방법론이며 그 관계를 시각적으로 표현하여 관계 구조를 한 눈에 파악하기 위한 분석 틀이다. 무엇보다 사회연결망에서는 행위(미시)와 구조(거시)가 관계성에 의해 연결되어 있기 때문에 미시와 거시적인 관점을 동시에 파악할 수 있는 장점을 가지고 있다.

사회연결망 분석의 목적은 연결망 내에서 각 행위자(vertex, actor, node 등)가 갖는 위치와 그들의 다양한 관계(relation, edges, lines, ties 등)가 전체적으로 어떠한 형태를 갖고 있는지를 분석하고, 이를 통해서 각 개별 행위자가 어떻게 행동하는지를 설명하는 것이다. 즉, 행위자 사이의 직·간접적인 상호작용을 분석하는 관계적 접근, 행위자가 네트워크 내에서 차지하는 위치적 접근 방식을 갖는다. 이때 개체(node) 혹은 행위자(actor)는 연구자의 관심에 따라 개인이나 조직, 기업, 국가, 사건이 되고, 관계는 우정, 권력, 소유 등이 될수 있다.

사회연결망을 시각적으로 표현하는 도구가 그래프이다. 그래프를 통해서 사회연결망의 핵심인 사람 등의 개체(node)와 사람 사이의 관계(ties)를 명료하게 표현할 수 있다. 그래프는 기본적으로 점(vertex)과 간선(line)으로 표현하는 방법이다. 사회연결망 분석에서는 점을 '노드'로 간선을 '링크'로 명명하는 것이 일반적이다. 따라서 노드와 링크를 가지고 관계를 표시하면 [표 10]과 같다. 사회연결망은 기본적으로 노드와 링크의 결합으로 이루어진다. 링크의 종류는 노드 간의 연결 방향성 유무에 따라 방향(directed)/무방향(undirected) 연결, 관계의 강도에 따라 이진(binary)/가중(valued) 연결로 구분할 수 있다. 특히 방향성이 있는 유방향의 경우 링크가 해당 노드로 들어오는 것을 내차수(in-degree)라고 하고, 해당 노드로부터 나가는 것을 외차수(out-degree)라고 한다. 또한 가중 링크의 경우에는 가중치를 숫자로 표시하기도 하지만 그럴 경우 그래프가 지나치게 복잡해지기 때문에 링크의 두께로 표시하는 것이 일반적이다.

〈표 10〉 노드와 링크를 이용한 관계의 종류

관계없음	단순관계	방향성이 있는 관계	크기가 있는 관계	방향성과 크기가 있는 관계
A　　B	A——B	A⇄B	A—(3,1)—B	A⇄(3,1)B

네트워크의 표현 방식은 매트릭스와 그래프 방식이 있다. 매트릭스는 입력 데이터의 유형을 의미하고, 그래프는 매트릭스를 도식화한 것이다. [그림 26]은 방향성이 있는 이진 네트워크와 방향성이 없는 가중 네트워크의 매트릭스와 매트릭스를 도식화한 그래프이다.

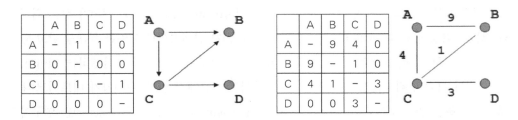

〈유방향 이진 매트릭스와 그래프〉　　　　〈무방향 가중 매트릭스와 그래프〉

[그림 26] 매트릭스와 그래프

네트워크의 유형은 노드와 노드의 관계에 따라 에고(Ego) 네트워크와 완전(Complete) 네트워크로 구별한다. 에고 네트워크는 특정 노드와 다른 노드와의 관계를 나타내고, 완전 네트워크는 모든 노드들 간의 관계가 표현된 그래프이다.

〈표 10〉 네트워크 유형

네트워크 유형	Complete network	Ego network
1-mode		
2-mode		

또한 매트리스 구조에 따라 네트워크 유형이 구분된다. 매트릭스가 대칭 구조이면 1-mode 네트워크라고 하며, 비대칭 구조라면 2-mode 네트워크라고 한다. 1-mode는 개인끼리 관계, 조직끼리 관계 등 같은 분류 내에서 관계를 나타내는 데이터이고, 2-mode는 조직과 개인의 관계 등 서로 이질적인 개체들의 관계를 나타낸다.

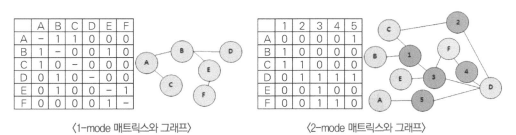

〈1-mode 매트릭스와 그래프〉 　　　　　　〈2-mode 매트릭스와 그래프〉

[그림 27] 매트릭스의 대칭 및 비대칭 구조에 따른 구분

2-mode의 매트릭스의 경우 2-mode를 그대로 사용하기도 하지만, 여러 가지 측정지수 등을 사용하기 위해 1-mode로 매트릭스로 바꿔서 이용하는 것이 일반적이다. [그림 28]처럼 2-mode 매트릭스를 1-mode 매트릭스로 변환하면 A, B, C, D, E, F의 간접적인 관계를 파악할 수 있다. 변수 알파벳을 사람, 숫자를 조직이라고 정의한다면, D는 F와 2개의 공통적인 조직에 함께 참여하고 있고 A, C, E와는 하나의 조직에 같이 참여하고 있다는 것을 알 수 있다. 또한 조직4는 조직3과 2명의 개체를 같이 공유하고 있고 조직 2, 5와는 각각 1명을 같이 공유하고 있는 것을 확인할 수 있다.

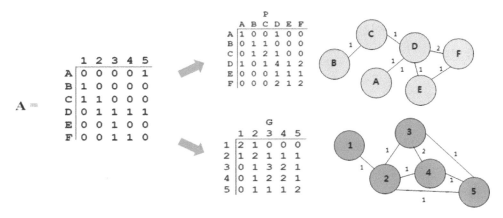

[그림 28] 2-mode 매트릭스를 1-mode 매트릭스로 전환

온라인 쇼핑몰에서 이러한 2-mode 매트릭스를 1-mode 매트릭스로 전환해 마케팅 활동에 자주 이용한다. 온라인 쇼핑몰에서 아이템 1과 아이템 2를 1번부터 9번까지 사람이 구매했다고 하면 [그림 29]와 같은 2-mode 네트워크를 형성된다. 이를 구매자들끼리의 관계인 1-mode로 변환할 수 있다. 이렇게 바꾸게 되면 온라인 쇼핑몰 업체는 5와 6의 구매자를 통해 1~4까지 구매자에게 아이템2를 연관 상품으로 소개할 수 있고, 7~9까지의 구매자에게 아이템 1을 소개할 수 있다. 구매자 5, 6이 중요한 허브 역할을 하는 주요 고객이 된다.

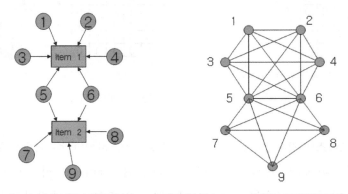

[그림 29] 온라인 쇼핑몰에서 2-mode 매트릭스를 1-mode 매트릭스로 전환한 예제

사회연결망 분석을 간단히 다시 정의하자면 관계의 형태나 유형의 규칙성을 그래프(점과 간선)이론을 사용하여 나타내고 이를 해석하는 방법이다. 따라서 그래프 이론에서 사용되는 용어와 그래프 안에 내재되어 있는 특성이 사회연결망(네트워크) 분석에서도 그대로 적용된다. 그래프 이론은 기본적으로 노드(점), 링크(간선), 그리고 이들이 결합된 네트워크 단위로 분석이 이루어진다. 먼저 그래프를 그리기 위한 데이터는 매트릭스 형태로 구성되어야 한다.

- **매트릭스와 그래프**

  매트릭스는 노드간의 관계를 행과 열의 순서로 정렬한 표를 말한다. 행은 머리 노드(head)를, 열은 꼬리 노드(tail)를 나타낸다. 무방향인 경우에는 인접행렬이 대칭구조를, 유방향인 경우에는 비대칭 구조를 띤다. [그림 30]은 매트릭스를 그래프로 나타낸 것이다. 매트릭스를 그래프로 나타냈다면 이제 노드와 링크 그리고 네트워크에 내재된 특성을 살펴보아야 한다. 먼저 링크에 대한 특성을 살펴보면 링크는 노드와 노드를 연결하는 과정과 단계를 의미한다.

	a	b	c	d	e	f	g
a	0	1	0	0	0	0	0
b	1	0	1	0	0	0	0
c	0	1	0	1	1	0	1
d	0	0	1	0	1	0	0
e	0	0	1	1	0	1	1
f	0	0	0	0	1	0	0
g	0	0	1	0	1	0	0

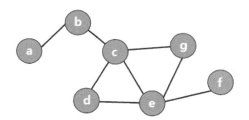

[그림 30] 매트릭스와 그래프

- 워크(Walk), 패스(Path), 트레일(Trail), 사이클(Cycle)
  워크는 노드와 링크로 이루어진 순서열로서 경로상의 중복 노드나 링크를 허용하는 개념
  이다. 그에 반해 패스는 중복 노드와 링크를 허용하지 않은 순서열을 의미한다. 트레일은
  한붓그리기처럼 노드는 중복되지만 링크는 중복되는 않는 경우이다. 사이클은 시작점과
  종착점 외에는 어떤 꼭짓점도 반복되지 않는 닫혀진 트레일이다. 위의 [그림 30]에서 a에
  서 f까지 간다고 하면, 워크는 a → b → c → b → c → g → e → f 가 하나의 워크이다. 반
  면 패스는 a → b → c → d → e → f 가 하나의 경로가 된다. 트레일은 a → b → c → e →
  d → c → g → e → f 이고, 사이클은 c → e → d가 된다.

- 길이(Length), 최단거리(Geodesic distance)
  길이는 경로(walk, path, trail)를 구성하는 링크의 개수이다. [그림 30]에서 경로 a, b, c, d,
  e의 길이는 4이다. 최단거리는 두 점간 가장 짧은 거리를 의미한다. 따라서 모든 최단경로
  는 패스(Path)라고 할 수 있다. 만약 a부터 f까지 가는 최단경로는 a, b, c, d, e, f와 a, b, c,
  g, e, f로 2개가 존재한다.

다음은 노드 수준의 분석이다. 기본적으로 노드 수준의 분석은 누가 네트워크 중심에 있는
지 노드의 중심성(centrality)을 찾아내는 것으로 노드들의 중요성 및 영향력을 측정한다.

- 차수(Degree), 평균차수(average degree), 매개성(Betweenness)과 근접성(Closeness)
  차수는 하나의 노드에 직접적으로 연결되어 있는 링크의 개수를 말한다. 위 [그림 30]에서
  c의 차수는 4이다. 방향성이 있는 유방향의 경우 링크가 해당 노드로 들어오는 경우 내차
  수(in-degree)라고 하고, 해당 노드로부터 나가는 것을 외차수(out-degree)라고 한다. 무
  방향에서는 모든 노드의 차수를 더해준 것을 1/2하면 전체 링크수가 되고, 유방향에서는
  모든 노드의 내차수와 외차수의 합하면 전체 링크수가 된다. 차수와 유사한 개념으로 매

개성(Betweenness)과 근접성(Closeness)이라는 중심성 척도가 있다. 매개성은 그래프 상에서 특정 노드를 반드시 지나는 경로의 수를 의미하며, 근접성은 특정 노드를 반드시 지나는 모든 최소경로의 수를 나타낸다. 네트워크 분석에는 통상적으로 이들을 연결 중심성(Degree Centrality), 매개 중심성(Betweenness Centrality), 근접 중심성(Closeness Centrality)이라 지칭한다. 연결 중심성은 노드에 연결되어 있는 양을 나타내는 것으로, 연결 중심성이 높다는 것은 네트워크에서 해당 노드가 마당발이라는 것을 의미한다. 매개 중심성은 하나의 노드가 다른 노드들의 중개자 역할을 하는 정도를 나타내는 것으로, 통상 네트워크와 네트워크를 연결시키는 노드를 뜻한다. 근접 중심성은 노드가 네트워크에 있는 다른 모든 노드와 얼마나 가깝게 있는가를 의미하는 것으로, 측정값이 커질수록 중심으로부터 멀리 떨어져 있다. 근접 중심성이 높다는 것은 언제든지 쉽게 관계를 맺을 수 있는 노드들이 주변에 많다는 것으로 소문을 가장 빨리 퍼트릴 수 있는 노드를 의미한다. 위세 중심성(Eigenvector Centrality)은 노드간의 연결된 양과 함께 연결의 질(quality)을 고려한 것으로 다른 노드들에 미치는 영향력을 포함한다. 따라서 영향력 있는 노드와 많이 연결되어 있을수록 위세 중심성은 높게 나타난다. 하지만 주변 노드들의 영향력이 해당 노드에 부정적 영향을 미친다면 위세 중심성은 오히려 줄어든다. 따라서 위세 중심성은 네트워크 안에 가장 인기있는 사람이 누구인지, 부정적이지 않은 사람과 얼마나 잘 연결되어 있는지 등을 판단할 수 있다.

위의 [그림 30]에서 연결 중심성은 차수가 4인 c와 e가 가장 크다는 것을 알 수 있다. 하지만 주변의 연결 중심성까지 고려한 위세 중심성은 c와 연결된 b(차수 2)가 e와 연결된 f(차수 1)보다 연결정도가 크기 때문에 c가 e 보다 크다. 또한 c는 노드간 이동을 할 때 가장 많이 지나게 되어 매개 중심성이 가장 클 뿐 아니라, 다른 모든 노드까지 거리 2이하면

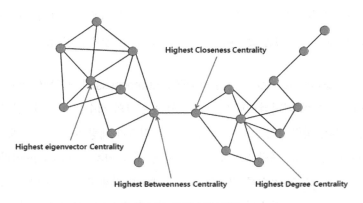

[그림 31] 노드의 중심성 척도

다 도달할 수 있기 때문에 근접 중심성 역시 가장 높다(수치는 가장 낮음). [그림 31]은 완전 네트워크상에서 노드의 중심성 척도를 쉽게 확인할 수 있는 예제이다.

• 구조적인 공백(structural holes)

구조적 공백은 네트워크 구조 내에 존재하는 빈 공간을 의미하는 것으로, 네트워크 구조를 분석하는데 있어서 연결을 형성하지 못한 공백 또는 틈새에 초점을 맞춘다. 구조적 공백은 특정 위치를 차지하고 있는 노드들에게 서로 접촉할 기회가 없거나 적은 이질적인 노드들을 연결하는 중재자의 역할을 할 수 있는 기회를 제공한다. 이러한 중재자의 위치는 네트워크 내의 분리된 여러 부분으로부터 다양한 정보를 획득할 수 있으며, 여러 부분 간의 정보의 흐름을 통제한다. [그림 32]에서 노드 A는 노드 B보다 구조적 공백으로 발생하는 위치적 우위에 있다. A와 연결되어 있는 세 개의 하부 네트워크는 A를 통하지 않고는 정보를 교환할 수 없다. 따라서 A는 이들 하부 네트워크 간의 정보 흐름을 통제할 수 있는 유리한 위치에 있기 때문에 경쟁적 우위를 갖게 된다.

구조적 공백은 단절된 노드들 간의 공백으로 인해 중재자 역할이 주어진다는 측면에서 서로 단절된 노드들을 얼마나 매개하는지를 나타내는 매개 중심성과 개념상 동일하다. 하지만 구조적 공백은 에고(ego) 네트워크에 초점을 맞춘 반면, 매개 중심성은 완전(complete) 네트워크를 대상으로 한다는 점에서 차이가 있다. 따라서 밀도가 높은 에고 네트워크는 많은 구조적 공백을 가지기 어렵다.

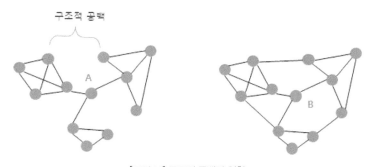

[그림 32] 구조적 공백과 역할

다음은 노드와 링크로 연결된 하위집단(subgroup) 수준의 분석이다. 이를 서브그룹네트워크 분석이라고도 한다.

- 컴포넌트(component), 클리크(clique), 코어(core), 플렉스(plex), 클랜(clan)

컴포넌트(component)는 전체 그래프에서 모든 노드로부터 모든 다른 노드까지 패스(path)가 존재하는 최대 부분 및 하위 그래프이다. 하나의 연결된 그래프가 하나의 컴포넌트이다. 즉, 하나의 컴포넌트가 되기 위해서는 소속 노드들의 경로거리 1 이상은 되어야 한다.

클리크(clique)는 모든 노드가 직접 연결되어 있는 밀도가 1인 부분 그래프이다. 한 네트워크에서 세 점 이상이 직접적으로 완벽히 연결되어 있어야 한다. 컴포넌트는 거리와 관계없이 구성원이 연결되어 있으면 되지만 클리크는 모든 구성원 사이에 직접적인 연결(거리 1)이 있어야 한다. 위 [그림 30] 그림에서 클리크는 {c, d, e}와 {b, c, d}이다. 클리크는 완벽한 연계관계와 높은 밀도를 보이기 때문에 동일한 주장이나 의식을 공유하는 사람들의 무리일 가능성이 크다. 높은 수준의 결속감과 협동, 정체성과 정보공유, 집단행동의 가능성, 정치집단, 조폭, 아마존닷컴의 동시구매 성향 등을 파악할 수 있다. 하지만, 완벽히 연결되어 있는 클리크를 찾기 어려운 경우가 많기 때문에 연결 조건을 완화시켜 부분 그래프를 분석하는 것이 일반적이다. N-clique는 모든 사람이 N개의 패스에 의해 연결된 서브그래프이다. N-clan은 N-clique와 같지만 모든 패스가 그룹 안에 있어야 한다. K-core는 모든 사람이 적어도 K명의 다른 사람과 링크를 갖는 것을 의미하고 K-plex는 모든 구성원이 적어도 그래프에서 N-K 명의 다른 사람들과 연결된 그래프이다.

- 블록모델(block model): 구조적 등위성

블록모델은 유사한 행위와 역할을 수행하는 노드를 찾아내는 작업이다. 블록모델은 구조적 등위성을 파악함으로써 분석된다. 구조적 등위성은 유사한 지위를 점하고 있는 노드들을 그룹화하고, 그 그룹간의 관계와 속성을 파악하는 것이다. 다른 행위자들과 직접적인 관계는 없지만 동일한 패턴을 가지거나 네트워크에서 위치와 역할이 동일한 경우 구조적 등위성이 있다고 평가한다. 구조적 등위 행위자들을 블록화하는 방법으로 Concor(행위자간 관계 패턴의 도출을 위해 행위자들 간의 상관관계(유사성)를 사용하는 방법)와 Structure(경로거리 개념으로 행위자들을 그룹화하는 방법) 기법이 있다.

[그림 33]의 첫 번째 네트워크를 살펴보면, 그림 ①에서 a는 a로 오는 연결된 노드가 없고, b, c, d는 a와 연결되어 있다. e와 f는 b라는 공통 노드와 연결되어 있고, h와 I는 d와 연결되어 있다. 따라서 e와 f, 그리고 h와 i가 구조적 등위성을 각각 갖는다(구조적 등위성: {a}, {b}, {c}, {d}, {e, f}, {g}, {h, i}). 하지만 이러한 구조적 등위성의 정의는 지나치게 엄격한 경향이 있다. 따라서 이를 보완하기 위해 형태적 등위성(Automorphic equivalence)과 규범

적 등위성(Regular equivalence)을 사용한다. 그림 ②에서 b와 d는 a와 공통으로 연결되어 있으며 각각 하위 두 개의 노드와 연결되어 있다. 즉, b와 d는 서로 연결 형태가 같은 등위성을 갖는다. 또한 e, f, h, i 역시 같은 링크의 패턴을 가지고 있다(형태적 등위성: {a}, {b, d}, {c}, {e, f, h, i}, {g}). 이렇게 링크의 패턴을 가지고 분류하는 것이 형태적 등위성이다. 규범적 등위성은 위상의 등위성을 의미한다. 즉, 같은 위치에 있으면 등위성을 가지고 있다고 판단한다. b, c, d는 두 번째 위치, e, f, g, h, i는 세 번째 위치해 서로 위계적으로 연결되어 있다. 따라서 {a}, {b, c, d}, {e, f, g, h, i}가 규범적 등위성을 갖는다. 간략히 요약하자면, 구조적 등위성은 부모와 자식이 모두 같은 집단을 의미하며, 형태적 등위성은 부모와 자식의 수가 같은 집단, 규범적 등위성은 부모, 자식의 위계가 같은 집단을 나타낸다.

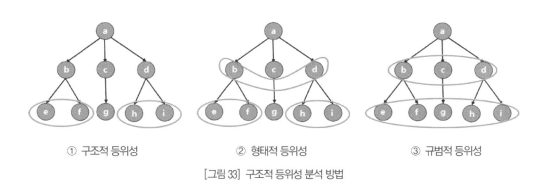

① 구조적 등위성   ② 형태적 등위성   ③ 규범적 등위성

[그림 33] 구조적 등위성 분석 방법

• 컷포이트(cut point)와 브릿지(bridge)

컷포이트는 특정 노드를 제거했을 때 그래프가 서로 단절되는 노드를 말한다. 위의 [그림 30]에서는 b, c, e라는 3개의 컷포인드가 존재한다. 브릿지는 링크를 제거했을 때 그래프가 단절되는 링크를 가리킨다. 따라서 [그림 30]에서 브릿지는 링크(ab), 링크(bc), 링크(ef)가 된다. 하지만 가장 큰 컴포넌트로 나눠서 집단을 이질화 시키는 컷포인트는 c이고 브릿지는 링크 bc이다.

마지막으로 전체 네트워크의 특성을 파악하는 통합적이고 거시적인 관점에서 분석이 행해진다. 이러한 전체 네트워크 수준의 분석은 크게 결속도(Cohesion)와 집중도(centralization)로 구분할 수 있다. 결속도는 노드들 간에 얼마나 강하게 연결되어 있는지를 나타내고 집중도는 네트워크 전체가 하나의 중심으로 집중되는 정도를 의미한다.

- 결속도(Cohesion) 지표: 단편화(Fragmentation), 밀도(density), 평균차수, 평균거리

  단편화(Fragmentation)는 서로 도달할 수 없는 노드 쌍의 비중을 나타낸다. 서로 도달할 수 없는 노드쌍이 많다는 것은 네트워크의 전체적인 연결이 약하다는 것을 의미한다. 밀도(density)는 전체 노드에 의해서 만들어질 수 있는 모든 링크수와 실제 링크수의 비율을 말한다. 수학적 공식으로는 '노드간의 링크수(구성원간 실제 존재하는 관계의 수)'를 '가능한 모든 관계의 수([n(n-1)]/2)'로 나눈 값이다. 위의 [그림 30]에서 네트워크 밀도는 0.38(=8/21)이다. 밀도는 네트워크의 통합성 수준을 나타내는 것으로서 노드와 노드 사이에 링크가 얼마나 밀집되어 있는지를 의미한다. 즉 밀도는 네트워크의 전체 노드가 서로 얼마나 많은(깊은) 관계를 맺고 있는가를 표현하는 개념이라고 할 수 있다. 고밀도 네트워크는 정보수집과 배포통로가 많아 정보전달이 빠르다. 구성원간의 균질성과 신뢰성, 상호 모방 등 상호결속력(bonding)이 높은 반면, 서로가 서로를 잘 알고 있기 때문에 행위자들의 행위 자율성이 상대적으로 낮고, 처벌의 가능성이 커지며, 다른 네트워크에 대해 배타적일 수 있다. 이외에 평균 차수나 평균 거리를 결속도 지표로 사용하기도 한다. 평균 차수는 각각의 노드에 연결되어 있는 링크수의 평균값이다. [그림 30]에서 평균 차수는 2.29이다. 평균 거리는 각각의 노드끼리 도달하는 최소 거리의 평균값이다. [그림 30]에서 평균 거리는 1.63이 된다.

- 집중도(Centralization) 지표

  집중도(Centralization)는 네트워크 전체가 하나의 중심으로 집중되는 정도를 의미한다. 중심성(centrality)이 하나의 노드가 중심적인 위치를 차지하는 정도를 의미한다면, 집중도는 네트워크 자체가 중심에 집중되는 정도를 표현하는 개념이다. 집중도가 높다는 것은 네트워크가 특정 노드에 집중하기 때문에 자원이 불평등하게 분포하거나 의사소통이 불평등(위계적이거나 권위적일 수 있음)할 수 있다. 집중도가 노드의 집중 정도를 의미하기 때문에 노드의 중심성 지표를 네트워크 전체 차원에서 계산한다. 연결 집중도(degree centralization)는 가장 연결이 많은 것과 다른 연결 포인트와의 차이의 비율 값이고, 매개 집중도(betweenness centralization)는 가장 많이 지나가는 것과 다른 연결 포인트와 차이의 비율, 근접 집중도(closeness centralization)는 가장 연결이 짧은 경로와 다른 경로와의 차이의 비율 값이다. 결론적으로 집중도는 노드의 중심성 개념을 이용해 전체 네트워크 차원에서 해석하면 된다.

CHAPTER 3

미디어
텍스트 마이닝

1. 텍스트 분석

텍스트는 가장 대표적인 비정형 데이터(unstructured data)라고 할 수 있다. 비정형 데이터란 일정한 규격이나 형태를 지닌 숫자 데이터(numeric data)와 달리 그림이나 영상, 문서처럼 형태가 구조화 되어있지 않은 데이터를 말한다. 비정형 데이터의 사례로는 책, 잡지, 문서 기록, 음성 정보, 영상 정보와 같은 전통적인 데이터 이외에 이메일, 트위터, 블로그처럼 모바일 기기와 온라인에서 생성되는 데이터가 있다. 텍스트는 정보의 관점에서 보면 유형이 불규칙하고 의미를 파악하기 모호해서 기존의 컴퓨터 처리 방식을 적용하기 어렵다. 기존의 컴퓨터 시스템은 연산과 처리 절차가 숫자 데이터 중심으로 설계되어 있기 때문에 이름이나 성별과 같은 문자 변수를 숫자로 변환해 처리하는 방법을 주로 사용한다. 그러나 이런 방법을 트위터나 블로그처럼 모바일과 온라인에서 생성되는 대규모의 비정형 데이터에 적용한다는 것은 사실상 불가능하다.

텍스트 마이닝(text mining)은 이러한 기존 컴퓨터 시스템을 보안해 대규모 텍스트로 이뤄진 문서와 같은 비정형 데이터에서 의미 있는 정보를 추출하는 텍스트 기반 빅데이터 분석 방법이다(Chakraborty, et al., 2013). 분석 대상이 비구조적인 문서 정보라는 점에서 데이터 마이닝과 차이를 갖는다. 하지만 비정형 데이터를 정형화된 데이터로 변환시키면 텍스트 마이닝은 데이터 마이닝과 같은 분석방법이 된다. 따라서 문서화된 텍스트 기반 비정형 데이터를 어떻게 정형화된 데이터로 만들 것인지가 텍스트 마이닝에서 가장 중요한 작업이라고 할 수 있다.

> 텍스트 마이닝 = 언어(자연어)처리 + 데이터 마이닝

텍스트라는 비정형 데이터를 정형화된 데이터로 만들기 위해서 자연어 처리 방법(NLP, natural language processing)을 사용한다. 자연어는 한국어, 영어 등과 같이 인간사회의 의사소통 수단을 말한다. 컴퓨터의 세계에서 '언어'라고 말하면 프로그램 언어(FORTRAN, COBOL 등)의 인공어(Artificial Language)를 가리킨다. 그래서 인공어와 다른 언어라는 의미로 자연어라는 말을 사용한다. 자연어 처리의 핵심 기술은 형태소분석, 구문분석, 의미분석, 담화분석으로 구분된다.

먼저 형태소 분석 기술은 문장을 구성하는 단어 열들로부터 최소 의미단위인 형태소를 분리해 내고 각 형태소들의 문법적 기능에 따라 적절한 품사를 부착한다. 필요하다면 단어의 원형을 복원하기도 한다.

---

ex) 내가 산 신문을 읽었다.
    산 사(다) / 동사+ㄴ / 어미; 형태소분석 후보(1) – 최적의 형태소 분석 및 품사부착 결과
    사(다) / 동사+ㄴ/어미; 형태소분석 후보(2)
    산 / 명사; 형태소 분석 후보(3)

또한 자연어 처리를 통해 분류된 형태소는 사람이나 조직의 이름, 종류, 설명 등과 같은 개체에 대한 속성(attribute), 두 개 혹은 여러 개의 개체 간의 관계를 나타내는 사실(Fact), 여러 개의 개체가 관련된 활동을 의미하는 사건(Event) 등으로 텍스트를 정보화시킨다.

---

monkey@twoo
2016 **브라질 올림픽**이 화려한 **축제**와 함께 폐막했습니다. **박인비** 선수를 포함한 **대한민국** 선수단 여러분 수고 많으셨습니다:)
    <나라:명사>   <조직:명사>   <사건:명사>   <사람:명사>

구문분석은 형태소분석 결과를 기반으로 문장을 이루고 있는 명사구, 동사구, 부사구 등의 구문들을 묶어줄 뿐만 아니라, 주어, 술어, 목적어 등과 같은 주요한 문장 구성성분을 밝혀내고 그들 사이의 구문관계를 분석해 문장의 문법적 구조를 결정하는 기술이다.

ex) 내가 산 신문을 읽었다.
    (((내가/주어 산/술어) 을)/목적어 읽었다/술어) - 가장 적합한 구문구조
    ((내가/주어 (산 신문을)/목적어) (읽었다)/술어)
    ((내가/주어 산) (신문을/목적어 (읽었다)/술어))

의미분석은 단편적으로는 문장을 구성하는 단어들의 의미를 구분하고, 통합적으로는 문장 구성 성분들 사이의 의미적 관계를 논리적으로 밝혀내어 문장의 전체적 의미를 파악하는 기술이다.

ex) 산 신문
    산: buy, live/alive, mountain
    신문: newspaper

담화분석은 문서단위로 이루어지는 것이 보편적이며, 여러 문장 간의 연관관계 및 전후 문맥을 고려하여 문장 간의 의미관계를 분석하는 기술이다. 이는 전후 문맥을 참조해 해당 문장에 쓰인 대용어들(이것, 저것)이 구체적으로 가리키는 것을 찾아낼 뿐 만 아니라 해당 문서 내에서 문장의 의도를 파악하는 기술을 포함한다. 자연어 처리 기술을 다시 정리하면 문서들을 문장 단위로 추출해 내고 문장에서 형태소 별로 분류를 한다. 형태소를 이용해 구문분석을 하고 의미분석이나 대화처리를 통해 최종적으로 전체 문장을 분석한다.

이러한 자연어 처리 방식은 문서 분류(document classification), 문서 군집(document clustering), 메타데이터 추출(metadata extraction), 정보 추출(information extraction) 등에 사용된다. 문서 분류는 도서관에서 주제별로 책을 분류하듯이 문서의 내용에 따라 분류하는 작업이다. 문서 군집은 성격이 비슷한 문서끼리 같은 군집으로 묶어주는 방법이다. 이는 통계학의 방법론인 판별분석(discriminant analysis)이나 군집분석(clustering)과 유사한 개념으로 분석 대상이 숫자가 아닌 텍스트라는 점에서 차이가 있다. 통상 문서 분류는 사전에 분류 정보를 알고 있는 상태에서 주제에 따라 분류하는 방법이고, 문서 군집은 분류정보를 모르는 상태에서 수행하는 방법이다. 이를 지도학습(supervised learning), 자율학습(unsupervised learning)이라고 부르는데, 데이터 마이닝에서 사용하는 방법과 동일하다. 한편 정보 추출은 문서에서 중요한 의미를 지닌 정보를 자동으로 추출하는 방법이다.

이렇게 자연어 처리를 통해 형태소 분석이 끝났다면 텍스트 마이닝을 하기 위해 비정형화된 텍스트를 정형화 데이터로 변환하는 작업이 필요하다. 정형화 데이터로 변환시키는 작업은 문장이나 구문(ID)과 형태소 간 매트리스(Term-document matrix)를 작성하는 것이다. Term-document matrix가 작성되었다면 이는 비정형 데이터가 정형화된 데이터로 변환되었다는 것을 의미하기 때문에 데이터 마이닝 기법들을 이용해 분류, 군집, 연관 분석, 주제 식별 및 추적, 개념 체계 자동 구성, 문서간 상관성 등을 분석할 수 있고, 워드 클라우드 등을 통해 시각화를 시킬 수도 있다.

> text → 자연어 처리(형태소 분석, 품사, 속성 태킹) → Term-document matrix → 데이터 마이닝

[그림 34]는 간단한 트위터의 내용을 가지고 Term-document matrix를 만드는 과정이다. Terms(1)은 문서를 기본 단위(ID)로 해서 자연어 처리를 수행한 후 명사만을 가지고 포함유무를 이용해 매트릭스를 작성한 것이고, Terms(2)는 문서를 기본 단위(ID)로 명사의 빈도수를 이용해 매트릭스로 나타낸 것이다. 이 때 분석의 목적에 따라 문서(ID)나 형태소 대신 속성(attribute)으로 매트리스를 구성할 수도 있다.

> 문서1: 런던 **올림픽**에서 **대한민국**은 유도에서 **금메달** 2개를 획득하였지만 이번 리우 **올림 픽**에서는 **기대**했던 **금메달**을 하나도 획득하지 못하였다. 다음 도쿄 **올림픽**에서는 **금메달**을 **기대**할 수 있을까?
> 문서2" 리우 **올림픽**에서 **대한민국**은 종합순위 8위를 기록하였다. 런던 **올림픽** 5위에 비하 면 **기대**에 미치지는 못하지만, **대한민국** 선수들은 최선을 다해서 **자국**의 위상을 높 였다.
> 문서3: ....

	Terms(1)			
ID	올림픽	금메달	대한민국	기대
문서1	1	1	1	1
문서2	1	0	1	1
문서3	1	0	1	0
문서4	1	1	0	0
문서5	1	0	0	0

	Terms(2)			
ID	올림픽	금메달	대한민국	기대
문서1	3	3	1	2
문서2	2	0	3	1
문서3	2	0	5	0
문서4	3	2	0	0
문서5	5	0	0	0

[그림 34] 트위터의 텍스트 문서를 Term-document matrix로 변환

위의 Term-document matrix에서 Terms(1)은 2-mode 네트워크 분석을 위한 이진 매트릭스와 같은 형태이고 Terms(2)는 2-mode 네트워크 분석을 위한 가중 매트릭스 형태를 갖추고 있다. 따라서 문서*형태소 형태의 매트릭스를 그대로 이용하거나 문서*형태소를 문서*문서 혹은 형태소*형태소 형태의 1-mode 매트릭스로 전환하여 네트워크 분석이나 분류 및 군집 등의 데이터 마이닝 분석을 실시할 수 있다. [그림 35]의 ①은 Terms(1)을 형태소 중심의 1-mode 매트릭스로 변환해 워드클라우드를 그린 것이고 ②는 네트워크 분석을 실시한 결과이다. 형태소들의 연결 관계를 보면 올림픽과 대한민국은 연결정도가 높지만 금메달과 기대에 대한 연결정도가 낮아, 올림픽에 대한 관심도는 높지만 금메달에 대한 기대가 낮다는 것을 추론할 수 있다. 그림 ③은 Terms(2)의 2-mode 매트릭스를 그대로 이용해 계층적 군집분석으로 문서간 유사성을 살펴보았다. 결과적으로 문서2와 문서3이 유사하고 문서1과 문서4가 유사한 것을 확인할 수 있다. 이러한 문서의 유사성 분석은 표절 등을 판별하는 데 사용되기도 한다.

① Terms(1)의 워드 클라우드

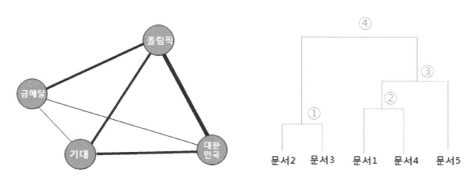

② Terms(1)의 네트워크 분석   ③ Terms(2)의 계층적 군집분석

[그림 35] Term-document matrix를 이용한 데이터 마이닝

2. 오피니언 마이닝

오피니언 마이닝(opinion mining)이란 어떤 사안이나 인물, 이슈, 이벤트에 대한 사람들의 의견이나 평가, 태도, 감정 등을 분석하는 것이다. 특정 주제에 대해 사람들의 주관적인 의견이 모인 문장을 분석하고, 문장 분석에서 사실과 의견을 구분해 의견을 뽑아내어 긍정과 부정으로 나누고 그 강도를 측정하게 된다.

오피니언 마이닝은 소셜 네트워크 서비스(SNS: Social Network Service)의 급속한 성장과 함께 그 중요성도 커지고 있다. 오피니언 마이닝을 통해 영화나 공연 리뷰, 제품 사용 후기 등 SNS에서 생산된 대량의 리뷰 정보를 빠르게 분석하고 유의미한 정보를 지능적으로 유추해 낼 수 있다.

오피니언 마이닝은 텍스트 마이닝에 근거를 둔 분석 기법이다. 텍스트 마이닝이 특정 단어와 문맥의 연관성을 분석한다면, 오피니언 마이닝은 문맥과 연계된 감성분석(Sentiment Analysis)을 활용해 특정 텍스트의 어조와 감정을 파악하는 것이다. 따라서 블로그, SNS에서 전파되는 특정 키워드에 대한 찬성·반대, 긍정·부정 등의 여론방향을 추적하는데 효과적이다. 특히 블로그나 SNS의 텍스트는 신문 기사나 잡지와 달리 특정 사안에 대해 감정적인 언어가 많기 때문에 오피니언 마이닝에 매우 적합한 대상이다.

오피니언 마이닝은 일반적으로 다음과 같은 단계들을 거치게 된다. 먼저 문장에 대한 형태소 분석을 포함한 텍스트 분석을 통해 어떠한 속성이 거론되고 있는지 속성명을 찾아낸다. 다음으로 긍정 및 부정을 표현하는 단어 정보를 추출한다. 긍정 및 부정과 같은 감성단어 추출은 기존에 구축되어 있는 사전 등의 리소스나 레퍼런스를 이용해 분석할 텍스트에서 긍정과 부정 단어를 구분해 낸다. 오피니언 마이닝에서는 레퍼런스가 되는 감성사전이 매우 중요하다. 영어의 경우 SentiWordNet에서 다양한 단어들을 분석해 감성사전을 구축해 놓았다(Esuli & Sebastiani, 2006). 한국어의 경우 서울대학교 연구진이 만든 Kosac(Korean Sentiment analysis corpus)과 연세대 정보대학원 디지털서비스 연구실에서 개발한 오픈한글(www.openhangul.com) 등이 있다. 감정사전을 통계적인 기법을 통해 직접 만들 수도 있다. 인터넷에 별점을 함께 줄 수 있는 상품평의 경우 별점이 높은 상품평은 긍정적인 내용을 담고 있고 별점이 낮은 상품평은 부정적인 내용을 담고 있을 가능성이 높다. 이런 상품평에 흔히 쓰이는 단어들을 통계적으로 분석하여 긍정과 부정의 단어들을 찾아내게 된다. 만약 감성사전에서 '재밌다'라는 단어와 '좋다'라는 단어가 0.9라는 긍정 수치 정보를 가지고 있다면, "이 영화 정말 재밌다"라는 문장은 '재밌다'와 '좋다'라는 감성의 관계를 이용해 긍정의 평가라고 쉽게 분석할 수 있다. 마지막으로 추출된 각각의 속성명과 감성어를 연결시켜 속성별로 긍정에 해당하는지 부정에 해당하는지를 분류하게 된다. 예를 들면 "눈으로 넘길 수 있는 Eye book은 놀랍다"라는 사용자가 작성한 리뷰 문장을 이용해 오피니언 마이닝을 실시하면, 주제 상품은 'Eye book'이고, 이 상품에 대해 사용자가 언급하고 있는 속성은 '눈으로 넘길 수 있는(편리성)'이며, 해당 속성에 대해 사용자는 '놀랍다(긍정)'라고 표현하였다. 따라서 Eye book이라는 전자책은 편리성 측면에서 긍정적인 평가를 받고 있다는 사실을 오피니언 마이닝을 통해 파악할 수 있다. [그림 36]은 카메라 구매 후기를 이용한 오피니언 마이닝 예제이다. 카메라 구매 후기 내용을 토대로 카메라의 해당 속성(일반적 평가, 사용의 편이성, 사진의 질 등)을 추출하고 속성에 따른 감성어들을 찾은 뒤 긍정 및 부정에 대한 단어 빈도와 비중을 계산해 그 결과를 요약해서 보여주고 있다.

[그림 36] 온라인에서 사용자리뷰를 이용한 오피니언 마이닝 예제

[그림 36]에서 살펴보았듯이 오피니언 마이닝은 텍스트 마이닝에 기초를 두고 있는 만큼 자연어 처리를 통한 텍스트 마이닝 과정을 그대로 따르게 된다. 여기에 감성구문을 추출하여 평가하는 과정이 추가된 것이라고 할 수 있다. 현재 대부분의 온라인 사업체들은 사용자가 경험을 토대로 직접 작성한 방대한 리뷰를 요약 정리해 감성정보 형태로 제공하고 있다. 오피니언 마이닝을 통해 도출된 이러한 감성정보는 선택과 결정을 해야 하는 사용자의 입장에서 매우 유용한 고부가가치 서비스이다.

CHAPTER 4

미디어
웹 마이닝

1. 웹 로그 분석

이용자들이 인터넷을 이용해 웹 사이트를 방문할 때마다 그 흔적이 남게 된다. 웹 서버는
인터넷 사용자가 웹 사이트를 방문하면 사용자가 요청한 서비스나 방문 페이지, 방문 시간
등에 대한 정보를 파일 형태로 저장한다. 이러한 인터넷 이용 흔적을 웹 로그(Web log)라고
부른다. 웹 로그 데이터를 이용해 트래픽을 파악하여 의미 있는 결과를 찾아내는 방법이 웹
로그 분석이다(Cooley, et al., 1999). 웹 로그를 통해 사이트의 페이지뷰, 사용자별 페이지
뷰, 접속장소 및 접속 방식, 시간대별 페이지뷰, 방문자 수, 웹 사이트 흐름 등에 대한 현황
및 추세를 분석할 수 있다. 따라서 웹 로그 분석을 통해 웹 사이트가 가진 문제점을 찾고 사
용자가 웹 사이트에서 무엇을 원하는지 등을 파악할 수 있다.

[그림 36] 웹 로그 저장 파일

하지만 웹 로그는 단순히 웹 사이트 방문자가 남겨놓은 간략한 흔적에 불과하기 때문에 웹 로그 파일로는 사용자가 어디에 관심이 있고, 웹 사이트를 어떤 방식으로 사용하는지 등 기초적인 수준의 분석만이 가능하다. 따라서 최근에는 단순 웹 로그 데이터뿐만 아니라 웹 사이트에서 보유하고 있는 고객등록정보, 구매정보, 외부환경정보 등을 복합적으로 사용해 폭넓은 분석을 수행하고 있다.

사용자가 웹 사이트를 방문하게 되면 웹 서버에 방문자의 작업 행위가 기록되는데 이러한 웹 로그는 어세스 로그(access log), 에러 로그(error log), 에이전트 로그(agent log), 레퍼러 로그(referrer log)로 구분된다.

- access log: 사용자가 처음 사이트를 방문하는 순간부터 각 웹 페이지를 엑세스할 때마다 기록되는 정보
- error log: 브라우저가 서버에 요청한 파일을 다운로드 받지 못해 에러가 발생한 경우를 기록한 파일로 사이트의 문제점을 확인할 수 있음.
- agent log: 방문자가 사용하는 브라우저의 이름과 버전에 관한 정보를 기록하는 것으로, 검색로봇이 사이트를 방문할 때 검색로봇의 종류 등을 확인함.
- referrer log: 해당 페이지를 보기 위해 거쳐 온 페이지들의 이력을 기록한 정보

웹 로그 파일을 분석하는 측정단위로 히트, 페이지 뷰, 체류시간, 세션, 방문자 수 등을 사용한다. 하지만 히트는 한 페이지 전송 시 포함된 모든 파일을 히트로 계산하기 때문에 웹 로그 트래킹 수치로 거의 사용하고 있지 않으며, 체류시간 역시 멀티태스킹 등으로 브라우저를 띄워놓는 경우가 많기 때문에 이 역시 측정 단위로 부적합하다. 따라서 웹 로그 파일을 트래킹하는 측정단위로 페이지 뷰와 세션, 방문자 수가 주로 사용된다.

- 히트: 방문자가 웹 사이트를 접속했을 때 연결된 파일의 숫자를 나타내지만, 한 페이지 전송 시 포함된 그래픽, HTML 등의 모든 파일을 히트로 계산하기 때문에 수치가 무의미함.
- 페이지 뷰: 하나의 웹(HTML) 문서 보는 것을 의미하기 때문에 현재 웹 사이트를 평가할 수 있는 기준 단위로 가장 많이 사용함.
- 체류시간: 특정 웹페이지에 머물러 있는 시간으로 브라우저가 띄워져 있으면 측정되기 때문에 측정단위로 적합하지 않음.

• 방문자 수: 특정 웹 사이트를 한 번 이상 접속한 이용자 수

현재 각 포털 사이트에서는 웹 이용자들에게 이러한 웹 로그 트래킹 분석 단위를 사용해 웹 이용에 대한 정보를 제공하고 있다.

[그림 37] 포털사이트의 웹 로그 분석

웹 마이닝(web mining)은 인터넷을 이용하는 과정에서 생성되는 웹 로그 정보나 검색어로 부터 유용한 정보를 추출하는 데이터 마이닝이다. 웹 마이닝은 전통적인 데이터 마이닝의 분석 방법론을 사용하기도 하지만 웹 데이터의 속성이 반정형 혹은 비정형이고, 링크 구조를 형성하고 있기 때문에 별도의 분석기법이 필요하다. 웹 마이닝은 분석 대상에 따라 웹 구조 마이닝(web structure mining)과 웹 사용 마이닝(web usage mining), 웹 콘텐츠 마이닝(web contents mining)으로 구분할 수 있다.

웹 구조 마이닝은 웹 사이트와 웹 페이지의 구조적 요약 정보를 얻기 위한 방법이다. 웹 사

이트 구조적 정보는 웹 페이지 사이의 하이퍼링크(hyperlink)로 구성된다. 아래와 같은 표준 로그를 살펴보면, /index.html에서 /vod/news9.html로의 웹 구조를 추출할 수 있다.

```
210.114.123.122 - - [20/May/2016:01:00:12 +0900] "GET /index.html HTTP/1.1"
200 16674 "/vod/news9.html""Mozilla/5.0 (compatible; MSIE 6.01; Windows NT 5.0)"
```

웹 사용 마이닝은 웹 이용자의 사용 패턴을 분석하는 기법이다. 이는 인터넷 이용자의 이용 경로인 웹 서버 로그(web server log) 파일 분석을 통해 이용자의 이용패턴을 찾아내 고객 특성을 반영한 맞춤형 서비스 제공, 사용자에게 친숙한 페이지 재구성 등 사용자별 맞춤형 웹 페이지 구성에 이용된다.

웹 콘텐츠 마이닝은 실제 웹 사이트를 구성하고 있는 페이지로부터 내용을 추출하는 방법이다. 즉, 웹 페이지에 저장된 콘텐츠로부터 웹 사용자가 원하는 정보를 빠르게 찾아주는 기법으로 검색엔진에 많이 사용된다. 또한 웹 페이지를 다루고 있는 주제에 따라 자동적으로 분류할 수 있다. 예를 들어, '신문사 사이트의 75%가 총선에서 여당의 우세를 예측하고 있다' 등의 정보를 자동으로 얻을 수 있다. 이는 텍스트 마이닝과 매우 유사한 방법이다.

웹 마이닝 분석 과정은 데이터 마이닝 분석 과정과 유사하지만 가장 큰 차이는 데이터 수집이다. 특히 웹 구조 마이닝과 웹 콘텐츠 마이닝에서는 대량의 자료를 수집하는 크롤링(crawling) 작업이 필요하다. 웹 크롤러(web crawler)는 스파이더(spiders), 웜(worm), 로봇(robots) 또는 봇(bots)으로 불리는데 웹 페이지를 자동으로 내려 받는 프로그램이다. 크롤러는 하이퍼링크로 연결된 웹 페이지를 하나하나 찾아가 텍스트와 영상 등 각종 자료를 수집한다. 크롤러는 목적에 따라 일반적인 검색엔진에서 사용되는 범용 크롤러(universal crawler), 특정 범주에 속하는 페이지만을 탐색하는 포커스 크롤러(focus crawler), 제한된 주제만을 검색하는 토픽 크롤러(topical crawler)가 있다. 일단 데이터가 수집되고 나면 데이터 마이닝 분석과 동일하게 데이터 전처리 과정(pre-processing)을 거친다. 정확한 결과를 얻기 위해서는 전처리 과정이 매우 중요하다. 일반적인 전처리 과정은 데이터 정제(data cleaning), 사용자 구분(user identification), 세션 구분(session identification), 세션 보정(path completion), 트랜잭션 구분(transaction identification)으로 나눌 수 있다.

데이터 정제는 사용자가 필요한 웹 로그 정보만을 얻는 과정이다. 만약 원하는 웹 로그의 정보가 사용자의 페이지 탐색 리스트라고 한다면, 웹 로그에서 필요 없는 그림이나 동영상 파일 등의 접근 기록을 제거한 웹 로그 정보만 얻는다. 사용자 구분은 웹 사이트에 접근한 사용자를 구별하는 과정이다. 웹 로그에 사용자 정보가 포함되도록 웹 서버를 수정하거나, 웹 사이트 내의 페이지에서 로그를 저장하도록 프로그래밍하기도 하고, 쿠키를 사용하는 등의 기법이 적용된다. 이러한 방법을 사용할 수 없다면 사용자 구분을 위해 IP 주소를 이용할 수밖에 없다. 그러나 하나의 IP 주소를 여러 사용자가 공유할 수 있고 여러 IP 주소를 통해 들어오는 사람이 한 사람일 가능성도 있기 때문에 IP 주소로 사용자를 구분하는 방식의 문제점들을 연구자는 인식하고 있어야 한다. 세션구분은 한 사용자가 주어진 사이트에 요청을 처음 시도해서 사이트를 떠날 때까지를 구분하는 작업이다. 세션보정은 웹 로그를 통해 세션을 구한 경우 클라이언트(사용자)의 캐시(cache) 때문에 실제 웹 사이트의 구조에서 생성될 수 없는 세션이 발생할 수 있는데 이를 보정하는 것이다. 트랜잭션은 세션에 의미를 부여한 사용자의 행위로 데이터 마이닝을 위한 기본 단위가 된다. 세션에서 트랜잭션을 구분하는 방법에는 세션과 트랜잭션을 동일하게 보는 기본적인 방법, 페이지를 참조한 길이(reference length)를 기반으로 한 방법, 사용자가 브라우저(browser)의 백 버튼을 클릭하기 전까지를 하나의 트랜잭션으로 보는 최대 전진 참조(maximal forward reference) 방법, 일정한 시간 윈도우를 적용한 타임 윈도우(time window) 방법 등이 있다. 이러한 전처리 과정을 통해 얻은 사용자 세션 정보를 바탕으로 다양한 데이터 마이닝 알고리즘을 통해 웹 이용 패턴을 분석할 수 있다. 연관규칙을 통해 사용자가 웹 사이트를 방문해서 함께 참조하는 페이지 정보를 얻을 수 있고, 군집 분석을 통해 방문패턴이 유사한 군집으로 사용자를 묶을 수 있으며 유사한 페이지로 군집할 수도 있다. 또한 웹 방문 패턴을 이용해 웹 사이트에 존재하는 경로 중에서 사용자가 가장 빈번하게 방문하는 웹 페이지 경로를 찾아주기도 한다. 이렇듯 웹상에서 발생한 정형화되지 않은 데이터를 크롤러로 통해 내려받고 정형화 데이터로 변환하여 데이터 마이닝 기법을 적용하는 것이 웹 마이닝이다.

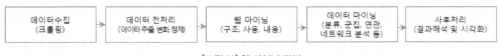

[그림 38] 웹 마이닝 과정

2. 소셜 웹 마이닝

소셜 웹 마이닝은 블로그, 트위터나 페이스북 등 소셜 네트워크와 위키피디아, 팟캐스트, 유튜브와 같은 콘텐츠 커뮤니티 등 사람들의 의견과 생각이 공유되는 다양한 소셜 미디어를 분석하는 방법론이다(Russell, 2013). 특히 소셜 미디어는 디지털 콘텐츠 생산자와 소비자가 통합되어 있기 때문에 사회문화적으로 다양한 의견 및 여론추이를 파악할 수 있는 많은 정보가 디지털 콘텐츠에 내포되어 있다. 이러한 이유로 많은 기업과 기관들이 상품 브랜드나 이미지에 대한 여론 동향을 파악해 의사결정을 지원하기 위한 목적으로 소셜 미디어 분석을 활발하게 사용하고 있다.

소셜 미디어 분석은 정보추출(information extraction)에 기반을 둔 콘텐츠 내용 분석과 소셜 미디어의 구조적 연관성을 분석하는 네트워크 분석으로 크게 구분할 수 있다.

정보추출은 웹 마이닝처럼 데이터 크롤링 방법을 통해 이뤄진다. 가장 먼저 URL이나 웹 로그를 통해서 트위터 아이디와 페이지 넘버 등을 추출한 후 웹 페이지에서 개별 트윗의 상세 내용을 가져온다. 다음으로 트윗 원본 작성자, 트윗 날짜, 리트윗 횟수, 리트윗한 계정들에 관한 정보를 추출해 낸다.

[그림 39] 트위터에서 정보추출 크롤링 과정

내용분석은 이슈를 탐지하기 위한 것이다. 먼저 소셜 웹이 폭발적으로 생산하는 빅데이터를 언어분석을 기반으로 단어나 속성 추출을 통해 이슈를 탐지한다. 그리고 시간 경과에 따라 유통되는 이슈의 전개과정을 확인하게 된다. 내용분석은 텍스트 마이닝 및 오피니언 마이닝과 같은 방식으로 진행되기 때문에 토픽에 대한 키워드의 버즈(buzz) 추이 및 감성분석(sentiment analysis)이 중심이 된다. [그림 40]은 소셜 웹의 내용분석 과정이다. 먼저 ① 소셜 웹에서 콘텐츠(텍스트)를 수집한다. 이때 중복, 스팸 등을 필터링한다. ② 수집된 콘텐츠를 문장 단위로 분리한 후 자연어 분석을 통해 형태소별로 분리한다. ③ 형태소에 개체명을 인식시킨다. ④ 개체간 의미관계를 분석한다. ⑤ 의미관계를 바탕으로 감성분석을 실시한다. ⑥ 이러한 결과를 이슈 중심으로 도메인을 분류한 후 다른 이슈와 연계시킨다.

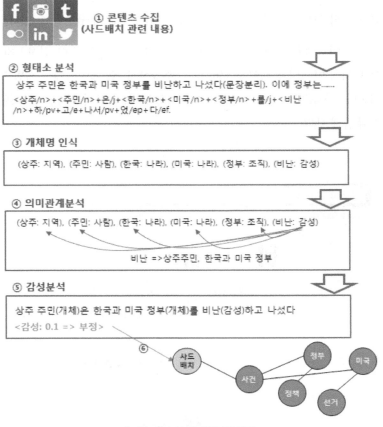

[그림 40] 소셜 웹 내용분석 과정

소셜 웹에서 유통되는 이슈들을 복합적으로 탐지하기도 한다. 이슈들의 버즈량에 대한 상관관계 분석을 통해 거시트랜드를 도출해 낼 수 있다. 이러한 복합이슈의 상관관계는 연관관계, 경쟁관계, 인과관계로 구분된다. 예를 들면, 올림픽 기간 중 올림픽이라는 이슈에 대한 버즈량과 맥주 판매량의 관계가 시간 추위에 따라 양의 상관관계를 갖는다면, 올림픽과 맥주는 연관관계가 된다. 애플의 특허 소송에 대한 버즈량과 삼성의 버즈량이 상관관계를 갖는다면 삼성과 애플이 서로 경쟁관계라는 것을 파악할 수 있다. 또한 담배값과 흡연량의 버즈량이 상관관계를 갖는다면 이는 인과관계로 이해할 수 있다. 이렇듯 이슈 간 상관관계를 사용함으로써 서로의 관계에 의미를 부여할 수 있다.

다음으로 트위터나 페이스북과 같은 소셜 미디어 플랫폼에서 사용자들 간의 콘텐츠 유통 및 확산 추이 분석을 위해 네트워크 분석이 자주 사용된다. 트위터 자료에서 영향력을 측정하고자 한다면 정보 네트워크가 필요하다. [그림 41]에서 확인할 수 있듯이 만약 팔로워(Follower) 수와 트윗(tweets) 수를 이용해 A와 B의 직접적인 관계를 단순히 측정한다면, A의 영향력은 그다지 크지 않은 것처럼 보인다. 하지만 B가 A의 트윗을 확산시킨다면 A의 영향력은 매우 커지게 된다. 따라서 트윗의 영향력의 관계는 주변 네트워크 형성에 의해 결정된다고 할 수 있다.

Follower #: 3,044
Tweet #: 2,345

Follower #: 2,000,0003
Tweet #: 46,000

[그림 41] 트위터 이용자의 관계

SNS의 대표격인 트위터를 대상으로 네트워크 구축 방법을 살펴보도록 하자. 트위터에서는 정보의 양을 나타내는 트윗, 리트윗, 댓글 등이 있고, 정보원을 의미하는 팔로잉-팔로워가 있다. 따라서 트위터는 정보의 흐름과 정보원의 관계를 네트워크로 구성할 수 있다.

[그림 42]의 첫 번째 그림은 정보 흐름의 관점에서 네트워크를 구성한 예이다. 원의 크기는 트윗의 양인 정보 생산량을 의미하고, 화살표 방향은 정보의 흐름을 나타낸다. 화살표의 두께는 정보 흐름의 양인 리트윗 수이다. 즉, A가 트윗수가 가장 많고 C가 A의 트윗을 가장 많이 리트윗한다는 것을 알 수 있다. 무엇보다 생산량은 A가 제일 많지만 B가 가장 많은 사람

들한테 리트윗을 하고 있어 정보 전달자 역할을 하고 있다. 두 번째 그림은 팔로잉과 팔로 워의 관계를 나타낸 네트워크이다. B는 A의 팔로워이며 A와 C는 서로 팔로잉과 팔로워의 관계이다. B가 팔로워를 가장 많이 가진 사용자라는 것을 알 수 있다. 다시 말하면 정보 흐름 네트워크는 외차수(Out-degree)가 중요한 정보를 주지만 사용자 관계 네트워크는 내차수(in-degree)가 중요한 역할을 하게 된다.

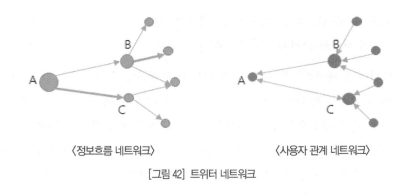

〈정보흐름 네트워크〉　　　　　　〈사용자 관계 네트워크〉

[그림 42] 트위터 네트워크

트위터 네트워크 분석의 주요 이슈는 누가 가장 중요한지 그리고 누가 가장 영향력이 있는 지를 찾아내는 것이다. 이는 트위터들의 행위에 의해 연결된 네트워크상에서 각자의 역할을 찾아내는 작업이라고 할 수 있다. 트위터들은 네트워크 분석에서 노드에 해당한다. 네트워크 분석에서 노드들의 역할은 중심성(centrality)에 의해 결정된다. 트위터의 경우 리트윗을 가장 많이 얻는 트위터가 가장 중요한 위치에 있다. 이는 네트워크 분석에서 내차수에 해당된다. [그림 43]에서 내차수가 가장 높은 A가 리트윗을 가장 많이 얻고 있어 트위터 네트워크 상황에서 가장 중요한 인물이라고 할 수 있다. 즉, 정보생산력이 가장 활발하다는 것이다. 하지만 중요하다고 해서 가장 영향력이 있는 것은 아니다. 트위터에서 가장 영향력이 있는 사람은 리트윗을 가장 많이 하는 사람에게 영향력을 미치는 사람이다. 네트워크 분석에서는 주변 노드의 차수까지 고려한 위계 중심성(eigenvector centrality)을 사용해 영향력을 파악한다. [그림 43]에서 가장 중요한 위치에 있는 A가 B로부터 정보를 얻고 있다. 따라서 B가 이 트윗 상황에서는 가장 영향력이 크다고 할 수 있다. 한편 정보흐름을 통제할 수 있는 사람도 매우 중요한 위치를 차지한다. 이는 네트워크 분석에서 매개중심성에 해당된다. 여기서 A는 영향력이 B보다 낮지만 A가 트윗을 하지 않으면 정보의 흐름이 가장 많은 사람들에게 차단되게 때문에 정보를 통제하는 위치에 있다고 할 수 있다.

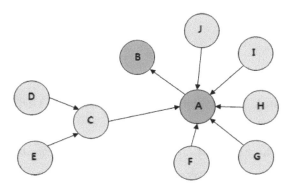

[그림 43] 트위터 이용자 네트워크 분석 예시

소셜 웹 마이닝

- 내용분석 : 웹·텍스트·오피니언 마이닝(버즈량, 키워드, 검색어, 연관어, 감성 분석)을 통해 이슈탐지 및 여론 파악과 추이를 예측
- 네트워크 분석: 소셜 네트워크 분석을 통해 정보의 흐름과 영향력자를 분석

참고문헌

최제영(2012). 스마트교육 환경에서의 빅데이터 동향, KERIS 이슈리포트, 한국교육학술정보원.

Breiman, L., Friedman, J. H., Olshen, R. A., and Stone, C. J. (1984). *Classification and Regression Trees*, Wadsworth, Belmont, CA.

Chakraborty, G., Pagolu, M., and Garla, S. (2014). *Text Mining and Analysis : Practical Methods, Examples, and Case Studies Using SAS*, SAS Institute.

Cooley, R., Mobasher, B., and Srivastava, J. (1999). Data preparation forming world wide web browsing patterns, *Knowledge and Information System*, 1(1), 123-132.

DeLaunay, D.(2010). Crossing the Bridges: Eulerian Graph Theory, http://cstem.uncc.edu/sites/cstem.uncc.edu/files/media/SV/2010/ME/Megan%20DeLaunay-%20Crossing%20the%20Bridge-%20Euler%27s%20Graph%20Theory.pdf

Esuli, A. & Sebastiani, F. (2006) "SentiWordNet: A publicly available lexical resource for opinion mining," in Proceedings of Language Resources and Evaluation(LREC).

Gorman, R. P. & Sejnowski, T. J. (1988). Analysis of Hidden Units in a Layered Network Trained to Classify Sonar Targets, *Neural Networks*, 1(1), 75-89.

Grabmeier J. & Rudolph A. (2002). Techniques of cluster algorithms in data mining, *Data Mining and Knowledge Discovery*, 6(4), 303-360.

Granovetter, M. S. (1973). The Strength of Weak Ties, *American Journal of Sociology*, 78(6), 1360-1380.

Huang, Z. (1998). Extensions to the k-means algorithm for clustering large data sets with categorical values, *Data Mining and Knowledge Discovery*, Vol. 2, 283-304.

Kass. G (1980). An exploratory technique for investigate large quantities of categorical data, *Applied Statistics*, Vol. 29, 119-129.

Lippmann, R. P. (1987). An introduction to computing with neural nets. *IEEE Acoustics Speech Signal Processing Magazine*, 4, 4-22.

Loh, W., Shih, Y. (1997). Split selection methods for classification trees, *Statistica Sinica*, Vol. 7, 165-168.

Milgram, S. (1967). The small world problem, *Psychology Today*, Vol. 1, 61-67.

Pandya, R. (2015). C5.0 Algorithm to Improved Decision Tree with Feature Selection and

Reduced Error Pruning, *International Journal of Computer Applications*, 117(16), 18-21.

Parmar, V. & Yadav, J. (2017). Big Data: Meaning, Challenges, Opportunities, Tools, *International Journal of Advanced Research in Computer Science*, 8(1), 165-168.

Rumelhart, D. E., Hinton, G. E., and Williams, R. J. (1986). Learning representations by back-propagating errors, *Nature*, 323, 533-536.

Russel, M. (2013). *Mining the Social Web Data Mining Facebook, Twitter, Linkedin, Google+, Github, and More*, O'Reily Media.

Schwarz, G. (1978), Estimating the dimension of a model, *The annual of Statistics*, 6(2), 461-464.

Tryon, R. C. (1939). *Cluster analysis*, London: Ann Arbor Edwards Bros, 139.

Yim, O. & Ramdeen, K. T. (2015). Hierarchical Cluster Analysis: Comparison of Three Linkage Measures and Application to Psychological Data, *The Quantitative Methods for Psychology*, 11(1), 8-21.

Zhang, C. & Zhang, S. (2002). *Association rule mining: models and algorithms*, Springer-Verlag Berlin, Heidelberg.

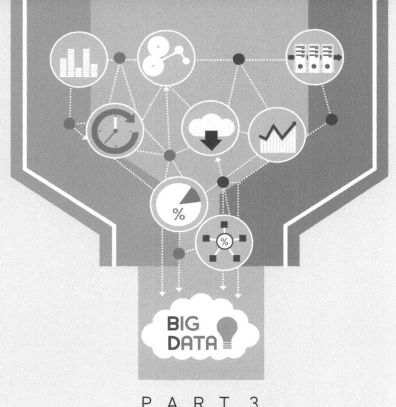

P A R T 3

미디어 빅데이터와 소셜네트워크분석 : 실전

CHAPTER 1

소셜네트워크분석(SNA) 이해

1. 빅데이터와 소셜네트워크분석

누구나 빅데이터에 대해 얘기하는 시대이다. 빅데이터 연구도 다양화되고 있으며 분석 방법도 하루가 다르게 발전하고 있다. 그러나 아직까지 빅데이터 자체를 분석적으로 이해하고 의미를 캐내는(마이닝하는) 일은 매우 어려운 작업이다. 특히 컴퓨터 프로그램에 익숙하지 않은 이들에게 빅데이터 분석은 거대한 장벽처럼 느껴질 수 있다. 그렇다고 빅데이터 분석을 어렵게만 느낄 필요는 없다. 가장 중요한 것은 어디서부터 시작해야 할지를 결정하는데 있다. 올바른 첫걸음을 내딛고 한걸음씩 따라가다 보면, 어렵게만 느껴지는 데이터마이닝과 텍스트마이닝, 나아가 빅데이터 분석의 과정이 하나씩 이해될 수 있다.

현재 시점에서 빅데이터 분석을 이해하는 가장 올바른 방향은 많은 이들에 의해 쌓여진 성과들을 따라가는 것이다. 이미 여러 분야의 많은 연구자들에 의해 다양한 빅데이터 분석 방법이 활용되고 있다. 미디어 분야에서도 최근 빅데이터 분석 방법을 활용한 연구들이 많아지고 있다. 이중에서 가장 활발히 활용되어지는 분석 방법은 데이터마이닝의 하나로 평가되는 '네트워크분석'(Network Analysis)이다. 최근 네트워크분석의 중요한 특징은 미디어의 발전, 더 정확히는 컴퓨터, 인터넷, 소셜미디어 등의 발전과 연관되면서 '소셜네트워크분석'(SNA, Social Network Analysis)이라는 영역으로 진화하고 있는 것이다. 더욱이 페이스북이나 트위터 등의 소셜미디어가 오픈 API를 제공하면서부터는 이른바 빅데이터와 연계되면서 폭넓게 활용되게 되었다. 사회적으로 거대한 영향력을 가진 소셜미디어가 소셜네트워크분석을 새롭게 조명받게 한 것이다.

이런 관점에서 3부에서는 소셜네트워크분석에 대한 실용적인 접근, 구체적으로는 소셜네트워크분석 방법을 실습하는데 초점을 맞추고자 한다. 그러나 소셜네트워크분석을 이해하기 위해서는 소셜미디어에 대한 깊이 있는 통찰이 선행되어야 한다. 소셜네트워크분석은 소셜미디어의 눈부신 진화를 전제로 발전한 방법이기 때문이다. 따라서 1장에서는 기존 미디어와 뚜렷한 차별성을 보이는 소셜미디어와 소셜네트워크분석에 대해 통찰적으로 접근하고, 2장에서는 소셜네크워크분석 방법을 실제적으로 실습해보며, 3장에서는 소셜네트워크분석 방법을 활용한 다양한 연구사례를 살펴보고자 한다.

2. 네트워크 시대와 소셜미디어

(1) 소셜미디어의 개념

우리가 소셜미디어를 이해하는데 있어 가장 혼란스러운 지점은 그 개념의 혼재성에 있다. 현재 우리가 사용하는 소셜미디어는 개념적으로 다양하게 정의된다. 좀 더 정확히는 소셜미디어, SNS, 소셜네트워크사이트(social network sites) 등의 용어가 혼재되어 사용된다. 즉 소셜미디어의 범주가 어디인지 하위 범주는 무엇인지 등이 보편적으로 규정되고 있지 않다. 이는 소셜미디어가 포함하고 있는 상호작용적 특성과 콘텐츠에 기인한다고 본다. 그러므로 소셜미디어를 이해하는 출발점은 그 개념을 명확히 정의하는데서 출발해야 한다.

소셜미디어는 "웹 2.0을 바탕으로 인터넷 기반의 애플리케이션 모음이며, 이용자가 콘텐츠를 생산 교환하게 하고, 소비자에 의해 만들어진 미디어"(Kaplan & Haenlein, 2010), "개인적이고 사회적인 네트워크를 형성하고, 네트워크 구성원 간의 효율적인 커뮤니케이션을 가능하게 하는 콘텐츠 생산 및 유통 시스템을 제공하는 온라인 서비스"(Boyd & Ellison, 2007)로 설명된다. 또 "사람들이 의견, 생각, 경험, 관점 등을 서로 공유하기 위해 사용하는 온라인 툴과 플랫폼"(최영·박성현, 2011; 김유정, 2012), "개개인의 주관적인 생각 또는 경험을 바탕으로 한 정보를 공유하고 재가공하는 등 '참여, 소통, 공유'를 기반으로 하는 뉴미디어"(김대호, 2014)로 정의되기도 한다. 즉 소셜미디어는 디지털 기술을 바탕으로 하는 콘텐츠의 생산과 사람들의 커뮤니케이션을 가능하게 하는 수단으로 인식된다. 또 하나의 개별 서비스가 아니라 여러 서비스를 아우르며, 블로그, 소셜네트워크사이트, 콘텐츠 커뮤니티, 팟캐스트, 포럼, 마이크로블로깅 등 복합적이고 다양한 미디어 서비스의 형태를 보인다.

그러나 소셜네트워크서비스, 즉 SNS는 다른 개념으로 설명된다. 이재신(2014)은 혼용되어 사용되고 있는 소셜미디어와 SNS가 동일한 의미를 지니지 않는다고 지적하면서 두 가지를 구분한다. 소셜미디어는 이용자들이 서로 상호작용하며 생산되는 정보를 제공하는 미디어 서비스를 의미하지만 SNS는 이용자들의 상호작용에 근거하여 정보가 생산된다는 점에서 소셜미디어의 한 종류라고 볼 수 있다는 것이다. 즉 소셜미디어는 포괄적인 의미이며, 소셜 미디어 중에서 정보 공유를 실천하면서 개인의 참여에 의한 사회적 상호 교류를 충족시키고 관계 맺기가 원활하도록 서비스를 제공하는 사이트 또는 시스템이 SNS인 것이다.

이런 관점에서 소셜미디어는 인터넷을 바탕으로 하는 커뮤니케이션 도구라는 개념을 벗어나 이용자 간의 상호작용을 통해 새로운 커뮤니케이션 패러다임을 만들어가고 있는 것으로 볼 수 있다. 그렇기에 기존 미디어와는 차별화되는 특성이 나타난다. 김대호(2014)는 소셜미디어의 특성을 맥락(context), 연결(connectivity), 협력(collaboration) 등의 3가지로 제시한다. 첫째는 맥락성이다. 소셜미디어는 어떤 소재가 맥락과 결합할 경우 이슈를 만들고 그것을 인지적 틀 속에서 이해하고 수용하게 되는데 결정적인 역할을 한다. 소셜미디어는 이 맥락적 사고와 결합하여 사회적 이슈를 만들고 전파하는데 중요한 역할을 한다. 실제 사실보다는 사람들이 어떻게 이슈를 만들고 확산하느냐 하는 것이 중요한 것이다. 결국 소셜미디어는 개인 미디어가 다양한 인터넷 미디어를 매개하고 이것이 네트워크를 통해 지속적으로 의미를 재생산하는 과정으로 나타나게 된다. 둘째는 연결이다. 소셜미디어가 급속히 확산되면서 네트워크는 신속한 전파와 막강한 파급력으로 사회적 영향력을 행사하고 있다. 소셜미디어는 사회 모든 분야에 걸쳐 연결되며, 거대한 네트워크를 통해 창출되는 지식 또한 매우 다양해지고 있다. 이 소셜미디어의 연결성을 바탕으로 경험 중심 커뮤니케이션의 가치가 강화된다. 소셜화는 인적 네트워크의 확장을 의미하며, 이는 단순히 지인 간의 인맥 관계의 양적 팽창이 아니라 경험 공유 기반의 확장을 의미한다는 것이다. 즉 소셜미디어는 인적 신뢰를 토대로 한 공유 네트워크이기 때문에 이용자는 그 자체가 네트워크 될 수 밖에 없다는 것이다. 셋째는 협력이다. 소셜미디어는 공적, 사적 영역에서 사회적 협력을 활성화하고 증진시킬 수 있는 기반을 가지고 있기 때문에, 소셜미디어를 협력을 위한 사회적 플랫폼으로 활용하려는 시도가 이루어지고 있다는 것이다.

맥락성, 연결성, 그리고 협력은 소셜미디어의 차별화되는 특성으로 설명될 수 있다. 그러나 무엇보다 소셜미디어가 가지는 차별성은 개인 이용자들의 소통 방식을 근본적으로 변화시켰다는데 있다. 소셜미디어는 개방형 플랫폼을 지향하며, 웹2.0의 개방, 참여, 공유의 이념과 철학을 가지고 있다. 이를 통해 이용자들의 상호접촉을 용이하게 하고, 효율성, 즉시성, 이동성 등을 바탕으로 사회적 관계를 형성한다. 소셜미디어는 그동안 미디어가 담당하였던 정보의 생산, 유통, 분배를 사회구성원으로서의 개인에게 넘어오게 하였다. 이제 누구나 정보의 생산자가 될 수 있고, 이를 전파할 수 있으며, 특정한 주제를 통해 누구와도 소통할 수 있게 되었다. 또 사회 구성원들의 자발적 참여와 동시적 피드백이 활성화되면서, 소셜 네트워크 구조 속에서 하나의 커뮤니티를 형성하게 되고 이를 통해 다른 사람들과의 관계 맺기, 정보의 생산과 유통 과정을 더욱 용이하게 만든다.

이러한 특성은 소셜미디어의 영향력을 더욱 확대시킨다. 소셜미디어는 개인이 이용하지만 그 효과가 매우 거시적이라는 특징이 있다(최영, 2013). 과거 미디어 이용이 미시적 차원의 단순한 행위였다면 소셜미디어 이용은 엄청난 파급 효과를 가진다는 것이다. 예를 들어 트위터를 통한 개인들의 의견 교환은 실제적 집단을 부상시키며 거시적 차원의 결과를 가져오기도 하였다. 최근 우리나라 정치 선거의 사례처럼 이전과는 다른 효과를 가져오는 경우가 발생하는 것이다. 즉 과거에는 잠재되어 있던 거대한 커뮤니티가 실존적으로 나타나는 결과를 가져오는 것이다. 이는 근본적으로 소셜미디어가 과거와는 뚜렷이 차별화되도록 개개인 이용자들의 커뮤니케이션 방식을 변화시켰기에 가능한 것이다.

(2) 소셜미디어의 진화와 확장

소셜미디어의 효시는 1997년 등장한 '식스디그리닷컴'(Six Digree.com)으로 본다. 그러나 본격적으로 소셜미디어로 평가받은 것은 2003년 8월 등장한 '마이스페이스'(Myspace)이다. 이후 2004년 2월 '페이스북'(facebook)이 서비스를 시작하게 된다. 초기에는 마이스페이스가 급격하게 가입자 수를 늘리며 지배적 위치를 가지게 되었다(이재신, 2014). 그러나 2007년을 기점으로 F8이라 불리는 API(Application Programming Interface)를 공개하면서 누구나 쉽게 페이스북용 프로그램을 개발할 수 있게 되었다. 페이스북의 API 공개는 소셜미디어의 발전에 중요한 계기를 마련한다. 페이스북 애플리케이션은 급격한 이용자 수 증가로 나타나게 되고, 마이스페이스보다 페이스북이 앞서게 되는 원인이 된다.

페이스북의 등장과 함께 2006년 7월 SNS인 '트위터'(twitter)가 등장하게 된다. 트위터의 가장 큰 특징은 한 번에 입력할 수 있는 트위터 메시지의 크기를 140자로 제한했다는 것이다. 트위터는 매우 작은 블로그를 의미하는 마이크로블로그로 불린다. 이는 트위터가 지향하는 바와 관련이 있다. 트위터가 등장할 당시 인터넷 이용자들이 가장 즐겨 사용하던 온라인 개인 서비스는 블로그였다. 그러나 기존 블로그는 이용에 있어 불편함이 있고 시간이 오래 걸렸다. 이런 단점을 극복하고자 트위터는 블로그에 오히려 글자 수를 제한하여 이용자들이 일상생활의 얘기를 쉽게 올릴 수 있도록 하였다. 이는 트위터 이용자들 간의 상호작용을 급격히 증가시켰으며, 2007년 인터페이스를 단순화하고 페이스북처럼 API를 공개하면서 소셜미디어로 자리잡게 된다.

우리나라에서도 소셜미디어의 효시로 불릴 수 있는 서비스들이 있었다. 인터넷이 확산되고 정착된 이후 등장한 아이러브스쿨과 싸이월드이다. 1999년 아이러브스쿨이라는 소셜네트 워크서비스가 등장하였고, 이후 1999년 9월 싸이월드도 소셜네트워크서비스를 표방하며 시작되었다. 특히 싸이월드는 2001년 미니홈피라는 개인 홈페이지를 도입하면서 본격적으 로 성장하게 된다. 그러나 아이러브스쿨은 곧 사라지게 되었고, 싸이월드도 해외의 소셜미 디어들에 의해 주도권을 내주는 결과를 가져오게 되었다. 우리나라의 소셜미디어가 성공하 지 못한 원인은 개방성에 있다. 페이스북과 트위터에서 가장 핵심적인 것은 오픈 API 정책 이었다. 이는 서비스 플랫폼을 개방한 것을 의미한다. 그러나 싸이월드 등은 폐쇄적 정책을 택함으로써 오히려 이용자 중심의 플랫폼을 외면한 결과를 가져오게 된 것이다.

현재 소셜미디어 생태계는 그 기능과 목적에 따라 매우 다양한 서비스가 공존하는 모습을 보이고 있다(최영, 2013). 문제는 현재 다양화되어 있는 소셜미디어가 어떻게 진화하여 갈 것 인지이다. 과연 지금과 같은 이용자 중심의 소셜미디어로 더욱 확장될 것인지 아니면 다 른 플랫폼에 의해 그 자리를 양보하게 될 지는 현재의 소셜미디어를 이해하는데 반드시 논 의되어야 할 사항이다. 송영조(2014)는 SNS의 진화를 이용자 관점에서 4가지로 구분하였 다. 첫째, 1세대 SNS는 오프라인 관계를 온라인으로 확장하였다. 아이러브스쿨과 싸이월드 에서 보는 것처럼 기존 인맥 관계를 강화하는 형태로 1세대 소셜네트워크서비스가 등장한 다. 동창, 친구 등의 오프라인의 사회관계를 온라인으로 표면화하고 소통하는 것이 목적이 었기에 1세대 SNS는 새로운 인맥을 만들기보다는 기존에 형성된 오프라인 인맥을 온라인으 로 연결하는 형태로 발전했다. 따라서 오프라인 관계가 중심적인 폐쇄적 성격의 서비스였 으며 제한적 데이터 분석만이 가능하였다.

둘째, 2세대 SNS는 불특정 다수 간의 참여와 공개를 특징으로 한다. 2세대 SNS는 참여, 개 방, 공유를 특징으로 하는 웹 2.0 정신을 반영한 서비스로, 콘텐츠를 중심으로 불특정 다수 간의 네트워크로 확장되었다. 단순한 오프라인 관계를 넘어서 콘텐츠 중심의 새로운 관계 가 만들어지며 콘텐츠가 확산되는 현상이 나타난다. 트위터와 페이스북이 대표적인 예이 다. 불특정 다수와의 관계 속에서 사람들이 자신이 좋아하는 콘텐츠를 중심으로 네트워킹 을 강화하고, 대용량 콘텐츠를 주고받을 수 있는 환경으로 변모함에 따라 2세대 SNS는 콘텐 츠 중심의 서비스로 등장하였다. 그러나 점차 사람들이 이해하고 접근할 수 있는 정보가 과 잉되고 유사 서비스가 범람하면서 이용자들의 피로도도 점차 증가하게 된다. 그 결과 이를 완화시키려는 큐레이션 서비스가 등장하기에 이른다.

셋째, 3세대 SNS는 큐레이션과 제한적 네트워크이다. 콘텐츠 생산과 소비를 용이하기 위해 큐레이션(curation),[1] 버티컬(vertical), 소셜웹(social web) 등이 등장한다. 유선에서 무선으로 인터넷 공간이 확산되고 현실 세계와 웹의 결합 등으로 웹 3.0 환경이 조성되고 있다.[2] 3세대 SNS는 커뮤니케이션을 기본으로 함과 동시에 더욱 가치있는 정보를 수집하고 더 많은 사람들과 가치를 공유하는 '디지털 큐레이션 서비스'이다. 정보의 생산주체와 유통채널의 증가로 인해 정보 필터링의 역할이 필요해지고 콘텐츠 생산과 소비의 용이성을 돕기 위한 큐레이션 서비스가 등장하는 것이다. 비슷한 취향을 가진 이용자들이 폐쇄된 네트워킹을 통해 콘텐츠를 공동으로 생산하고 유통하는 구조로 진화하는 것이다. 또 특정 주제를 중심으로 관심사를 공유하는 '버티컬 SNS'가 등장한다. 이는 대용량의 멀티미디어 송수신이 수월해지면서 주제별 서비스가 가능한 새로운 형태의 SNS이며, 개방형 커뮤니케이션이 가능한 페이스북이나 트위터와 달리 특정 관심 분야에 대해 특정 사용자 그룹만을 대상으로 하고 있다. 3세대 SNS는 '빅 플랫폼'에서 작은 단위의 '소셜 플랫폼'으로 이동함으로써, 파편화되지만 모두 연결된 생태계로 재편되는 것이 특징이다(송영조, 2014, 316쪽). 즉 과거 매스미디어가 일방적으로 '필요한 것'을 제시했다면 3세대는 서로 '원하는 것'을 제시한다.

소셜미디어의 진화와 확장은 사람과 사람을 연결하는 관계의 진화라 할 수 있다. 그 진화는 온라인으로 연결된 사람들을 개방적 혹은 제한적으로 공유하고 교환하며 의견을 제시하는 상호작용 형태로 진행되어왔다. 초기에는 '오프라인 관계를 온라인'으로 확장했다. 이후 '불특정 다수 간의 참여와 공개'로 확장되고 최근에는 특정 분야를 중심으로 하는 제한적 네트워크 서비스로 변모하고 있다. 소셜미디어는 이용자의 생각과 관점을 적극적으로 전파하며 특정 분야를 중심으로 확장되는 미디어로 발전하고 있다고 할 수 있다. 앞으로의 소셜미디어가 어떠한 방향으로 진화할지 알 수 없는 일이다. 그러나 인간의 관계성을 발전시키는 방향으로 점차 나아갈 것임은 예측 가능하다.

---

1) 큐레이션은 박물관이나 미술관에서 하듯이 SNS에서 유통되는 콘텐츠를 수집하고 편집하여 전시하는 역할을 한다. 포스퀘어(Foursquare)가 대표적인 큐레이션 서비스이다.
2) 웹 2.0과 웹 3.0의 차이는 상황인식과 개인 맞춤형 서비스의 가능 유무라고 할 수 있다. 웹 2.0이 데이터와 정보 중심의 상호작용이라면(정보적 연결성), 웹 3.0은 지식과 네트워크 중심의 데이터와 정보를 고객화하는 개인화 과정으로 이해된다(사회적 연결성). '우리' 보다는 '나'에게 적합한 정보와 지식을 제공하는데 초점을 맞추어 개인화, 추천, 상황인식 서비스가 중심이 된다. 따라서 정보의 선별과 가공이 중요해진다. 궁극적으로 정보와 사람을 모두 긴밀하게 연결하는 메타 웹, 유비쿼터스웹의 구현이 가능한 시대로 규정된다.

(3) 소셜미디어의 특징: '관계 맺기'와 네트워크화된 개인의 탄생

우리가 소셜미디어에 주목해야 하는 또 다른 이유는 소셜미디어가 보여주는 '관계 맺기'에 있다. 소셜미디어를 통한 이용자들의 복잡하고 거대한 관계 맺기를 보여주는 것은 소셜네트워크이다. 소셜미디어는 소셜네트워크를 활성화시키고, 이 과정에서 정보 확산을 촉진한다. 이러한 소셜네트워크의 빠른 정보 확산은 개개인의 상호작용을 촉진함으로써 사회적으로 큰 영향을 미치게 된다. 즉 소셜미디어는 개별 미디어나 서비스를 이용하는 개개인의 속성만이 아니라 개인과 개인이 연결됨으로써 형성되는 거대한 네트워크의 중요성이 강조될 수 밖에 없다.

소셜미디어를 구성하는 사회적 네트워크, 즉 소셜네트워크는 자율적이며 외부로부터 강제되지 않으며 이용자 자신의 필요에 따라 형성된다는 특성을 가진다. 즉 소셜미디어를 이용하는 과정에서 누구도 강제하지 않는 자연스럽게 형성되는 네트워크 구조를 가진다. 달리 말해 소셜네트워크는 구속적이거나 책임과 의무를 요구하지 않기 때문에 참여하는 이용자들의 상호작용적 행위를 극대화할 수 있는 토대를 가진다. 이러한 자율성은 개개인이 내재한 인간 관계의 지향 본능을 자극하고 충족시키는 것으로 평가된다.

최근의 소셜미디어 확산은 더욱 다양한 소셜네트워크의 형성을 가능하게 하였다. 소셜네트워크를 지배하는 규칙은 연결과 전염이다(최영, 2013). 연결을 통해 무언가가 흘러간다는 것이다. 네트워크분석의 6단계 이론처럼 3단계만 거치면 네트워크의 영향력이 주변에 미치게 된다. 어떤 이들은 소셜미디어 상의 네트워크의 전염성이 매우 강하다는 점을 강조한다. 소셜미디어의 네트워크를 분석하면, 1단계에서는 15%, 2단계에서는 10%, 3단계에서는 6%의 전염력을 보여주었다는 것이다. 실제로 15% 영향력은 거대한 네트워크 구조를 고려하면 상당한 수치라고 보인다.

소셜네트워크의 규칙은 크게 3가지로 설명된다(최영, 2013). 첫째, 네트워크는 우리 자신이 만들어낸다. 사람들은 자신의 소셜네트워크를 의도적이거나 무의식적으로 만들어낸다. 자신과 비슷한 사람들과 어울리는 것도 이러한 인적 네트워크의 구성을 의미한다. 둘째, 네트워크는 우리를 만든다. 우리 스스로 네트워크를 만들어내듯이 네트워크도 역으로 우리에게 영향을 미친다. 우리의 삶은 상당 부분 우리를 둘러싼 외부 사회 환경에 영향을 받는다. 사회적 환경에 우리가 길들여진다는 것이다. 물론 사회적 환경의 중심은 소셜네트워크라 할 수 있다. 소셜네트워크에 참여함으로서 사회적 이슈에 노출되고 이를 통해 우리를 둘러싼 환경을 인식하게 된다는 의미이다. 셋째, 네트워크에는 자체 생명력이 있다. 현상은 서로 연결된 전체 집단과 구조를 살펴야 파악될 수 있다. 네트워크는 명시적인 조정이나 명령 없이 네트워크 구성원 모두에게 공통으로 복잡한 행동을 하게 만든다. 이는 네트워크상의 개개인의 연결(관계 맺기)와 이를 통한 상호작용으로 발생한다. 그렇기에 소셜네트워크 자체가 가진 영향력 또는 힘을 발견할 수 있다.

그러나 소셜네트워크가 중요한 이유는 이를 통해 이용자 개개인이 변화하는데 있다. 이기홍(2014)은 소셜미디어 현상을 개인화로 설명한다. 관계성은 인터넷과 소셜미디어를 이해하는 키워드이자 기존의 인터넷과 소셜미디어를 구분하는 요소이다. 인터넷이 기관 또는 조직 중심으로 구조를 형성하여 정보를 유통했다면, 소셜미디어는 개별 이용자, 정확히는 개별 계정자들이 맺는 관계가 무한 확장 가능한 네트워크로 작동하면서 정보를 유통시킨다는 것이다. 무엇보다 소셜미디어는 정보 제공자가 대부분 개인이라는 것이다. 기존의 인터넷에서는 개인이 조직의 일부가 되어 동호회, 카페, 포털 등의 단위를 구성하여 비인격적으로 움직였다면, 소셜미디어의 계정은 개인 자격으로 사용하는 것이 보편적이다. 개인을 중심으로 네트워크가 구성되는 소셜미디어의 속성상 이용자들이 일차적으로 자신과 관계를 맺은 사람들에게만 발언하는 형식을 가진다. 즉 소셜미디어 시대의 개인화는 인터넷 시대의 그것과는 다르다는 것이다. 소셜미디어는 자발적이고 자유로운 방식으로 관계를 맺고 끊을 수 있는 유동적 네트워크를 형성하고 그것을 통해 정보를 유통시키기 때문에 개인화 경향은 더욱 확대될 수 밖에 없는 구조를 가진다. 이런 까닭에 소셜미디어가 인터넷과는 다른 새로운 허브(Herb) 역할을 할 수 있다는 전망도 나온다. 그러나 소셜미디어의 진화 과정을 고려하면 아직까지 소셜미디어가 허브로서의 역할을 할 수 있다고 단정지을 수는 없다.

개인화 논의들에서 나아가 관계 맺기로 이루어지는 소셜네트워크가 야기한 근본적 변화는 '네트워크화된 개인주의'(networked individualism)로 설명된다. 웰만(Wellman, 2002)은 커뮤니케이션 테크놀로지의 변화와 사회 구조 변화를 설명하면서, '네트워크화된 개인주의'를 지적한다. 과거에는 개인과 개인의 관계보다는 개인이 속한 집단 내, 또는 집단 간의 관계가 주요한 사회적 관계로 작용하였다. 그러나 인터넷의 발달과 함께 집단을 벗어난 개인과 개인 간의 관계 맺기가 확대되고, 모바일 시대로 접어들면서 집단을 규정하는 경계는 사라지고 개인 간의 연결이 강화된다는 것이다. 네트워크화된 개인 모델에서 네트워크의 주요 구성 단위는 집단이 아닌, 집단에 소속되지 않은 개인들이 된다. 집단 경계는 더 이상 네트워크 구조에 영향을 미치지 못한다. 집단의 의미는 약화되고 개인은 강화되지만 개인들 간의 연결망은 더욱 긴밀해진다. 집단적 동질성을 전제로 하는 대중이나 공중으로 설명되지 않는 현대적 의미의 집합적 개인들(Wellman, 2002)인 것이다. 요컨대 '네트워크화된 개인'은 소셜미디어로 이루어지는 관계 맺기에 바탕을 둔 커뮤니케이션이 중심이 되는 이용자를 의미한다.

(4) 소셜미디어의 의미: 진정한 '이용자' 중심의 미디어

현재의 소셜미디어가 우리에게 시사하는 바는 무엇일까? 이 질문에 명확한 답을 제시하기에는 아직 시기상조일지 모른다. 혹자는 소셜미디어로 인한 새로운 패러다임 등장, 이에 따른 개인, 조직, 기업, 국가 등의 다양한 차원의 변화를 강조할 것이며, 누군가는 온라인 콘텐츠의 생산, 소비, 유통 방식을 크게 변화시키면서 온라인 서비스 시장을 확대 한다는 주장을 하기도 할 것이다. 또 소셜미디어가 이용자들의 일상생활의 한 부분이며, 관계와 소통 양식을 크게 변화시켰다는 주장도 가능할 것이다. 더 나아가 소셜미디어로 인해 정체성이 해체되고, 지위는 민주화되고, 권력은 분산된다(최영, 2013, 48쪽)고 주장할 수도 있다.

그러나 소셜미디어의 함의를 논의하는데 있어 가장 중요한 점은 새로운 혁명적인 미디어라는 사실이 아니라 그 미디어가 가진 본질을 이해하는 것이다. 소셜미디어의 본질을 고려하면 우리는 소셜미디어의 의미를 몇 가지로 정리할 수 있을 것이다. 첫째로 우리가 주목해야 할 것은 소셜미디어가 기존 미디어의 지형을 크게 변화시키고 있다는 점이다. 매스미디어 뿐만 아니라 인터넷 미디어 중심의 미디어 환경은 이제 과거의 일이 되어가고 있다. 현재의 미디어 환경은 소셜미디어를 중심으로 빠르게 변화하고 있다. 이로 인해 기존 미디어의 콘텐츠 지형도 변화하고 있다(김대호, 2014). 소셜미디어를 활용하여 기존 방송 콘텐츠에 시청자 참여를 높여가는 '소셜 콘텐츠'가 대표적인 사례이다. 소셜 콘텐츠는 소셜미디어를 활용하여 미디어 이용자들이 적극적으로 콘텐츠의 생산자 역할을 함으로써 방송 콘텐츠 생산에 주도적으로 참여할 수 있도록 하는 방식을 말한다. 즉 소셜미디어의 네트워킹 기능을 적극적으로 방송 콘텐츠에 반영하여 시청자들이 콘텐츠 제작에 참여하게 하며 콘텐츠의 지형을 확대하는 것이다(김민하, 2011). 모바일 디바이스를 중심으로 진행되고 있는 '인터넷의 소셜화'도 우리가 주목해야 할 변화이다. 인터넷이 소셜미디어와 연계되면서 생산자 중심의 인터넷 환경이 이용자 중심으로 근본적 변화의 과정에 있는 것이다. 하지만 소셜미디어가 절대적인 진리는 아닐 것이다. 소셜미디어도 언젠가는 새로운 미디어로 대체될 것이다. 인터넷이 대중화된 1990년대 중후반부터 다양한 커뮤니케이션 양식이 변화와 진화를 거듭해 온 사실을 염두에 두면 또 다른 미디어가 등장하는 것은 자연스러운 결과이다.

둘째로 우리는 소셜미디어의 본질이 상호작용을 바탕으로 하는 관계 맺기에 있다는 점을 항상 인식해야 한다. 위에서 언급한 것처럼 소셜미디어가 가진 가장 큰 장점은 '관계 맺기를 통한 소셜네트워크 현상'을 보여준다는 점이다. 관계 맺기가 형성하는 소셜네트워크는 그 자체로 소셜미디어의 본질을 설명하는 핵심 개념이며, 분석을 위한 중요한 자원이 되고 있다. 그러나 소셜미디어가 새로운 사람을 만나고 관계를 확장하기 위한 완벽한 도구가 아니라는 주장은 유효하다. 아직도 많은 이용자들이 사생활 노출을 우려하고 있고, 다양한 집단이나 계층의 사람들과 폭넓은 관계를 맺기보다는 일부의 사람들과 관계를 맺으려는 사람들에게 소셜미디어는 제한적일 것이다. 그럼에도 불구하고 소셜미디어의 관계 맺기가 보여주는 소셜네트워크는 사회구조적 측면, 또는 개개인의 행위 측면, 네트워크 구조에 대한 분석적 측면에서도 매우 중요한 것으로 보인다.

마지막으로 우리가 주목해야 할 것은 소셜미디어가 이용자 중심의 미디어라는 것이다. 상호작용성을 바탕으로 하는 소셜미디어의 관계 맺기는 이용자 개인이 중심을 이루는 소셜네트워크를 형성한다. 이러한 네트워크에서는 이용자의 행위가 가장 중요하기 때문에 이용자들의 소통 방식은 변화되고 이용자 개개인의 근본적 변화 양상이 나타난다. 이를 디지털 군중(Digital Crowds)이나 유력자(influentials)로 설명하기도 한다. 디지털 군중은 디지털 정보기기와 실시간 통신을 활용하는 군중, 엄청난 양의 지식과 정보를 생산해내고 개인의 생각들을 실시간으로 주고받으며 여론을 만들어내는 집합체를 의미한다. 이 과정에서 집단지성이 나타난다. 집단 지성은 집단이 가지는 지적 능력을 일컬으며, 어디에나 분포하며, 지속적으로 가치가 부여되고 실시간으로 조정되며, 실제적 역량으로 동원되는 지성을 의미한다(Levy, 1994). 또 소셜미디어 상에서는 유력자가 나타나게 된다. 커뮤니케이션이나 기술 혁신 및 정보 확산의 과정에서 영향력을 발휘하는 유력자들은 오피니언리더, 프로슈머 등 다양한 개념과 명칭으로 다루어져 왔다. 소셜미디어 상에서도 이에 못지않은 영향력을 가지는 이들이 나타나게 된다. 트위터 상의 셀러브리티(celebrity, 미디어의 주목을 받으며 널리 알려진 사람)가 대표적이다. 유력자는 필연적으로 이들과 연결되는 추종자가 존재한다.

그렇지만 디지털 군중이나 유력자는 소셜미디어 상의 이용자 변화 양상을 설명하는데 부족함이 있다. 오히려 이를 설명하는데는 '네트워화된 개인'이 더욱 타당해 보인다. 소셜미디어의 등장으로 이질적이지만 긴밀히 연결된 개인, 진정한 의미에서의 '네트워크화된 개인'이 나타나고 있는 것이다. 결론적으로 이용자 중심의 소셜미디어는 기존의 수용자 관점에 대한 변화된 시각을 요구할 것이며, 앞으로의 소셜미디어는 어느 미디어보다 이용자가 중심이 되는, 보다 인간적인 미디어로 진화해 갈 것이다.

3. 소셜네트워크분석

(1) 소셜네트워크분석 연구

소셜미디어, 또는 소셜미디어의 관계 맺기가 형성하는 소셜네트워크를 설명하기 위해서는 네트워크 구조를 어떻게 분석적으로 이해할지가 선행되어야 한다. 소셜네트워크는 관계적 인간관에 입각하여 인간 행위와 사회 구조의 효과를 설명하려는 것이다. 소셜네트워크는 각각의 사람(이용자)를 노드(node)로 표현하고 두 사람 사이의 상호작용을 라인(line)으로 표현한 구조를 가진다(Wasserman & Faust, 1994). 또 소셜네트워크는 인맥망과 메시지가 결합된 구조가 그 본질로 지적되기도 한다(최준호, 2014).

소셜네트워크분석은 네트워크 구조 상에서 사람들 사이의 사회적 관계성의 형태나 사회적 연결(social linkage) 패턴을 분석함으로써 사회적 관계로 성립된 구조의 의미를 분석한다 (Mitchell, 1962, p.2). 여기서 관계성은 상호작용을 의미하게 되며, 개별적 속성이 아니라 분석 단위 사이의 상호작용이 소셜네트워크분석의 대상이 된다. 따라서 소셜네트워크분석 방법론은 속성(property)이 아닌 관계(relationship)를 분석하는 기본적 측정 지표와 표준화 된 척도를 제공하게 된다(Babarasi, 2002; Barnett, Danowski, & Richards, 1993).

현재의 소셜미디어가 등장하기 전부터 연구자들은 오랫동안 소셜네트워크분석 연구를 진 행하였다(이재신, 2014, 66쪽). 소셜네트워크분석은 자연과학에서 복잡계 연구의 일환으로 시도되었으나, 사회과학에서는 사회 구조를 해석하는 방법으로 발전했다. 1930년대 모레노 (Moreno)가 소셜네트워크분석 방법을 처음으로 소개한 이후, 관련 연구가 활발하게 이루어 졌다. 이후 알막(Almark, 1992), 웰만(Wellman, 1988) 등의 학자들이 소셜네트워크가 유사 한 사람들의 집합이라는 것을 증명했으며, 다른 학자들에 의해 관찰과 측정 방법들이 제시 되면서 소셜네트워크 연구의 기본적 틀이 갖추어지게 되었다. 개인의 소셜네트워크를 측정 하는 방법, 오류를 줄이는 방법, 분석을 통해 네트워크의 특징을 알아내는 방법들이 개발되 었다. 물론 이들 연구에서의 대상은 사회학을 중심으로 오프라인 상의 사회적 네트워크를 의미한다.

컴퓨터가 등장하면서 소셜네트워크분석 연구는 이전과는 다른 시각에서 발전하게 된다. 방 대한 데이터와 행렬 계산이 가능해지면서 소셜네트워크분석이 새로운 전기를 맞이하게 된 것이다. 더욱이 인터넷이 등장하게 되면서, 다양한 학문 분야에서 소셜네트워크 개념에 관 심을 가지게 되었다. 인터넷으로 인해 물리적, 지역적 한계가 극복되면서 누구나 온라인 상 에서 관계를 형성할 수 있었기 때문이다. 연구자들은 점차 인터넷에서 맺어지는 인간 관계에 관심을 가지게 되었다. 이 과정에서 커뮤니케이션학자들이 소셜네트워크분석 연구에 합류한다. 이들은 온라인 소셜네트워크, 커뮤니티와 대인커뮤니케이션 네트워크의 차이점 등을 분석하거나, 특정 정보가 어떠한 경로를 통해 확산, 유통되는가를 탐구해왔다. 하지만 무엇보다 소셜네트워크분석이 전환점을 맞이하게 된 계기는 오픈 API를 제공하는 페이스북이나 트위터 등의 소셜미디어가 등장한 이후부터라고 할 수 있다. 이때부터 소셜네트워크분석은 다양한 학제적 연구의 관심 대상이 되었으며, 커뮤니케이션학 뿐만 아니라 다양한 학문 분야에도 유용한 방법론이 되었다.

요컨대 소셜미디어의 확산과 함께 네트워크화된 사회 구조를 파악하기 위해서 다시금 네트워크 분석이 주목받게 된 것이다. 초창기 네트워크 분석을 활용한 여러 연구들은 행위자들을 중심으로 네트워크를 파악하는 탐색적 수준의 연구에 머무르고 있었다. 그러나 소셜네트워크분석은 사회의 시스템 구조를 각기 다른 행위자들(nodes) 간의 '관계'(relations)와 '흐름'(flows)의 형태로 측정하고(measuring) 시각화(mapping)해 살펴본다(Wasserman & Faust, 1994). 즉 행위자들 간의 지속적인 상호작용은 하나의 네트워크를 형성하게 되며, 따라서 관계성을 가진 네트워크 구조를 살피고자 하는 것이다. 특히 소셜네트워크분석에서는 두 가지 관점에서 네트워크 구조를 살피게 된다(박지영 외, 2013). 네트워크 구조 내에서 행위자가 어떤 '위치'에 자리해 있는지, 특정 현상의 네트워크 '구조'가 어떤 형태를 띄고 있는지를 분석해 개별적인 행위자들이 갖는 기회 혹은 제약을 파악하게 된다(Wasserman & Faust, 1994).

(2) 소셜네트워크분석과 의미연결망분석

소셜네트워크분석을 위해서는 네트워크로 형성된 관계성에 대한 측정과 척도가 필요하다. 네트워크 분석은 행위자를 점(node, vertex)으로 행위자들 간의 관계를 선(line, edge)로 표현함으로서 행위자들 간의 연결 관계를 그래프로 시각화한다. 즉 소셜네트워크분석은 네트워크상에 존재하는 어떤 노드 간의 "연결의 무리들(collections of connections)을 계산해내고 시각화하고 모델화하는 것"을 뜻한다(Hansen, Shneiderman & Smith, 2011, p.31).

소셜네트워크분석은 신문기사 등의 텍스트나 내용을 분석하는데 활용되는 의미연결망분석(semantic network analysis)과 연관지어 설명되기도 한다.[3] 그러나 소셜네트워크분석과 의

---

3) 의미연결망 분석은 네트워크분석 방법을 통해 미디어 텍스트의 특성을 분석할 수 있기 때문에 미디어

미연결망분석에는 공통점과 차이점이 있다. 공통점은 점과 선으로 구성된 그래프를 시각화한다는 점, 동일한 분석프로그램을 활용한다는 점 등이다. 차이점은 분석대상과 목적이 다르다는 점이다. 즉 소셜네트워크분석은 사회관계를 파악하는 것이고 의미연결망분석은 단어 간 연결관계를 통해 텍스트의 의미를 찾아내는 것이다. 소셜네트워크분석에서 점은 개인, 집단, 국가 등의 사회구성 요소들이지만 의미연결망분석에서는 단어가 점이 된다. 또 소셜네트워크분석에서 선은 각 노드의 관계를 표현하지만 의미연결망분석에서 선은 두 단어 간의 연결관계의 특성만을 나타내며, 비대칭성 혹은 방향성있는 연결관계는 없다. 선이 나타내는 관계성도 두 단어가 의미적으로 가깝게 연결되느냐 멀리 떨어져 있느냐만을 나타낸다.

즉 의미연결망분석은 언어로 된 텍스트로부터 의미를 나타낼만한 개념을 단어의 형태로 추출하고, 그들 간의 동시출현과 같은 연관관계를 토대로 네트워크를 구성하여, 텍스트의 의미적 내용을 분석하는 네트워크 기반의 내용분석 방법이다(이수상, 2014). 따라서 의미연결망분석은 기존 소셜네트워크분석을 위해 개발된 각종 분석기법들을 활용하여 언어 텍스트의 구체적 특성을 분석하게 된다. 또 의미연결망분석은 텍스트에서 선정한 키워드들을 이용하여 의미연결망을 구성하는 과정(텍스트 수집→키워드 선정→키워드 간 관계 파악→의미연결망 구성)과 의미연결망의 특성을 분석하고 해석하는 과정(의미연결망의 특성 분석)으로 구분된다.

(3) 소셜네트워크분석 기법과 지표

1) 기본 단위

소셜네트워크분석을 이해하는 출발점은 점과 선이다. 점은 노드(node) 혹은 버텍스(vertex)라고 하며, 선은 라인(line) 혹은 엣지(edge)라고 한다. 노드는 기본 분석단위이며, 라인은 분석 단위들의 관계를 보여준다(조성은, 2012). 노드는 사람일 수도 있지만 어떤 개념이나 용어, 문서(웹페이지) 등 전자적 끈(electronic link)으로 연결될 수 있는 네트워크상의 어떤 지점을 의미한다. 예를 들어 트위터의 경우 각 계정 이용자가(혹은 계정 프로필)이 노드가

빅데이터 분석 영역에서도 널리 활용된다. 미디어 빅데이터 분석에서 언어 텍스트를 추출하는 방법은 주로 Textom(온라인 데이터를 자동 수집, 정제, 생산하는 데이터처리솔루션), KrKwic(메시지 내 단어 간의 빈도수를 분석하여 행렬 데이터를 구성하는 소프트웨어), R(통계 기반 프로그래밍 언어 소프트웨어), Python(프로그래밍 언어 소프트웨어), NewsSource(뉴스기사를 자연어 처리를 통해 정형화된 데이터로 변환해 시각화하는 소프트웨어) 등이 사용되고 있다.

되며, 트위터의 팔로잉/팔로어 관계가 라인이 되며 어떤 메시지를 리트윗한 사람들의 관계를 라인으로 나타낼 수도 있다. 일반적으로 노드는 분석단위로서 연구목적에 따라 다양한 사회 요인으로 정의하며, 라인은 방향성이 있는 비대칭형과 방향성이 없는 대칭형으로 구분한다. 트위터의 관계는 방향성이 있는 비대칭형 연결 관계이며, 페이스북의 관계는 방향성이 없는 대칭형 연결 관계이다. 소셜네트워크분석에서는 노드 크기(노드 수가 많을수록 두껍게 나타낸다)와 라인의 크기(관계가 많을수록 두껍게 나타낸다) 등의 속성을 부여하여 그래프로 구성할 수 있다. 즉 소셜네트워크분석은 노드들의 네트워크 구조가 주는 정보를 해석하는 작업이다.

2) 기본 지표

소셜네트워크분석에서는 노드와 라인으로 구성된 네트워크를 이해하기 위해서 또는 의미 있는 사회관계나 구조를 살펴보기 위해서 몇 가지 중요한 지표(index)를 활용해야 한다. 첫째는 연결정도(degree)이다. 연결정도는 한 노드가 직접적으로 연결관계를 맺는 다른 노드의 수를 말한다(조성은, 2012). 예를 들어 페이스북에서 10명과 친구관계를 맺고 있다면 나의 연결정도는 10이 된다. 둘째는 밀도(density)이다. 밀도는 해당 네트워크에서 노드 간 관계가 얼마나 밀집되어 있는가를 나타내는 지표이다. 밀도는 노드 간의 연결 밀도를 나타내는 것으로 실제 연결된 수(ties)를 연결 가능한 전체 연결 수로 나눈 값이다. 밀도가 높다는 것은 노드들이 상호 촘촘히 연결되어 있다는 것이다. 하지만 밀도는 노드의 수에 의존하는 경향이 크기 때문에 실제 행위자들의 연결정도가 특정 노드에 몰리는 정도를 나타내는 집중도(centralization)의 개념을 재해석해야 한다(정영호 · 강남준, 2010, 330~331쪽). 밀도는 연결 관계의 수를 추론하는 평균 개념인데 반해 연결정도, 근접, 매개 집중도 등은 분산의 개념을 가지고 있다. 즉 집중도는 한 행위자가 중심적이지만 나머지 행위자들은 중심에 있지 않다는 것을 보여주는 지표로 불평등의 정도 뿐만 아니라 불평등의 형태까지도 보여줄 수 있다는 것이다.

셋째는 중심성(centrality)이다. 중심성은 시각화한 네트워크에서 어떤 노드가 그 네트워크의 중심에 있는지를 파악하기 위한 지표이다(정영호 · 강남준, 2010; 조성은, 2012). 즉 한 행위자가 전체 네트워크에서 중심에 위치하는 정도를 표현한다. 누가 그 네트워크의 중심에 있느냐를 확인하는 것은 구조적 특성을 이해하는 중요한 지표이다. 중심성은 4가지 유형으로 분류한다(조성은, 2012). 첫 번째로는 연결정도 중심성(degree centrality)으로, 전체 네트워크에서 한 노드의 연결정도 순위이다. 연결정도가 많으면 많을수록 연결정도 중심성이 높게 나타난다. 밀도가 전체 네트워크가 얼마나 촘촘한지 혹은 느슨한지를 보여주는 값이라면, 연결정도 중심성은 한 노드가 전체 네트워크와 비교해서 얼마나 많은 연결정도를 가지는지를 나타내주는 값이다. 두 번째로는 근접 중심성(closeness centrality)으로, 한 노드가 다른 노드와 얼마나 가깝게 있는가를 나타내는 지표이다. 다른 노드와 가깝게 위치한 노드일수록 근접 중심성이 높다. 사회적(개념적) 거리가 가깝다는 것으로 당장은 직접적 연결 관계가 없지만 언제든 쉽게 관계를 맺을 수 있는 노드들이 주변에 많은 지를 나타내주는 값이다. 세 번째로는 매개 중심성(between centrality)으로, 다른 노드들과의 네트워크에서 중재자 혹은 다리(bridge) 역할을 하는 정도를 나타낸다. 한 노드가 다른 노드들의 중재자 혹은 다리 역할을 한다면 이러한 위치에 있을수록 매개 중심성이 높게 나타난다. 마지막으로는 위세 중심성(eigenvector centrality)으로, 영향력 있는 노드와 많이 연결될수록 높게 나타나며 다른 노드들이 한 노드에 미치는 영향력 정도에 따라 결정된다. 하지만 주변 노드들의 영향력이 해당 노드에 부정적 영향을 미친다면 위세 중심성은 오히려 줄어들게 된다.

3) 기타

소셜네트워크분석에서 해석을 위한 추가적 개념은 구조적 등위성(structural equivalence)과 구조적 틈새(structural hole)이다(조성은, 2012). 연결정도, 밀도, 중심성이 직접적 연결 관계를 가정한 개념이라면, 구조적 등위성은 직접적 연결 관계는 없지만 동일한 관계 유형을 가지는 노드들을 통해 사회구조를 파악하는 개념이다. 구조적 틈새는 노드들이 어떤 특정 노드를 거쳐야만 다른 위치에 있는 노드들과 연결되는 경우를 의미한다. 이외에도 네트워크상의 총 노드 수 중에서 실제로 연결 관계가 존재하는 노드 수가 차지하는 비율인 포괄성(inclusiveness), 방향성을 가지는 네트워크 상에서 2개 노드 간의 상호적 연결(쌍방향 연결)이 차지하고 있는 비율인 상호성(reciprocity), 네트워크 상에서 특정 부분의 노드들이 밀접하게 연결되어 다른 부분보다 네트워크 밀도가 높아지는 현상인 군집화(clustering)와 군집화의 정도를 나타내는 군집화 계수(clustering coefficient) 등의 지표들이 활용된다.

소셜네트워크분석은 현재 사회적으로 유용하게 활용할 수 있는 측정과 지표를 제시하고 있다. 최근에는 소셜네트워크분석에서 메시지 전파의 효율성에 대한 새로운 개념화와 측정 지표를 개발하고 있으며, 그 활용가능성도 높아지고 있다. 소셜네트워크가 플랫폼화 되면서 개방 API를 활용한 데이터마이닝 고도화가 가능해졌기 때문이다(최준호, 2014). 그러나 아직은 기초 지표만 활용되고 있기 때문에 분석의 한계점을 가진다. 향후 소셜네트워크분석이 발전할수록 다양한 측정과 지표 개발이 이루어 질 것으로 보인다.

CHAPTER 2

소셜네트워크분석(SNA) 실습[4]

1. 소셜네트워크분석 소프트웨어

(1) UCINET

UCINET은 소셜네트워크분석에 대한 종합적 분석을 제공하는 소프트웨어로 프리만(Freeman, L)에 의해 개발되었다. UCINET은 중심성(centrality), 자아중심 네트워크(ego-centric network), 하위집단(sub-group) 등 네트워크분석을 위한 다양한 분석 기능을 제공한다. 특히 데이터의 변환이 가능한 프로그램이라는 장점이 있으며, 시각화 기능도 활용도가 높다. UCINET은 홈페이지(http://www.analytictech.com)에서 트라이얼 버전(60일 평가판)을 다운로드받아 사용할 수 있으며, 정식버전은 구매 후 사용가능하다.

---

4) 제2장은 소셜네트워크분석 및 NodeXL 프로그램과 관련된 여러 문헌을 참고하여 작성하였다. 참고한 문헌은 '노드엑셀코리아 (2015). 〈NodeXL 따라잡기〉. 패러다임북', '함형건 (2015). 〈데이터분석과 저널리즘〉. 컴원미디어', 'Hansen, D., Shneiderman, B., & Smith, M. (2011). *Analyzing Social Media Networks with NodeXL*. NewYork: Elsevier' 등이다.

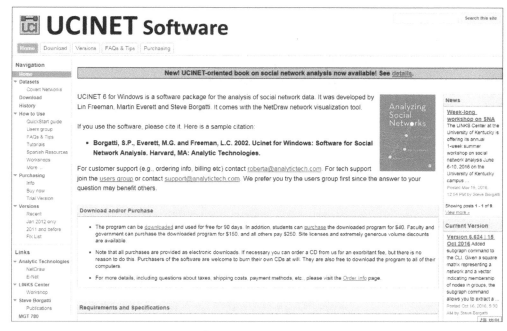

[그림 1] UCINET 홈페이지

(2) Pajek

Pajek은 네트워크분석과 시각화 기능을 제공하는 무료 소프트웨어로 바타겔리(Batageli, V)와 무르바(Mrvar, A)에 의해 개발되었다. Pajek은 노드의 수가 10,000개에 이르는 대규모 네트워크 분석이 가능하고 유용한 시각화 기능을 가지고 있다. 또 분석단계별로 분석 결과를 확인할 수 있고, 이전 분석 단계로 쉽게 되돌아 갈 수 있는 기능을 제공한다. 포토샵 등의 그래픽 프로그램과 호환성이 높아 시각화 결과물을 고해상도 그래픽으로 변환할 수 있다. Pajek은 홈페이지(http://mrvar. fdv.uni-lj.si/pajek)에서 무료로 다운로드하여 사용할 수 있다.

[그림 2] Pajek 홈페이지

(3) NetMiner

NetMiner는 여러 소프트웨어의 장점들을 통합한 소셜네트워크분석 도구로 국내 기업인 사이람(cyram)에 의해 개발되었다. NetMiner는 분석된 결과물을 프로젝트별로 관리하며, 각각의 네트워크분석 지표별로 시각화 기능을 제공한다. 또 개발된 이후 그래프 마이닝 기법, 통계분석 기법, 기계학습 기법 등이 추가되면서 방법론적 측면에서 활용도가 넓다. 구매가 필요한 상용 프로그램이다.

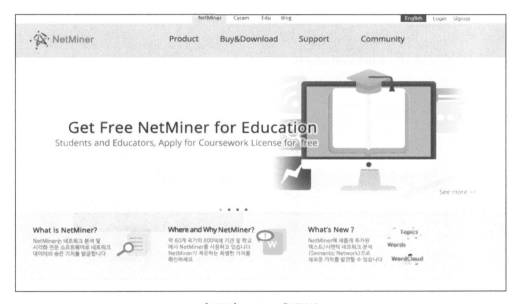

[그림 3] NetMiner 홈페이지

(4) Gephi

Gephi는 네트워크 시각화 기능이 뛰어난 무료 소프트웨어로 여러 개발자들에 의해 2008년 공개되었다. 개발 이후 지속적인 업그레이드 및 개선이 이루어지고 있다. Gephi는 소셜네트워크분석을 포함하여 모든 종류의 복잡계 네트워크 분석에 적합하도록 설계되었으며, 최대 100만개 노드까지 분석이 가능하다. Gephi는 홈페이지(http://gephi.org)에서 무료로 다운로드하여 사용할 수 있다.

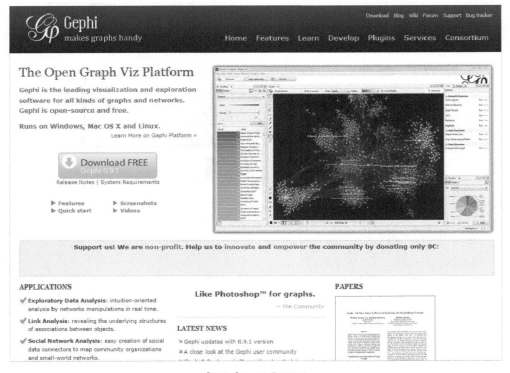

[그림 4] Gephi 홈페이지

(5) NodeXL

NodeXL은 Microsoft Excel 프로그램에 플러그인(plug-in) 형태로 결합되어 구동되는 소셜네트워크분석 도구로 소셜미디어연구재단(Social Media Research Foundation)에 의해 개발되었다. NodeXL은 프로그래밍 경험이 거의 없는 일반 사용자들도 다양한 종류의 네트워크 데이터를 수집, 분석, 시각화할 수 있다. 특히 Facebook과 Twitter 같은 소셜미디어 데이터를 수집, 분석하고 시각화하는데 특화된 프로그램이다. 현재까지 지속적인 업데이트와 개선이 이루어지고 있다. NodeXL Basic 버전은 무료로 사용할 수 있으나, 다양한 기능을 사용할 수 있는 NodeXL Pro 버전은 구매가 필요하다.

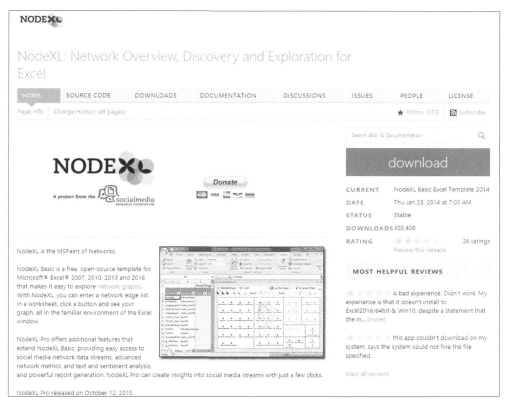

[그림 5] NodeXL 홈페이지

2장에서는 여러 소셜네트워크분석 도구 중에서 NodeXL 프로그램을 활용하여 실습해본다. NodeXL은 Excel에 결합하여 실행되기 때문에 네트워크분석을 처음 접하는 사용자들에게 익숙하며, 소셜미디어 데이터를 수집, 분석, 시각화할 수 있다는 장점을 가지고 있기 때문이다.5)

---

5) NodeXL의 장점은 다음의 "NodeXL 소개 및 설치"에서 보다 자세히 설명한다.

2. NodeXL 소개 및 설치

(1) NodeXL??

NodeXL(Network, Overview, Discovery, and Exploration for Excel)은 소셜미디어연구재단(Social Media Research Foundation)에서 개발된 소셜네트워크분석 소프트웨어로 현재 여러 기관과의 협력을 통해 운영 및 관리되고 있다. NodeXL은 개발된 이후 업그레이드를 통해 네트워크 지표 계산 속도, 분석 가능 데이터 규모 확대, 새로운 시각화 알고리즘 기능 등이 추가되고 있다. 프로그램이 안정화되면서 네트워크 데이터를 통해 다양하고 의미있는 결과를 얻고자 하는 사용자들에게 매우 유용하다.

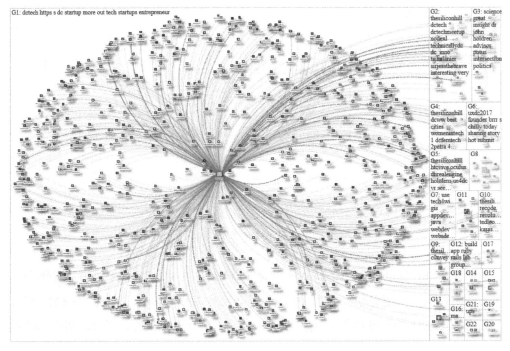

[그림 6] NodeXL 활용한 네트워크 시각화 예시

NodeXL은 공식 홈페이지(http://nodexl.codeplex.com)에서 무료로 다운받아 설치할 수 있다. 그러나 NodeXL 설치시 주의해야 할 점이 있다. NodeXL 실행을 위해 Microsoft의 Excel 2007, 2010, 2013, 2016 등이 설치되어 있어야 한다. 운영체제는 Windows(XP, Vista, 7, 8, 10)를 사용하면 된다. 또 NodeXL은 2015년 9월까지 무료 배포되었으나, 2015년 10월

부터는 무료버전인 NodeXL Basic과 유료 버전인 NodeXL Pro로 구분해 프로그램을 제공하고 있다. NodeXL Basic은 제한적 기능만을 제공하므로 보다 다양한 기능과 고급 분석을 위해서 NodeXL Pro를 구입해야 한다.

(2) NodeXL의 장점

NodeXL의 장점은 2가지이다. 첫째는 Microsoft Excel 프로그램에 플러그인(plug in) 형태로 결합하여 실행된다는 점이다. NodeXL은 Excel의 스프레드시트 플랫폼 기반에서 네트워크의 구조를 연구할 수 있도록 개발된 프로그램이다. 누구나 쉽고 광범위하게 사용하고 있는 Excel 프로그램에서 실행되기 때문에 프로그램의 확장성이 매우 높다. 따라서 여타의 다른 네트워크분석 프로그램과 달리 이해하기 쉽도록 구성되어 있다.

둘째는 소셜미디어를 대상으로 하는 네트워크분석에 최적화되어 있다는 점이다. NodeXL은 프로그램 자체에 Facebook, Twitter, YouTube, Flickr 등의 소셜미디어 데이터를 직접 수집할 수 있는 크롤링(crawling) 기능이 제공되고 있다. 따라서 프로그램 내에서 소셜미디어 데이터를 수집하고, 이를 대상으로 네트워크 구조를 분석하고 시각화할 수 있다. 물론 기본적으로 edge lists 형식으로 데이터를 표현하지만, 이외에도 Matrics, graphML, UCINET, Pajek 등 다양한 형식의 네트워크 데이터를 1-mode의 edge lists로 변환하여 사용할 수 있다.[6]

NodeXL이 다른 프로그램보다 접근이 쉬운 프로그램이라는 점은 명백하다. 프로그래밍 능력이 부족한 일반인들도 손쉽고 신속하게 네트워크 분석 지표와 통계값을 계산할 수 있으며, 내장된 시각화 모듈을 통해서 높은 수준의 네트워크를 시각화할 수 있게 한다. 네트워크상의 노드와 링크의 속성값에 대한 필터링 기능을 제공하여, 해당 네트워크에 내포된 중요한 구조적 특징을 사용자가 직관적으로 파악할 수 있는 환경도 제공한다. 시각화된 네트워크 그래프는 사용자의 분석 목적에 따라 여러 가지 모습으로 변환할 수 있으며, 자체 내장된 알고리즘으로 다양한 추가 분석도 실행가능하다.

---

6) NodeXL의 또 다른 장점으로 분석과 시각화에 손쉬운 환경을 제공한다는 평가도 있지만, 현재는 다른 프로그램들도 시각화 기능이 간편화되는 추세라 NodeXL만의 장점이라 평가할 수는 없다.

(3) NodeXL Basic 설치

앞서 언급했지만 NodeXL 설치 및 실행에 앞서 사용자가 주의할 점이 있다. NodeXL은 Excel에서 구동되므로, NodeXL의 설치를 위해서는 먼저 Microsoft Excel의 2007, 2010, 2013, 2016 버전 중 하나가 설치되어 있어야 한다. 설치 전에 반드시 PC에 Excel이 설치되어 있는지를 확인하고, 만약 설치되어 있지 않다면, 설치해야 한다. 가장 최신 버전의 Excel이 가장 안정적이다.

NodeXL 설치 파일을 다운로드하기 위해서는 공식 홈페이지(http://nodexl.codeplex.com)에 들어가면 된다.

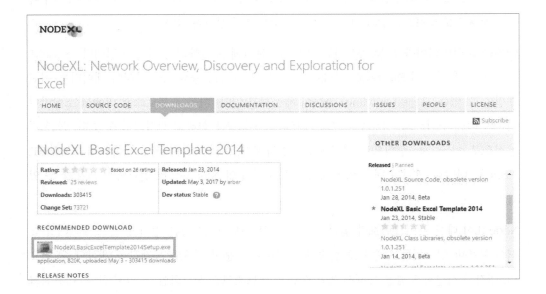

메뉴의 DOWNLOADS를 클릭하면 NodeXL Basic 설치 파일 "NodeXL Basic Excel Template 2014 setup"이 표시되고, 이 설치 파일을 클릭하면 다운로드된다.

파일 다운로드가 완료되면 NodeXL Basic 설치 파일이 바탕화면에 만들어진다.

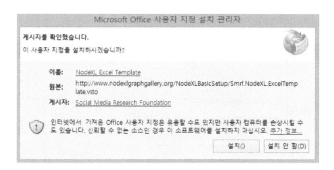

설치 파일을 클릭하여 NodeXL Basic 설치를 시작한다. 프로그램 설치 중에 'Microsoft Office 사용자 지정 설치 관리자' 창이 뜨면 '설치'를 클릭하면 된다.

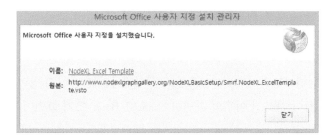

정상적으로 설치가 완료되면 'Microsoft Office 사용자 지정을 설치했습니다'라는 안내 메시지가 나타난다. '닫기'를 클릭하면 설치 과정이 마무리된다. NodeXL Basic 설치가 완료되어도 일반적인 프로그램처럼 바탕화면에 단축 아이콘 등이 만들어지지 않는다. 따라서 NodeXL Basic을 실행하기 위해서는 Windows 시작 메뉴에서 "NodeXL Excel Template"를 찾아서 실행하거나 Windows 시작 메뉴에서 'NodeXL'을 검색하여 실행해야 한다.

바탕화면에 'NodeXL Basic 바로가기 아이콘'을 만들면 빠른 프로그램 실행이 가능하다.

(4) NodeXL Basic 실행

NodeXL Basic 설치가 완료되었다면, 이제 프로그램을 실행시키면 된다.

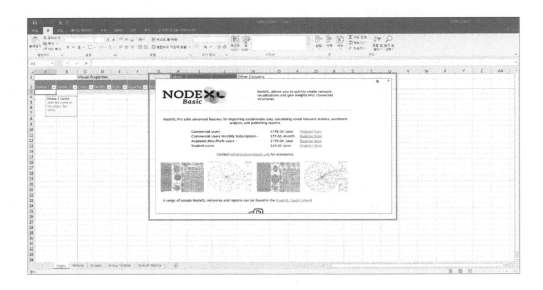

NodeXL Basic을 실행하면 NodeXL Pro로 업그레이드하라는 메시지 창이 나타났다가 20초 이내에 사라진다. 창이 사라진 이후의 화면이 NodeXL Basic 초기 화면이다.

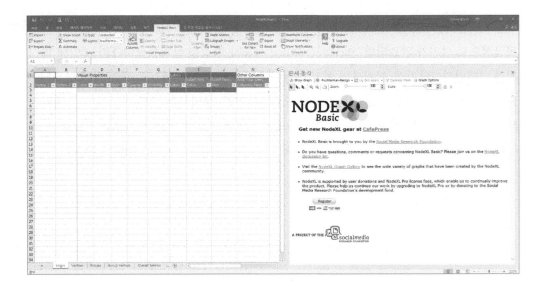

위와 같은 초기 화면이 나타나면 프로그램이 정상적으로 설치된 것이다. 초기 화면은 Excel 메뉴와 동일하지만, 메뉴 구성에서 NodeXL Basic이라는 메뉴가 추가된 것을 확인할 수 있다.

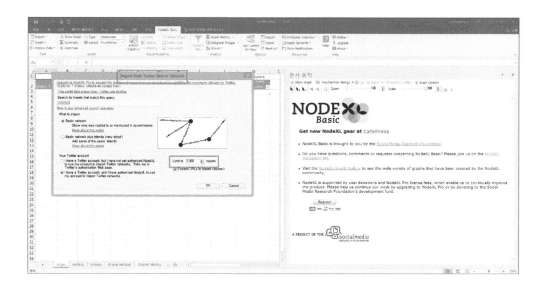

현재 NodeXL Basic은 제한적인 기능만을 제공하고 있다. NodeXL Basic은 네트워크 시각화, 기초적인 지표 계산, 제한된 수량의 Twitter 데이터 수집(한번에 최대 2,000개의 트윗(tweet))만 가능하다. 이외 다른 소셜미디어 데이터는 수집이 불가능하며 추가 분석이나 시각화도 제한적으로만 사용할 수 있다.

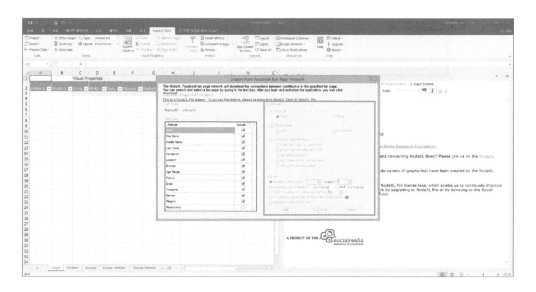

NodeXL Pro 기능들은 위와 같은 비활성 화면으로 나타나며, 이를 클릭해도 실행이 불가능하다는 안내 메시지가 나타난다. 따라서 NodeXL Basic을 사용한 후에 고급 기능을 사용하기 위해서는 NodeXL Pro로 업그레이드가 필요하다.

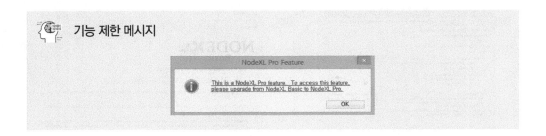

(5) NodeXL Pro 업그레이드 및 설치

NodeXL Pro의 업그레이드를 위해서는 온라인 상에서 NodeXL Pro를 구매하고 결제해야 하는 과정이 필요하다. NodeXL Pro 구매 방법은 2가지가 있다.

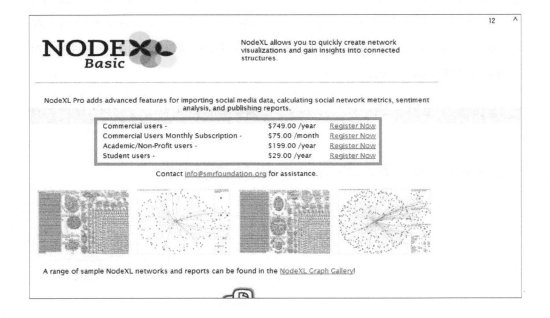

첫째, NodeXL Basic 실행 시 초기 화면에 나타나는 NodeXL Pro 업그레이드 안내 메시지를 클릭하고, 결제 화면으로 연결되면 구매를 진행한다.

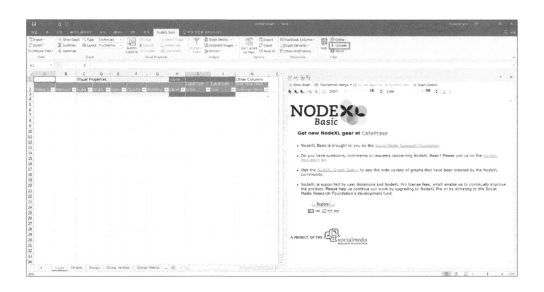

둘째, NodeXL Basic을 실행하고 메뉴 우측의 '＄Upgrade'를 클릭하고, 결제 화면으로 연결되면 구매를 진행한다.

NodeXL Pro 결제 화면에서는 본인에게 해당되는 license 종류(상업용/연구용/학생용)을 선택하여 결제할 수 있다. 결제 후 화면 상단의 다운로드 아이콘을 클릭하여 NodeXL 설치 파일을 다운로드한다.

이때 설치 파일은 미리 바탕화면에 저장해둔다.

결제를 마치면 본인의 이메일 주소로 NodeXL Pro의 license 파일(licensePro.lic)이 첨부된
메일이 수신된다. 이메일 본문에서는 구매한 프로그램 내역과 안내사항 등이 나타난다.

파일로 첨부된 라이센스 파일(licensePro.lic)을 바탕화면에 다운로드하고 저장한다. 이 파일
은 NodeXL Pro를 실행할 때 꼭 필요한 license key이기 때문에 반드시 저장해 두어야 한다.

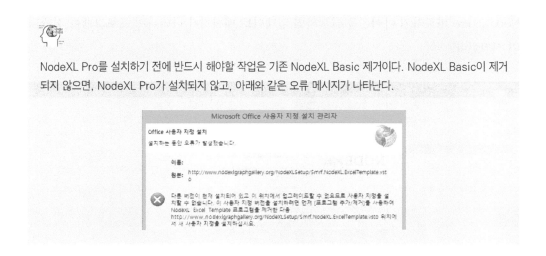

NodeXL Pro를 설치하기 전에 반드시 해야할 작업은 기존 NodeXL Basic 제거이다. NodeXL Basic이 제거되지 않으면, NodeXL Pro가 설치되지 않고, 아래와 같은 오류 메시지가 나타난다.

NodeXL Pro 설치는 NodeXL Basic과 동일한 과정을 거치면 된다.

(6) NodeXL Pro 실행

NodeXL Pro 설치가 완료되었다면, 이제 프로그램을 실행시키면 된다.

NodeXL Basic과는 달리 NodeXL Pro는 바탕화면에 바로가기 아이콘이 생성된다.

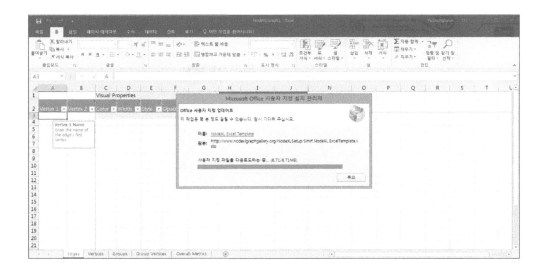

NodeXL Pro 바로가기 아이콘을 클릭하면 업데이트 메시지가 나타나며 프로그램이 실행되기 시작한다.

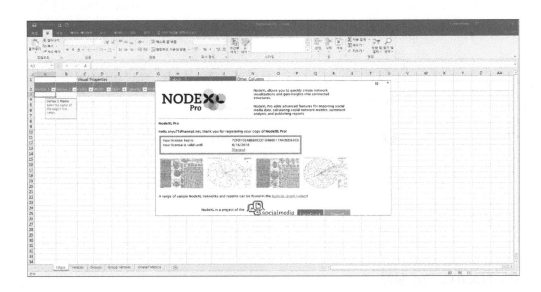

NodeXL Pro 실행 시에도 안내 메시지가 나타난다. 이 안내 메시지에는 NodeXL Pro의 license key와 유효기간 등이 표시되어 있다.

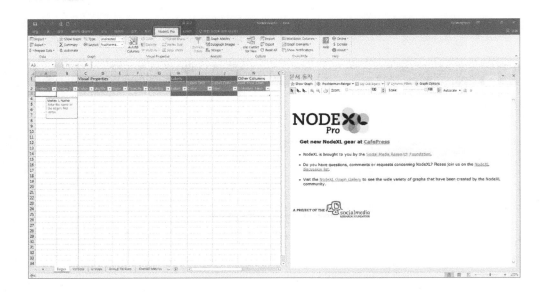

위와 같은 초기 화면이 나타나면 프로그램이 정상적으로 설치된 것이다. 초기 화면은 Excel 메뉴와 동일하지만, 메뉴 구성에서 NodeXL Pro라는 메뉴가 추가된 것을 확인할 수 있다.

 NodeXL Basic과 NodeXL Pro 차이

NodeXL Basic은 무료로 배포되어 누구나 자유롭게 사용이 가능하지만 제한적 기능만을 제공한다. NodeXL Pro는 소셜미디어 데이터 수집, 소셜네트워크 지표 계산, 분석보고서 등 고급 기능을 제공한다. 연간 기준으로 라이선스에 대한 비용 결제가 필요하다. 상업적 사용자는 749달러/1년, 학술연구 및 비영리 사용자는 199달러 /1년, 학생 사용자는 29달러/1년으로 구분되어 있다.

Compare NodeXL Basic and NodeXL Pro:

	NodeXL Basic	NodeXL Pro
Manually enter network edges	x	x
Visualize network graphs	x	x
Build one-click network summary reports	x	x
Import from Twitter Limited API	x	
Import from Twitter Full API		x
Import from Facebook fan pages and groups		x
Import from GraphML		x
Export to GraphML		x
Advanced network metrics (centrality)		x
Sentiment and content analysis		x
Automation		x

NodeXL Basic을 통해서는 링크 데이터, 그래프 시각화, 요약 보고서 출력, 제한된 트위터 API 수집 등 기본 기능을 사용할 수 있으나, NodeXL Pro는 제한없는 트위터 API 수집, 페이스북 팬페이지 및 그룹 정보 수집, 고급 네트워크 지표, 내용 분석, 자동화 등의 고급 기능을 사용할 수 있다.

3. NodeXL 구성

(1) NodeXL 프로그램 구성

NodeXL을 이해하기 위해서는 먼저 프로그램이 어떻게 구성되어 있는지를 살펴보아야 한다.

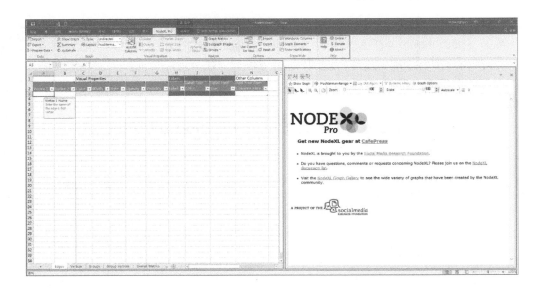

NodeXL 프로그램을 구동시키면 Excel 초기 화면과 유사한 인터페이스가 보인다. 하지만 세부적인 구성을 보면 Excel의 기본 메뉴에 소셜네트워크분석을 실행하기 위한 데이터 관리 영역, NodeXL 메뉴, 시각화 실행 영역 등이 추가되어 있음을 알 수 있다.

NodeXL의 구성은 제목 표시줄(Title Bar), 주 메뉴 표시줄(Main Menu), NodeXL 메뉴 표시줄(NodeXL Pro Menu), 데이터 관리 영역(Data), 시각화 실행 영역(Visualization), 상태 표시줄(Status Bar) 등으로 구분된다.

1) 제목 표시줄(Title Bar)

제목 표시줄은 현재 실행되는 프로그램의 이름을 보여준다. NodeXL Graph1-Excel이 표시되어야 정상적으로 실행되는 상태이다.

NodeXLGraph1 - Excel

2) 주 메뉴 표시줄(Main Menu)

주 메뉴 표시줄은 Excel 메뉴와 같지만, Excel 메뉴 중에서 NodeXL Pro 메뉴가 추가되었음을 알 수 있다. NodeXL Pro 메뉴 외에 나머지 데이터를 저장, 편집하는 등의 기능은 Excel과 동일하다.

3) NodeXL 메뉴 표시줄(NodeXL Pro Menu)

NodeXL의 모든 메뉴를 보여준다. 일종의 '도구모음'처럼 구성되어 있기 때문에 사용하기에 편리하다.[7)]

4) 데이터 관리 영역(Data)

NodeXL의 데이터 관리 작업이 이루어지는 영역이다. columns와 row로 구성된 Excel 형식을 따르고 있기 때문에 데이터 확인이 용이하며, 편집도 가능하다. 데이터가 생성되거나 분석 보고서가 작성될 경우 Excel처럼 워크시트에 데이터가 저장된다.

---

7) NodeXL 메뉴구성은 다음 항목에서 보다 자세히 설명한다.

5) 시각화 실행 영역(Visualization)

NodeXL에서 분석된 데이터를 시각화하여 보여주는 영역이다. 시각화 영역에는 단축키와 같은 도구모음이 있어 화면 상단의 메뉴를 클릭하지 않아도 그래프를 변경할 수 있다.

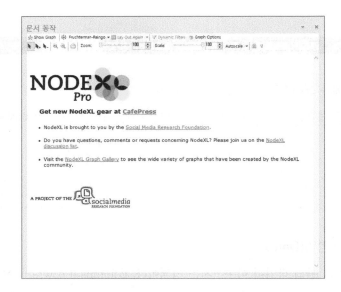

6) 상태 표시줄(Status Bar)

NodeXL의 상태를 보여주는 영역이다. 현재 작업이 어느 정도 진행되는지를 표시해준다.

(2) NodeXL 메뉴 구성

NodeXL 메뉴 표시줄에서 나타나는 NodeXL 메뉴들은 프로그램의 모든 것이라 할 수 있다. 이 메뉴들을 통해 소셜네트워크분석의 전 과정이 이루어진다.

NodeXL 메뉴는 Data, Graph, Visual Properties, Analysis, Options, Show/Hide, Help 항목 등으로 구성되어 있다.

1) Data

Data 항목은 Import, Export, Prepare Data로 구성되어 있다.

가. Import

데이터 가져오기(수집하기)와 관련된 기능이다. NodeXL의 데이터 가져오기 기능은 활용도가 높기 때문에 잘 기억해 두어야 한다.

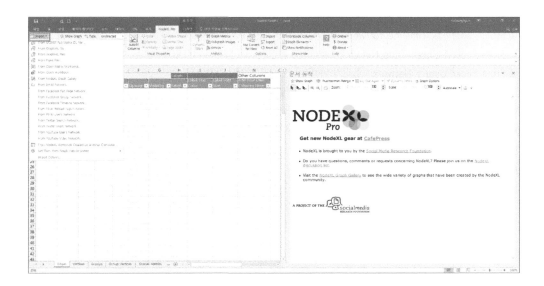

Import 아이콘은 화면의 왼쪽 상단에 있다. 클릭하면 세부 기능이 나타난다.

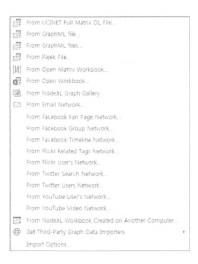

① From UCINET Full Matrix DL File : UCINET의 Matrix DL 파일 가져오기

② From GraphML File : GraphML 파일 가져오기

③ From GraphML Files : 복수의 GraphML 파일 가져오기

④ From Pajek File : Pajek 파일 가져오기

⑤ From Open Matrix Workbook : 열려있는 Matrix Excel 파일 가져오기

⑥ From Open Workbook : 열려있는 Excel 파일 가져오기

⑦ From NodeXL Graph Gallery : NodeXL 그래프 갤러리에서 가져오기

⑧ From Email Network : 이메일에서 네트워크 가져오기

⑨ From Facebook Fan Page Network : 페이스북 팬 페이지 데이터 가져오기

⑩ From Facebook Group Network : 페이스북 그룹 데이터 가져오기

⑪ From Facebook Timeline Network : 페이스북 타임라인 데이터 가져오기

⑫ From Flickr Related Tags Network : 플리커와 관련된 태그 데이터 가져오기

⑬ From Flickr User's Network : 플리커 이용자 네트워크 데이터 가져오기

⑭ From Twitter User's Network : 트위터 이용자 네트워크 데이터 가져오기

⑮ From Twitter Search Network : 트위터 네트워크 데이터 가져오기

⑯ From YouTube User's Network : 유튜브 이용자 네트워크 데이터 가져오기

⑰ From YouTube Video Network : 유튜브 동영상 네트워크 데이터 가져오기

⑱ From NodeXL Workbook Created on Another Computer : 다른 컴퓨터의 NodeXL 파일 가져오기

⑲ Get Third-Party Graph Data Importers : 다른 사람의 그래프 데이터 Importer에서 가져오기

Import 중에는 소셜미디어인 Facebook, Flickr, Twitter, YouTube 데이터를 직접 수집할 수 있는 기능이 있다. 소셜네트워크분석을 위해 매우 유용한 기능이다.

나. Export

데이터 내보내기와 관련된 기능이다.

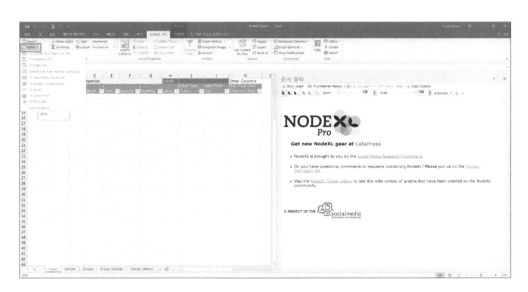

Export 아이콘은 Import 아이콘 아래에 있다. 응용프로그램과 연계가 가능하다. 클릭하면
세부 기능이 나타난다.

① **To UCINET Full Matrix DL File** : UCINET의 Matrix DL파일 내보내기
② **To GraphML File** : GraphML 파일 내보내기
③ **To Pajek File** : Pajek 파일 내보내기
④ **Selection To New NodeXL Workbook** : 선택영역을 새 NodeXL 파일로 내보내기
⑤ **To New Matrix Workbook** : 새로운 Matrix Excel 파일 내보내기
⑥ **To NodeXL Graph Gallery** : NodeXL 그래프 갤러리로 보내기
⑦ **To Email** : 이메일로 보내기

다. Prepare Data

데이터 준비와 관련된 기능이다.

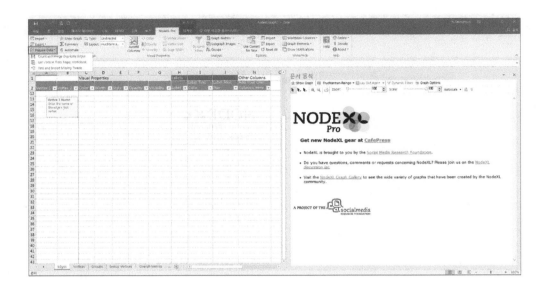

Prepare Data 아이콘은 Export 아이콘 아래에 있다. 클릭하면 세부 기능이 나타난다.

① Count and Merge Duplicate Edges : 중복 edge를 계산하고 통합하기
② Get Vertices from Edges Worksheet : edge 시트에서 vertex 추출하기

2) Graph

Graph 항목은 Show Graph, Summary, Automate, Type, Layout로 구성되어 있다.

가. Show Graph

그래프를 시각화하는 기능이다.

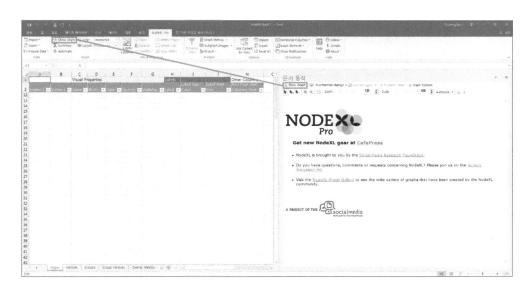

Show Graph 아이콘을 클릭하면 왼쪽 데이터 영역에 입력된 데이터를 시각화 영역에서 보여준다. 시각화 영역에도 동일한 Show Graph 아이콘이 있다.

나. Summary

그래프 정보를 요약해주는 기능이다.

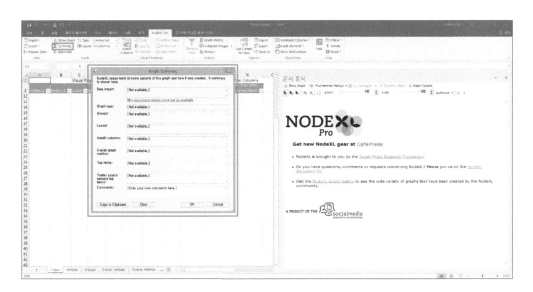

Summary 아이콘을 클릭하면 그래프에 설정된 옵션 및 분석 등을 요약한 새 창이 나타난다.

① Data Import : Import시 사용된 데이터
② Graph Type : 그래프의 방향성
③ Group : 그룹 형성의 기준
④ Layout : 그래프 레이아웃
⑤ Autofill Columns : 그래프 자동기능의 사용 여부
⑥ Overall graph metrics : 분석 결과에 대한 요약
⑦ Top items : 빈도가 높은 노드
⑧ Twitter search network top items : 트위터 네트워크 상의 빈도 높은 노드
⑨ Comments : 설명 삽입

Copy to Clipboard를 클릭하면 Summary 내용을 클립보드에 저장 가능하다.

다. Automate

그래프를 자동 실행해주는 기능이다.

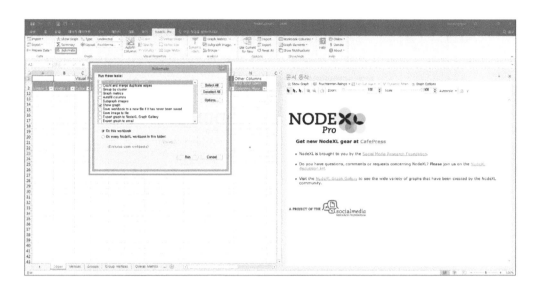

Automate를 클릭하면 사용자가 자동실행을 적용할 수 있는 옵션 창이 나타난다. Run these tasks:의 세부 항목을 체크하고 OK를 누르면 선택 기능들이 자동 처리된다.

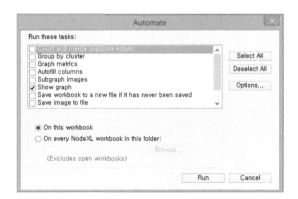

라. Type

그래프의 방향성을 선택하는 기능이다.

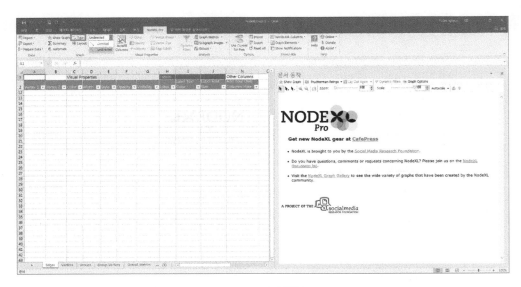

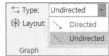

Type을 클릭하면 방향성 있는(directed) 그래프와 방향성 없는(undirected) 그래프를 선택
할 수 있다.

마. Layout

그래프 레이아웃을 선택하는 기능이다.

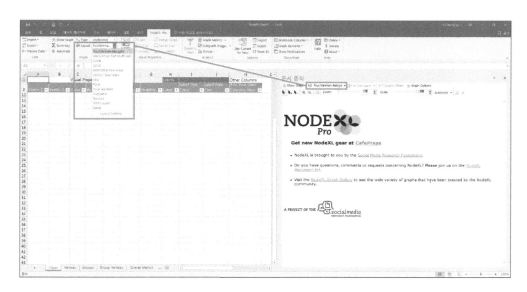

Layout을 클릭하면 총 12개의 레이아웃을 선택할 수 있다. 시각화 영역에도 동일하게 레이아웃을 선택할 수 있는 아이콘이 있다.

3) Visual Properties

Visual Properties 항목은 일종의 시각화 편집 도구이다.

Autofill Columns, Color, Opacity, Visibility, Vertex Shape, Vertex Size, Edge Width로 구성되어 있다. Autotfill Columns 아이콘은 시각화의 속성이 자동으로 적용되는 단축 기능이고, 나머지 Color, Opacity, Visibility, Vertex Shape, Vertex Size, Edge Width 아이콘은 사용자가 특정한 Edges와 Vertices를 선택한 후에 시각화 속성을 개별적으로 적용할 수 있는 기능이다. 그래프 중에서 특정 개체를 강조할 때 유용하게 활용된다.

Visual Properties의 조건을 선택한 후에는 반드시 그래프의 'Refresh Graph' 아이콘을 클릭해야 변경된 설정이 적용된다.

가. Autofill Columns

Autofill Columns는 사용자가 Edges, Vertices, Groups의 색상과 형태 등에 대한 조건을 설정해주면 자동으로 시각화해주는 기능이다.

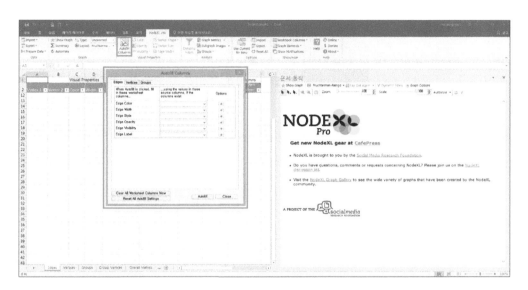

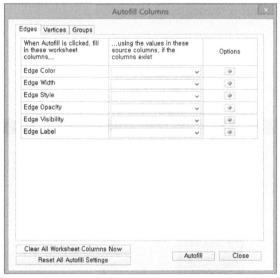

Autofill Columns 아이콘을 클릭하면 Edges, Vertices, Groups 등 3개의 탭으로 나누어진 창이 나타나고, 각각의 탭에서 원하는 조건을 설정할 수 있다.

나. Color

색상을 적용하는 기능이다.

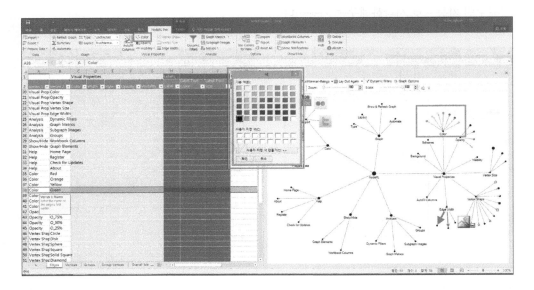

데이터 영역에서 특정 Edge/Vertex를 선택하고 Color 아이콘을 클릭하면 나타나는 색상표 창에서 원하는 색을 선택하고 '확인'을 누르면 된다.

다. Opacity

투명도를 적용하는 기능이다.

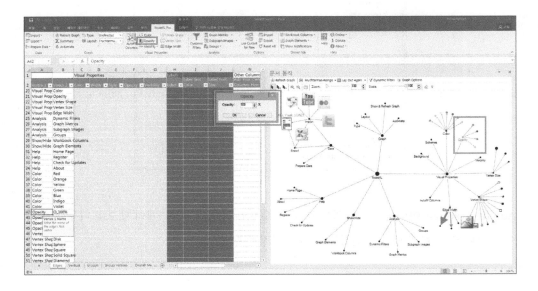

데이터 영역에서 특정 Edge/Vertex를 선택하고 Opacity 아이콘을 클릭하면 나타나는 창에서 투명도를 설정하면 된다.

라. Visibility

가시성을 적용하는 기능이다.

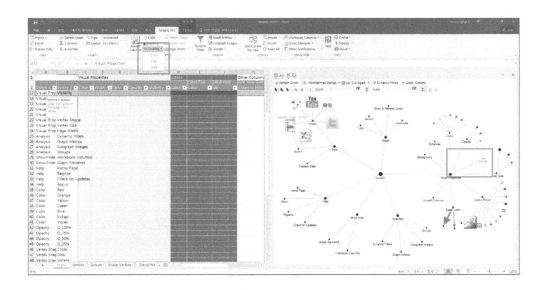

데이터 영역에서 특정 Edge/Vertex를 선택하고 Visibility 아이콘을 클릭하면 선택한 Edge와 Vertex를 보여주거나(Show), 생략하거나(Skip), 숨길(Hide) 수 있다.

① Show : Edge/Vertex 보여주기
② Skip : Edge/Vertex 생략하기
③ Hide : Edge/Vertex 숨기기
④ Show if in an Edge : Edge가 있는 경우 Vertex를 나타내기

마. Vertex Shape

Vertex의 모양을 적용하는 기능이다.

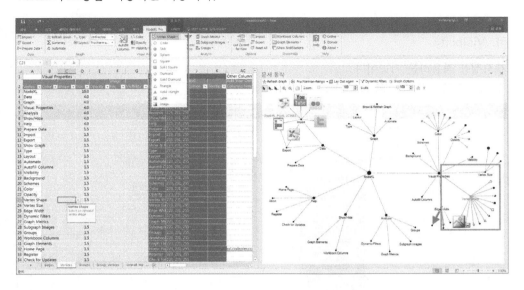

데이터 영역에서 특정 Vertex를 선택하고 Vertex Shape 아이콘을 클릭하면 나타나는 창에서 원하는 형태를 설정하면 된다.

바. Vertex Size

vertex의 크기를 적용하는 기능이다.

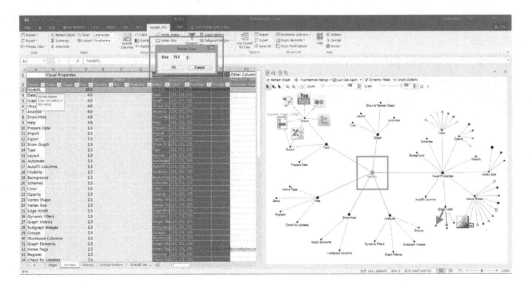

데이터 영역에서 특정 Vertex를 선택하고 Vertex Size 아이콘을 클릭하면 나타나는 창에서
원하는 크기를 설정하면 된다.

사. Edge Width

Edge의 굵기를 적용하는 기능이다.

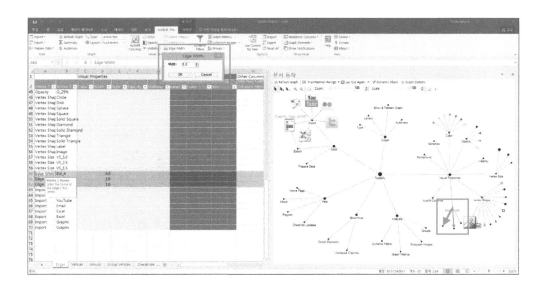

데이터 영역에서 특정 Vertex를 선택하고 Edge Width 아이콘을 클릭하면 나타나는 창에서
원하는 굵기를 설정하면 된다.

4) Analysis

Analysis 항목은 Dynamic Filter, Graph Metrics, Subgraph Images, Groups로 구성되어 있다.

가. Dynamic Filter

데이터와 그래프를 지표값, 날짜와 시간 등에 따라 필터링하는 기능이다.

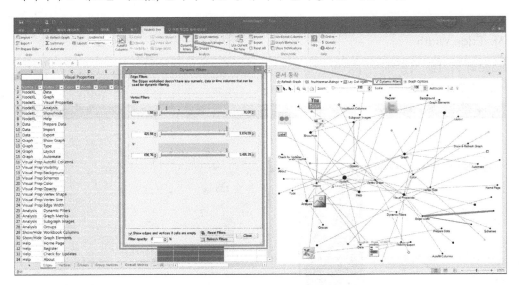

Dynamic Filters 아이콘을 클릭하여 나타나는 창에서 조건을 부여해 필터링하면, 시각화 실행 영역에서 그래프가 변화되어 나타난다.

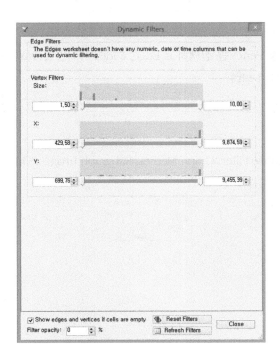

나. Graph Metrics

데이터에서 분석하고자 하는 네트워크 지표값들을 자동으로 계산하여 데이터 영역(워크시트)에 추가하는 기능이다.

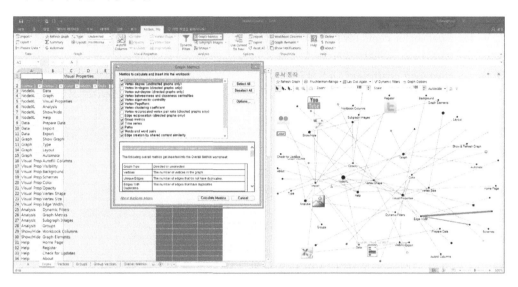

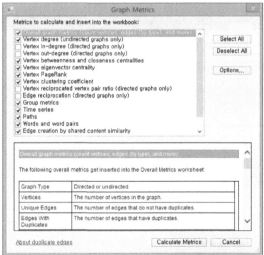

Graph Metrics 아이콘을 클릭하면 나타나는 창에서 분석하려는 지표들을 선택하고 'Calculate Metrics'를 클릭하면 된다.

① Overall graph metrics : 종합적인 분석 결과값

② Vertex degree(Undirected graphs only) : 노드의 연결정도(방향성 없는 그래프)

③ Vertex in-degree(Directed graphs only) : 노드의 내향 연결정도(방향성 있는 그래프)

④ Vertex out-degree(Directed graphs only) : 노드의 외향 연결정도(방향성 있는 그래프)

⑤ Vertex betweenness and closeness centralities : 노드의 매개 및 근접 중심성 값

⑥ Vertex eigenvector centrality : 노드의 위세 중심성 값

⑦ Vertex PageRank : 노드에 연결된 중요도

⑧ Vertex clustering coefficient : 노드의 군집화 계수

⑨ Vertex reciprocated vertex pair ratio(Directed graphs only) : 쌍방향 노드의 상호성(방향성 있는 그래프)

⑩ Edge reciprocation : 엣지의 상호성

⑪ Group metrics : 그룹 분석의 결과값

⑫ Words and word pairs : 트윗에 포함된 단어 및 단어쌍

⑬ Top items : 사용자가 지정한 특정 정보

⑭ Twitter search network top items : 트위터 네트워크의 특정 정보

다. Subgraph Images

데이터의 하위 그래프를 분석해 데이터 영역(워크시트)에 추가하는 기능이다.

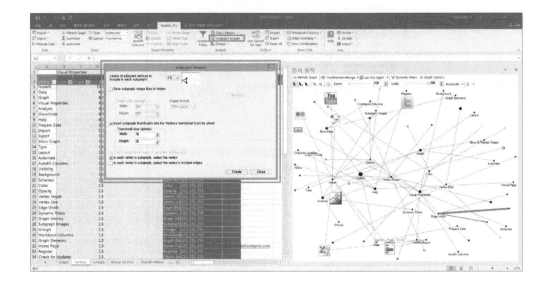

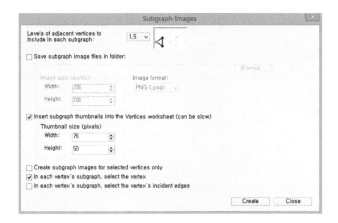

Subgraph Images 아이콘을 클릭하면 나타나는 창에서 하위 그래프에 대한 조건을 부여하고 'Create'를 클릭하면 된다.

라. Groups

그래프의 그룹을 분석하는 기능이다.

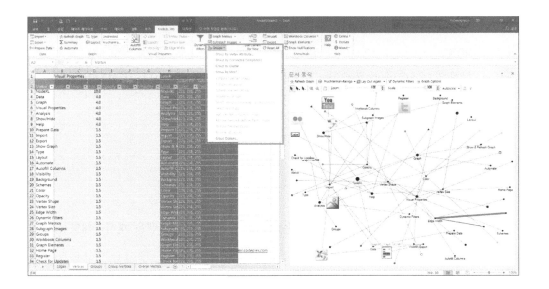

Groups 아이콘을 클릭하고, 원하는 그룹화 기능을 선택해 조건을 부여하면 그래프 그룹에 대한 분석이 가능하다.

① **Groups by Vertex Attribute** : 노드의 attribute(속성) 값을 기준으로 그룹화하는 기능
② **Groups by Connected Components** : component(하위 구성요소)에 따라 그룹화하는 기능
③ **Group by Cluster** : Clauset-Newman-Moore, Wakita-Tsurumi, Girvan-Newman 등의 알고리즘에 따라 그룹화하는 기능
④ **Group by Motif** : Motif 항목에 따라 그룹화하는 기능

5) Options

Options 항목은 Use Current for New, Import, Export, Reset All 등으로 구성되어 있다.

가. Use Current for New

현재 옵션들을 기본 설정(Default)으로 적용하는 기능이다. 프로그램을 재시작해도 옵션이 적용된다.

나. Import

현재 옵션들을 가져오기(Import) 하는 기능이다.

다. Export

현재 옵션들을 내보내기(Import) 하는 기능이다.

라. Reset All

현재 옵션들을 초기 상태로 되돌리는 기능이다.

6) Show/Hide

Show/Hide 항목은 Workbook Columns, Graph Elements, Show Notifications로 구성되어 있다. 적용된 요소를 보이거나 숨길 수 있는 기능이다.

가. Workbook Columns

데이터 영역(워크시트)에 보이는 항목들을 보이거나 숨기는 기능이다.

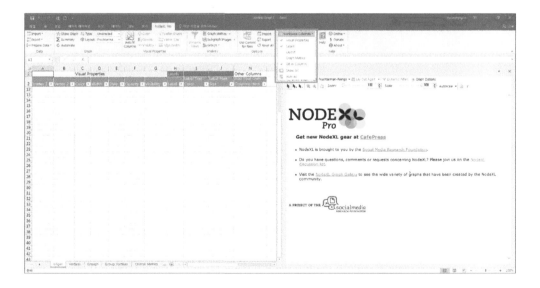

체크를 해제하면 해당 항목이 보이지 않게 된다.

나. Graph Elements

그래프 상에서 표시되는 라벨들을 보여주거나 지워주는 기능이다.

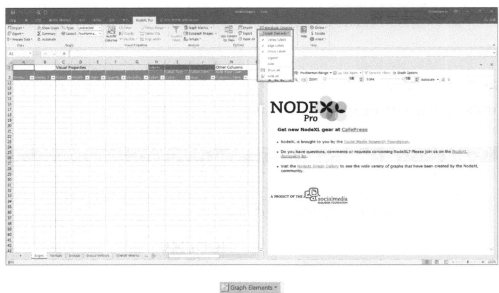

체크를 해제하면 해당 항목이 보이지 않게 된다.

다. Show Notifications

알림을 보이거나 숨기는 기능이다.

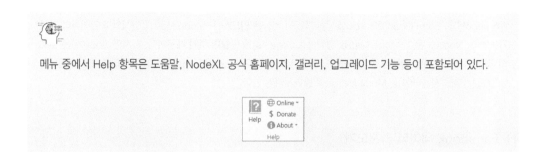

메뉴 중에서 Help 항목은 도움말, NodeXL 공식 홈페이지, 갤러리, 업그레이드 기능 등이 포함되어 있다.

4. NodeXL 실습

기본적인 NodeXL 메뉴를 살펴보았다. 여기서는 NodeXL 메뉴에 대한 이해를 토대로 실제 NodeXL 분석 과정을 실습해본다. 소셜네트워크분석은 일반적으로 "소셜 데이터 수집 및 처리(변환)→데이터 관계·구조 분석→시각화→결과 해석"의 과정을 가진다. NodeXL은 소셜미디어의 데이터 수집, 분석, 시각화 기능 등을 제공하기 때문에 이같은 분석의 전 과정이 실행가능하다. 실습을 통해 NodeXL의 활용 방법을 더욱 폭넓게 이해할 수 있을 것이다.

앞에서 살펴본 것처럼 NodeXL 메뉴는 Data, Graph, Visual Properties, Analysis, Options 순서로 구성되어 있다. 그러나 실제 소셜네트워크분석의 일반적 과정은 Data→Analysis→ Visualization 순서이기 때문에 메뉴 순서대로 실행하다보면 분석 과정을 이해하기가 어렵다. 따라서 실습에서는 NodeXL 메뉴 순서와는 달리 소셜네트워크분석 과정을 기준으로 Data→Analysis→Graph→Visual Properties로 실습해본다.

(1) 데이터 가져오기

NodeXL 데이터 가져오기(Import)에서 가장 많이 활용되는 기능은 Facebook, Flickr, Twitter, YouTube 등의 소셜미디어의 데이터 및 응용프로그램(API) 정보를 수집할 수 있는 기능이다(앞의 186~187쪽 참고). 각각의 소셜미디어별로 데이터 가져오기를 실행해 본다.

NodeXL 데이터 가져오기(Import)에서 Facebook, Flickr, Twitter, YouTube 등의 소셜미디어 데이터 수집 기능과 함께 많이 활용되는 기능은 Excel 파일이나 CSV 파일 데이터를 가져오는 'From Open Matrix Workbook'과 'From Open Workbook' 등이다. 이 기능은 반드시 1-Mode Matrix 형식의 파일이어야 활용 가능하다. NodeXL은 1-Mode Matrix 형식으로 edge list를 만들어 주기 때문이다. 하지만 NodeXL은 별도의 파일 처리 및 변환 기능이 없기 때문에, 만일 데이터가 2-Mode Matrix 형식이라면 다른 프로그램(ex. UCINET 등)을 사용하여 1-Mode Matrix로 변환시켜야 한다.

1) Facebook 데이터 가져오기

Facebook 데이터 수집을 위해서는 Facebook 계정이 있어야한다. NodeXL에서 가져올 수 있는 Facebook 데이터는 팬페이지 네트워크(From Facebook Fan Page Network), 그룹 네트워크(From Facebook Group Network), 타임라인 네트워크(From Facebook Timeline Network) 등이다. 여기서는 지진과 관련된 '기상청' Facebook을 실습 사례로 활용한다.

가. Facebook Fan Page Network

Import에서 Facebook Fan Page Network를 클릭한다.

Import from Facebook Fan Page Network 창이 나타난다. 우선 왼쪽의 Attributes 옵션에서 수집하고자 하는 정보를 체크하고, 오른쪽 아래의 Login을 클릭하여 Facebook 계정에 로그 인한다. 반드시 Login을 클릭하기 전에 먼저 Attributes 체크해야 한다는 점을 주의해야 한 다. Login을 클릭하면 Attributes가 비활성되어 선택할 수 없기 때문이다.

Facebook 계정 승인

Login을 클릭하면 자동으로 Facebook 계정으로 연결된다. 아이디와 비밀번호를 입력하고, 'NodeXL에 로그 인 상태 유지'를 체크해 놓으면 이후 자동으로 로그인된다.

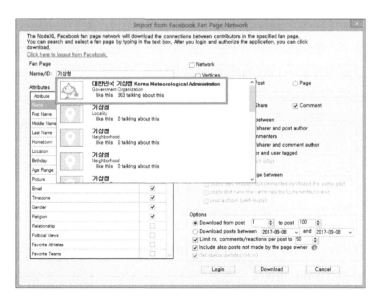

왼쪽의 Name/ID에서 수집하고자 하는 계정인 '기상청'을 입력하고 선택한다. 유사한 계정
들이 많이 검색되기 때문에 원하는 계정을 정확하게 확인하고 선택해야 한다.

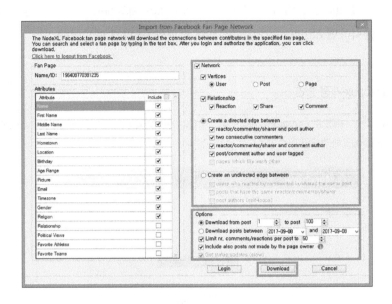

오른쪽에서 네트워크 속성값을 선택한다. □는 복수 선택이 가능하고 ○는 복수 선택이 불
가능하다. 먼저 Network를 체크하고, Vertices(User or Post), Relationship(Reaction, Share,
Comment), Create an edge Between 등의 조건을 체크한다. 아래의 Options에서 post 수
또는 post 작성 기간을 설정하고(Post 수는 1,000개까지 가능), post의 comments/reaction
에 대한 제한 값을 설정한다(1,000개까지 가능). 모든 선택이 끝나고 Download를 클릭하면
데이터 가져오기가 시작된다.

프로그램이 실행되면서 위와 같은 창이 나타나면 'Yes'를 클릭하면 된다. 데이터 수집이 완
료되면 NodeXL의 데이터 영역에 수집된 결과가 나타난다. 아래는 '기상청'의 Facebook
Fan Page 데이터를 수집한 결과이다.

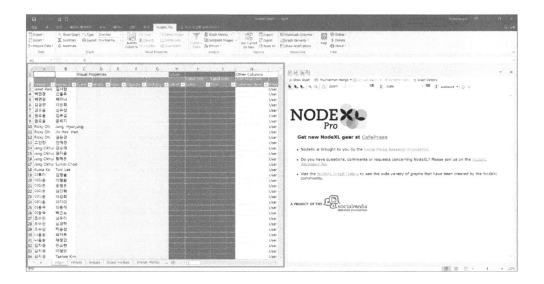

나. Facebook Group Network

Import에서 From Facebook Group Network 클릭한다.

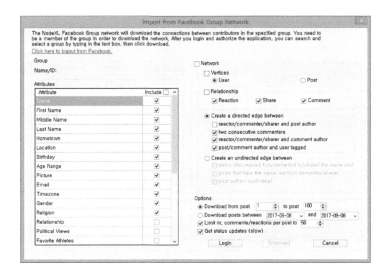

Import from Facebook Group Network 창이 나타난다. 왼쪽의 Attributes 옵션에서 수집하고자 하는 정보를 체크하고, 오른쪽 아래의 Login을 클릭하여 Facebook 계정에 로그인한다.

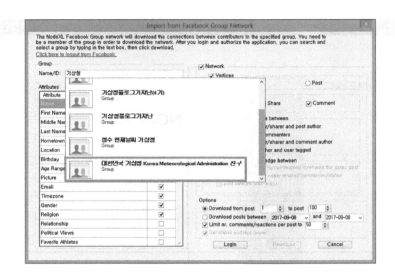

Import from Facebook Group Network 창의 Name/ID에서 '기상청'과 관련된 Facebook 그룹을 선택한다.

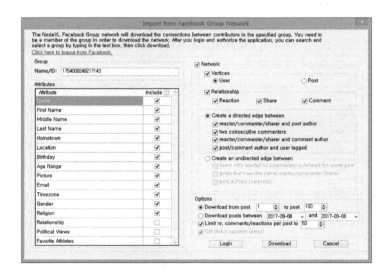

오른쪽은 Import from Facebook Fan Page Network의 선택 방법과 동일하다. 모든 선택이 끝나고 Download를 클릭하면 데이터 가져오기가 시작된다. 데이터 수집이 완료되면 NodeXL의 데이터 영역에 수집된 결과가 나타난다. 아래는 '기상청'과 관련된 Facebook Group 데이터를 수집한 결과이다. '기상청'과 관련된 Facebook 그룹이 거의 존재하지 않음을 알 수 있다.

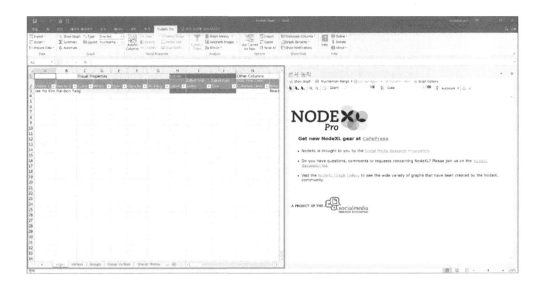

다. Facebook Timeline Network

Import에서 From Facebook Timeline Network 클릭한다.

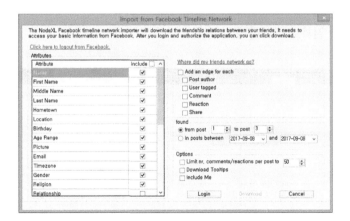

Import From Facebook Timeline Network 창이 나타난다. 마찬가지로 Attributes 옵션에서 수집하고자 하는 정보를 체크하고, 오른쪽 아래의 Login을 클릭하여 Facebook 계정에 로그인한다. 'From Facebook Timeline Network'는 로그인한 이용자의 Timeline 데이터를 수집하는 기능이다. 따라서 로그인하는 이용자가 Facebook 활동이 적으면 데이터가 수집되지 않는다.

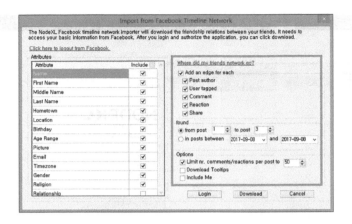

오른쪽에서 네트워크의 속성값을 선택한다. 먼저 Edge(Post author, User tagged, Comment, Reaction, Share) 조건을 체크한다. 아래의 found에서 post 수 또는 post 작성 기간을 설정하고(Post 수는 1,000개까지 가능), Options에서 post의 comments/reaction에 대한 제한 값과 Tootips 등을 설정한다. 모든 선택이 끝나고 Download를 클릭하면 데이터 가져오기가 시작된다. 데이터 수집이 완료되면 NodeXL 데이터 영역에 수집된 결과가 나타난다. 아래는 필자의 Facebook Timeline 데이터를 수집한 결과이다. 필자는 Facebook 활동이 적기 때문에 수집된 결과도 나타나지 않았다.

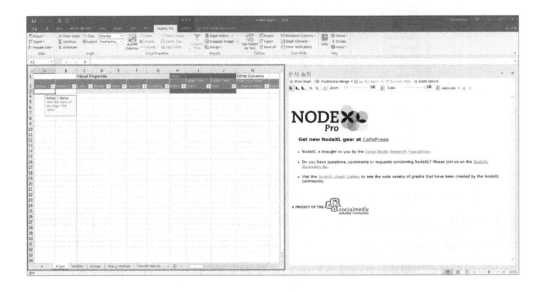

Flickr는 국내에서 잘 이용되지 않는 소셜미디어이기 때문에 실습에서 제외하였다. 기본적으로 데이터를 가져오는 방식은 동일하다.

2) Twitter 데이터 가져오기

Twitter 데이터 수집을 위해서는 Twitter 계정이 있어야 하며, Twitter에서 제공하는 서비스에 대한 이해가 필요하다. NodeXL에서 가져올 수 있는 Twitter 데이터는 검색어 네트워크 (From Twitter Search Network), 이용자 네트워크(From Twitter Users Network) 등이다. 여기서는 검색어 네트워크로는 '지진', 이용자 네트워크로는 '기상청'을 실습 사례로 활용해본다.

가. Twitter Search Network

Import에서 From Twitter Search Network 클릭한다.

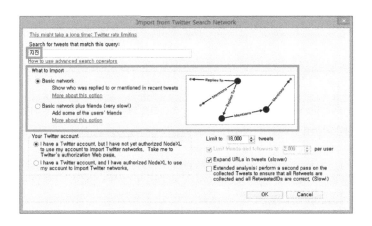

Import from Twitter Search Network 창이 나타난다. 왼쪽의 Search for tweets that this query:'에 수집하고자 하는 검색어 '지진'을 입력한다. 바로 아래의 네트워크 종류를 선택한다. Basic network는 tweet의 Replies to, Mentions을 수집하고, Basic network plus friends (very slow!)는 Replies To, Mentions, Follows을 수집할 수 있다.

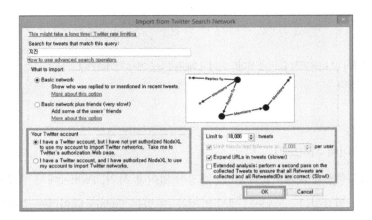

왼쪽 아래에서 Twitter 계정 승인을 선택한다. 처음 Twitter 데이터를 수집할 때는 'I have a Twitter account, but~'은 활성화되어 있고, 'I have a Twitter account, and~'는 비활성화되어 있다. 우선 활성화되어 있는 'I have a Twitter account, but~'를 선택한다. 오른쪽에서 tweet의 제한 값을 설정하고(tweet은 18,000개까지 가능), followers 등의 제한 수와 URL 수집 여부 등을 설정한다. 모든 선택이 끝나고 OK를 클릭하면, 자동으로 Twitter 계정을 승인하는 웹페이지로 연결된다.

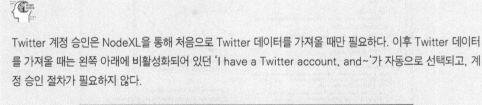

Twitter 계정 승인은 NodeXL을 통해 처음으로 Twitter 데이터를 가져올 때만 필요하다. 이후 Twitter 데이터를 가져올 때는 왼쪽 아래에 비활성화되어 있던 'I have a Twitter account, and~'가 자동으로 선택되고, 계정 승인 절차가 필요하지 않다.

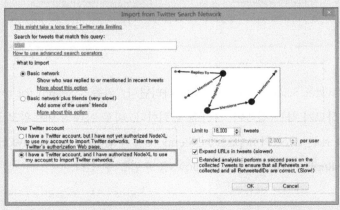

아이디와 비밀번호를 입력하고 앱 인증을 클릭하면, 승인된 PIN 코드가 나타난다. PIN 코드는 매번 다르게 나타난다.

NodeXL로 돌아와 승인 완료된 PIN 코드를 입력하고 OK를 클릭하면 데이터 가져오기가 시작된다.

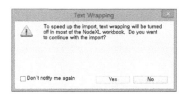

프로그램이 실행되면서 위와 같은 창이 나타나면 'Yes'를 클릭하면 된다. 데이터 수집이 완료되면 NodeXL의 데이터 영역에 수집된 결과가 나타난다. 아래는 '지진'으로 검색한 Twitter 데이터를 수집한 결과이다.[8]

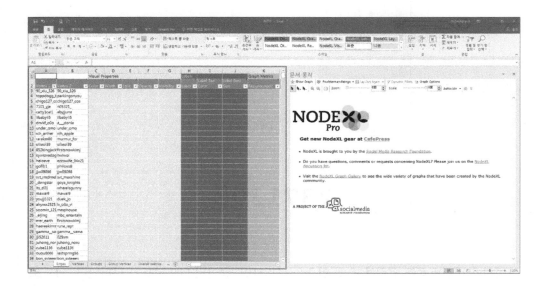

---

8) '지진'으로 검색한 Twitter Search Network 데이터는 이후의 NodeXL의 Analysis, Graph, Visual Properties 실습을 위해 활용할 예정이다. 실습 활용을 위해 tweet 제한 값을 1,000개로 설정하여 수집하였다.

나. Twitter Users Network

Import에서 From Twitter Users Network 클릭한다.

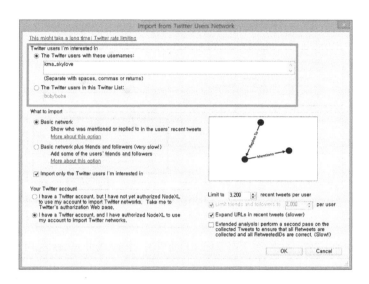

Import from Twitter Users Network 창이 나타난다. 왼쪽의 The Twitter users with these user names:에 수집하고자 하는 이용자 계정 '기상청'(kma_skylove)을 입력한다. The Twitter users with these user names:는 수집하고자 하는 이용자들의 데이터를 수집하고, The Twitter users in this Twitter List:는 Twitter List에 있는 이용자들의 데이터를 수집한다. 네트워크 종류와 Twitter 계정 승인은 Import from Twitter Search Network의 선택 방법과 동일하다.

네트워크 종류 선택 시에 Import only the Twitter users I'm Interest In을 클릭하면 입력한 이용자 계정 사이의 관계만 수집한다. 만일 Ego Network를 분석하고자 한다면, 반드시 체크를 해제해야 한다.

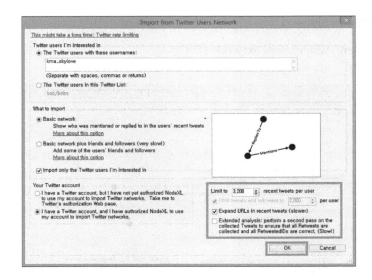

오른쪽에서 tweet의 제한 값을 설정하고(3,200개까지 가능), followers 등의 제한 수와 URL 수집 여부 등을 설정한다. 모든 선택이 끝나고 OK를 클릭하면 데이터 가져오기가 시작된다. 데이터 수집이 완료되면 NodeXL의 데이터 영역에 수집된 결과가 나타난다. 아래는 '기상청' 계정과 관련된 Twitter Users 데이터를 수집한 결과이다.

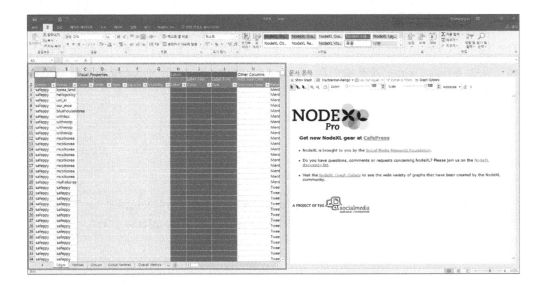

3) YouTube 데이터 가져오기

YouTube 데이터 수집은 YouTube가 동영상 서비스라는 점을 염두에 두어야 한다. 즉 동영상(또는 동영상보기)을 중심으로 연결된 네트워크라는 것이다. NodeXL에서 가져올 수 있는 YouTube 데이터는 이용자 네트워크(From YouTube Users Network), 동영상 네트워크(From YouTube Video Network) 등이다. 여기서는 이용자 네트워크로 NodeXL 실행시키면 기본값으로 주어지는 'Marc1Smith', 동영상 네트워크로는 'K-POP'을 실습 사례로 활용해 본다.

가. YouTube Users Network

Import에서 From YouTube Users Network 클릭한다.

Import from YouTube Users Network 창이 나타난다. 위쪽의 to the user with this username:에 기본으로 선택되는 이용자 ID 'Marc1Smith'를 입력한다. to this channel ID:를 선택하면 구독 채널 데이터를 수집한다.

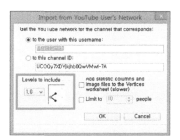

YouTube 이용자 또는 구독 채널 데이터의 레벨을 설정한다. 1.0, 1.5, 2.0의 레벨을 선택할 수 있다.

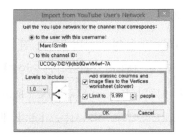

YouTube 통계자료와 이미지 파일을 선택하고, 이용자 또는 구독 채널 수의 제한 값을 설정한다(9,999개까지 가능). 모든 선택이 끝나고 OK를 클릭하면 데이터 가져오기가 시작된다. 데이터 수집이 완료되면 NodeXL의 데이터 영역에 수집된 결과가 나타난다. 아래는 'Marc1Smith' 관련된 YouTube Users 데이터를 수집한 결과이다.

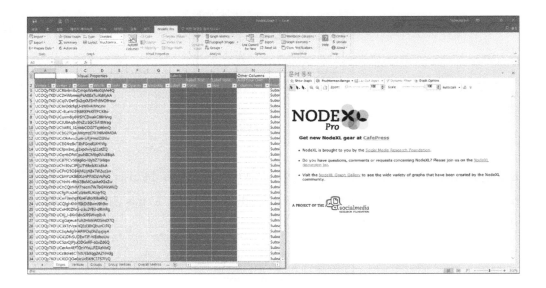

나. YouTube Video Network

Import에서 From YouTube Video Network 클릭한다.

Import from YouTube Video Network 창이 나타난다.

위쪽에 수집하고자 하는 동영상 'K-POP'을 입력한다. 바로 아래에 edge를 선택한다. Pair of videos that have the same category는 동일한 카테고리의 동영상을 수집하고, Pair of videos commented on by the same user (slower)는 동일한 이용자의 댓글이 등록된 동영상을 수집한다.

동영상 수의 제한 값을 설정하고(9,999개까지 가능), OK를 클릭하면 데이터 가져오기가 시작된다.

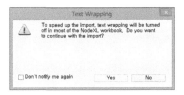

프로그램이 실행되면서 위와 같은 창이 나타나면 'Yes'를 클릭하면 된다. 데이터 수집이 완료되면 NodeXL의 데이터 영역에 수집된 결과가 나타난다. 아래는 'K-POP'으로 검색한 YouTube Video 데이터를 수집한 결과이다.

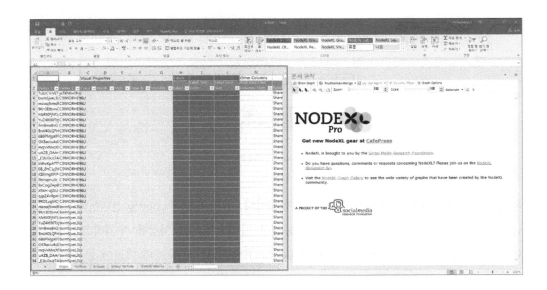

(2) 데이터 분석하기

Data 메뉴의 Import를 통해 소셜미디어의 데이터를 수집하였다면, 다음 단계인 분석 (Analysis)을 실습해 본다. NodeXL은 입력된 데이터를 사용자가 직관적으로 이해할 수 있게 해주는 편리한 분석 기능을 제공한다. 분석 실습을 위한 소셜미디어 데이터는 앞에서 수집한 데이터를 활용한다. 여기서는 Import from Twitter Search Network를 통해 가져온 '지진 관련 Twitter 데이터'를 실습에 활용한다.[9]

---

9) NodeXL의 분석과 시각화 실습을 위해서는 Twitter Search Network로 수집한 데이터가 가장 적합하다. NodeXL에서 가장 일반적으로 활용되는 기능이며, 무료버전인 NodeXL Basic에서도 실행되기 때문이다. 또한 여기서 활용한 '지진 관련 Twitter 데이터'는 실습을 위해 2016년에 수집한 데이터이므로 실제 독자들이 실행한 결과와는 다를 수 있음을 참고바란다.

1) 기본 분석하기

데이터가 수집된 상태에서 Analysis 메뉴의 Graph Metrics 아이콘을 클릭한다.

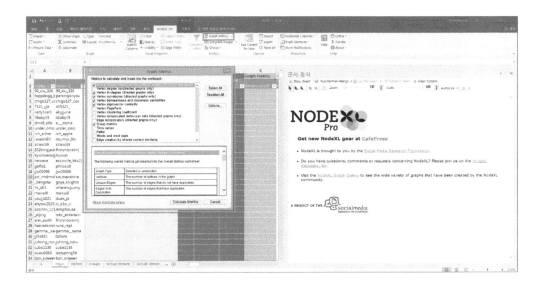

화면에 Graph Metrics 창이 나타난다.

Graph Metrics는 데이터에 대한 기본 분석을 실행해주며, 네트워크 지표값들은 복수로 선택이 가능하다. 오른쪽의 Select All을 클릭하면 지표값들이 모두 선택되고, Deselect All을 클릭하면 선택이 모두 해제된다. Options을 통해 edge column에 추가하고자 하는 특정 정보를 선택할 수도 있다. 각각의 지표값들을 선택하면 아래의 화면에서 자세한 설명도 제공한다.

Graph Metrics에서 나타난 항목들을 통해 네트워크의 기본적인 속성을 파악할 수 있다.
- Gaph Type: 그래프의 방향성
- Vertices: 노드 수
- Unique Edges/Edges With Duplicates/Total Edges: Unique Edges는 1개의 연결관계만 가지는 엣지 수, Edges With Duplicates는 2개 이상의 연결관계를 가지는 엣지 수, Total Edges는 Unique Edges와 Edges With Duplicates를 합한 엣지 수
- Self-Loops: 자기자신에게 연결된 엣지 수
- Reciprocated Vertex Pair Ratio/Reciprocated Edge Ratio: 방향성을 가지는 그래프에 해당되며, Reciprocated Vertex Pair Ratio는 쌍방향으로 연결된 노드 수를 전체 노드 수로 나눈 값, Reciprocated Edge Ratio는 쌍방향으로 연결된 엣지 수를 전체 엣지 수로 나눈 값
- Connected Components/Single-Vertex Connected Components/Maximum Vertices in a Connected Components/Maximum Edges in a Connected Components: Connected Components는 그래프에서 상호연결된 컴포넌트(서로 연결되어 있는 노드 집단, 그래프의 다른 노드와는 연결되지 않음) 수. Single-Vertex~는 하나의 노드만을 가지는 컴포넌트 수, Maximum Vertices in a~는 가장 많은 노드를 가진 컴포넌트의 노드 수, Maximum Edges in a~는 가장 많은 엣지를 가진 컴포넌트의 엣지 수
- Maximum Geodesic Distance/Average Geodesic Distance: Geodesic Distances는 직경(diameter)를 의미. Maximum Geodesic Distance는 전체 노드 간의 최대 직경, Average Geodesic Distance는 전체 노드 간의 평균 직경
- Graph Density/Modularity: Graph Density는 밀도를 의미하며, 그래프의 엣지 수를 최대 엣지 수로 나눈 값, Modularity는 그래프에서 만들어진 그룹의 노드 간 연결 밀도

여기서는 실습하고자 하는 데이터(지진 관련 Twitter 데이터)를 고려해, Overall graph metrics, in-degree, out-degree, betweenness and closeness centralities, eigenvector centrality 등의 지표를 선택한다. Twitter는 방향성을 가지는(directed) 네트워크이기 때문에 degree가아닌 in-degree(내향 연결정도), out-degree(외향 연결정도)를 선택해야 한다. 모든 선택이끝나면 'Calculate Metrics'를 클릭한다.

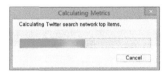

화면 상단에 분석이 진행되는 상황이 나타난다.

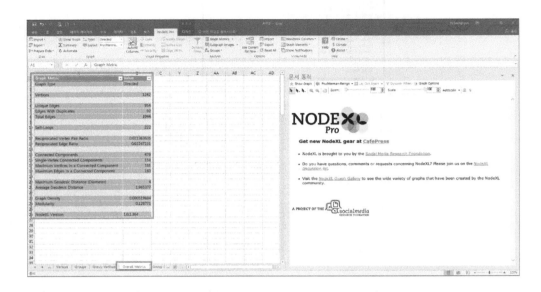

분석 실행이 완료되면 왼쪽의 데이터 영역에 'Overall Metrics' 워크시트가 추가되고 Graph Metric에 대한 분석 결과가 나타난다. 실습 데이터의 결과를 확인해보면, 노드 수는 1,242 개, 엣지 수는 1,044개로 나타났다. Unique Edges 수가 높으므로 다양한 이용자들이 서로 서로 연결되어 있음을 추측할 수 있다. 컴포넌트 수는 479개, 고립되어진 컴포넌트는 158 개, 전체 노드의 최대 직경은 4, 평균 직경은 1.9로 나타났다. 평균 직경이 1.9임을 고려하면

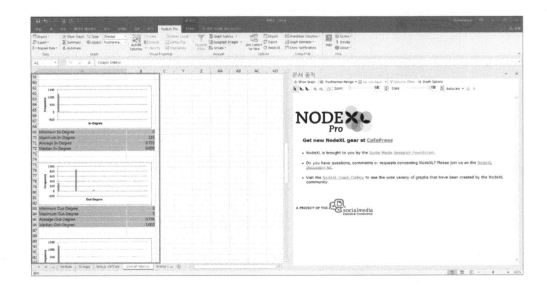

두 사람 정도만 거치면 연결된다는 것을 알 수 있다. 밀도는 0.0005로 나타났다. 매우 조밀하지 않은 네트워크임을 알 수 있다.

'Overall Metrics' 워크시트에서는 추가적으로 네트워크 지표별 분포도 확인할 수 있다.

In-Degree, Out-Degree, Betweenness and Closeness Centrality, Eigenvector Centrality 등의 지표값을 분석한 결과는 'Vertices' 워크시트에 추가된다. 각각의 지표값들을 내림차순 정렬해보면 지표별로 높은 값을 가지는 계정을 확인할 수 있다. 실습 데이터의 분석 결과 중에서 Betweenness Centrality의 경우에는 mbc_entertain(MBC 예능연구소) 계정이 가장 높은 값을 가지는 것으로 나타났다. 전체적으로 실습 데이터의 분석 결과에서는 In-degree와 Betweenness Centrality 등의 지표를 주목할 수 있다.

2) 하위 그래프 분석하기

Analysis 메뉴의 Subgraph Images 아이콘을 클릭한다.

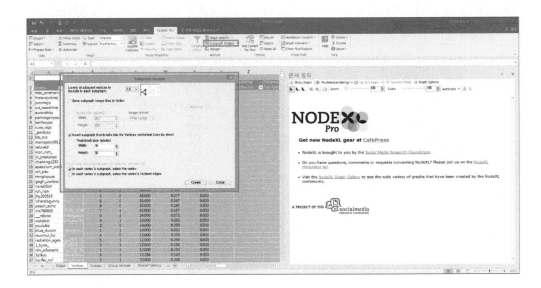

Subgraph Images 창이 나타난다.

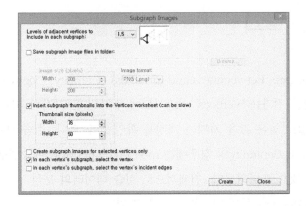

Subgraph Images는 각 노드에 하위 그래프를 추가해주며, 하위 그래프에 포함되는 인접 노드의 Level을 설정해 줄 수 있다. 인접 노드의 Level은 1.0~4.5까지 가능하다. Level 1.0은 한 노드와 직접적으로 연결된 노드와의 관계만을 보여주며, Level 1.5는 한 노드와 연결된 노드들의 관계를 함께 보여준다(Level값이 높아질수록 관계의 범위가 넓어진다).

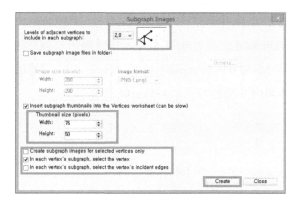

여기서는 실습 데이터를 고려하여 2.0으로 Level을 설정한다. 하위 그래프의 이미지 파일 저장을 선택하거나 해제한다. 사용자가 원하는대로 저장 위치, 이미지 크기, 이미지 포맷 등을 설정할 수 있다. 데이터 영역(워크시트)의 Vertices 항목에 추가되는 thumnails 크기와 하위 그래프가 추가될 노드를 선택한다. 모든 선택이 끝나면 'Create'를 클릭한다.

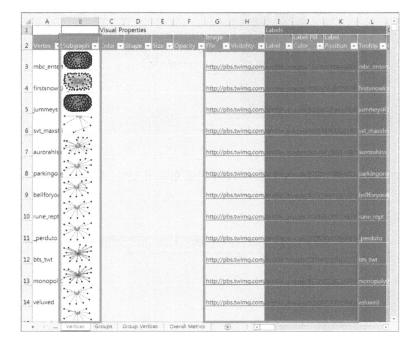

분석 실행이 완료되면 왼쪽 데이터 영역의 Vertices 워크시트에 Subgraph가 추가된 결과가 나타난다. 실습 데이터의 결과를 확인해보면, 각 노드에 하위 그래프와 이미지 파일의 정보가 추가되었음을 알 수 있다. mbc_entertain(MBC 예능연구소) 계정의 하위 그래프는 다른 계정의 하위 그래프와 차이가 있는 것으로 나타났다.

3) 그룹 분석하기

Analysis 메뉴의 Groups 아이콘을 클릭한다.

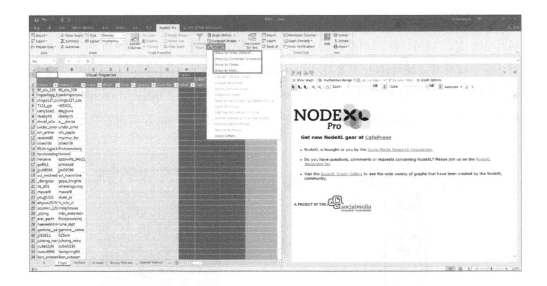

Groups 창이 나타난다. 그룹 분석에는 4가지 선택 항목이 있다. 위에서부터 차례로 선택해 본다.

1번째 Groups by Vertex Attribute는 노드의 속성 값을 기준으로 그룹화하는 기능이다. 클릭하면 창이 나타난다. 노드의 속성값과 column의 속성을 선택하고 OK를 클릭하면 된다.

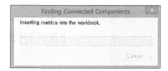

2번째 Groups by Connected Components는 컴포넌트를 기준으로 그룹화하는 기능이다. 클릭하면 새로운 창이 나타나지 않고, 곧바로 분석 작업이 실행되면서 결과가 나타난다.

3번째 Group by Cluster는 알고리즘 기준으로 그룹화하는 기능이다. 클릭하면 창이 나타난다. 일반적인 Clauset-Newman-Moore, Wakita-Tsurumi, Girvan-Newman 알고리즘 중에서 하나를 선택하고 OK를 클릭하면 된다.

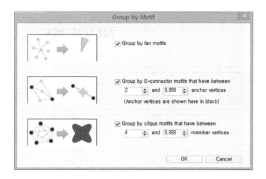

4번째 Group by Motif는 Fan, D-connector, clique 등의 Motif 기준으로 그룹하는 기능이다. 클릭하면 창이 나타난다. 특정한 이미지로 시각화되는 Fan, D-connector, Clique를 선택하고 OK를 클릭하면 된다.

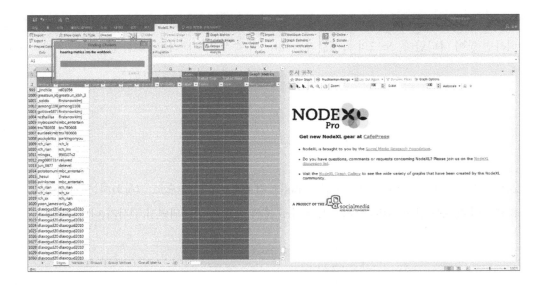

여기서는 3번째 Group by Cluster을 선택해 그룹 분석을 실행한다. 알고리즘은 Clauset-Newman-Moore을 선택하고 OK를 클릭한다.

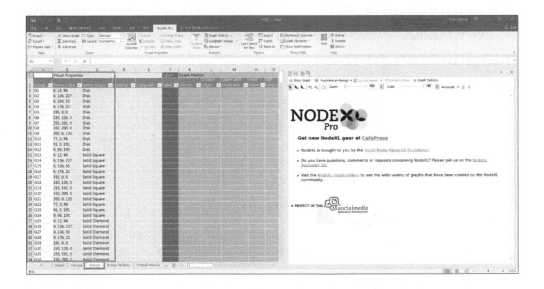

분석 실행이 완료되면 왼쪽 데이터 영역의 Groups 워크시트에 결과가 나타난다. 실습 데이터
의 분석 결과는 전체 480개의 그룹으로 구분되었다(화면 상에서는 다 보이지 않는다). 따라서
실습 데이터의 경우는 차별화된 그룹이 나타나지 않았다고 해석된다. 즉 그룹 분석이 의미가
없는 것이다. 물론 Groups 워크시트에서 노드의 색상, 크기, 모양 등을 설정할 수 있다.

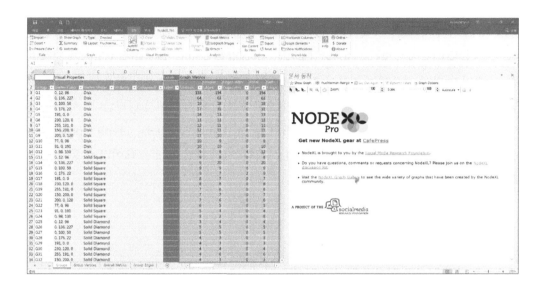

그룹 분석의 실행이 완료된 후 Analysis→Graph Metrics 항목에서 'Groups Metrics' 지표값
을 선택하여 추가 계산하면, Groups 워크시트에 노드, 엣지 값 등이 추가된다.

그룹 분석이 완료되면, 왼쪽 데이터 영역에 'Group Vertices'와 'Group Edges' 워크시트가 추가로 생성된다.
여기서는 그룹에 속한 노드 정보와 엣지 값 등을 알 수 있다.

(3) 데이터 시각화하기

데이터에 대한 분석이 완료되었다면, 이제 마지막 단계인 시각화(Visualization)를 실행해 본다. NodeXL의 시각화 기능은 Graph, Visual Properties, Analysis 메뉴에 분산되어 있다. Graph는 Show Graph, Type, Layout이 시각화와 관련된 기능이다. Visual Properties메뉴 는 모든 기능(Autofill Columns, Color, Opacity, Visibility, Vertex Shape, Vertex Size, Edge Width)이 시각화와 관련되어 있다. Analysis메뉴는 Dynamic Filters가 시각화와 관련 된 기능이다. 이중에서 Show Graph, Layout, Autofill Columns, Dynamic Filters가 시각화 를 위해 가장 많이 활용되는 기능이고, 나머지는 사용자의 목적에 따라 활용할 수 있는 기 능이다. 시각화 기능을 실행하면 그 결과가 오른쪽 시각화 영역에서 나타난다. 시각화 영 역에서는 별도의 단축 아이콘(Show Graph, Layout, Dynamic Filters, Graph Options 등) 을 제공하고 있다. 여기서는 앞에서 분석한 사례인 '지진 관련 Twitter 데이터'를 통해 시각 화를 실습해 본다.

1) 그래프 시각화하기

그래프를 시각화하기 위해서는 Graph 메뉴를 활용한다.

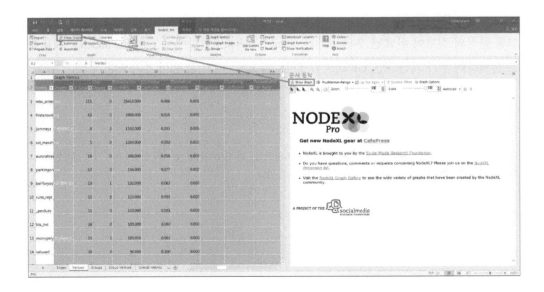

분석 실행이 완료된 상태에서 Graph 메뉴의 Show Graph 아이콘을 클릭한다.

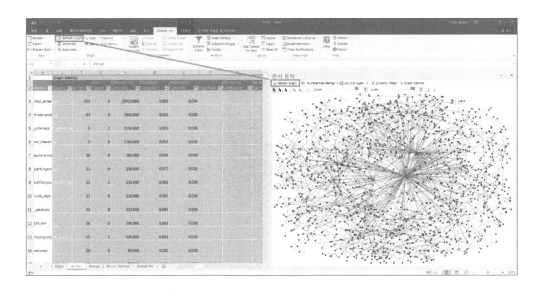

Show Graph를 클릭하면 오른쪽 시각화 영역에 (시각화된)그래프가 나타나고, Show Graph 아이콘은 Refresh Graph 아이콘으로 변경된다.

시각화와 관련된 설정을 선택한 후에는 반드시 Refresh Graph 아이콘을 클릭해야 변경된 설정이 적용된다.

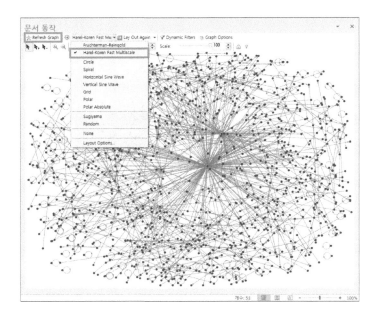

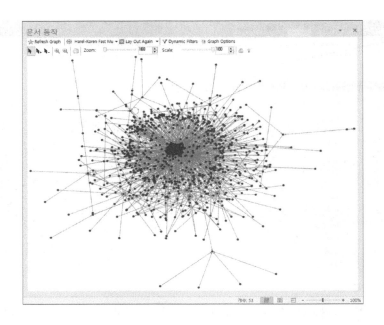

기본으로 설정된 Layout인 Fruchterman-Reingold를 Harel-Koren Fast Multiscale으로 변경하고 Refresh Graph를 클릭하면 처음의 그래프와 다른 그래프가 나타난다. Layout은 화면 왼쪽 상단의 Graph 메뉴에서도 변경할 수 있다.

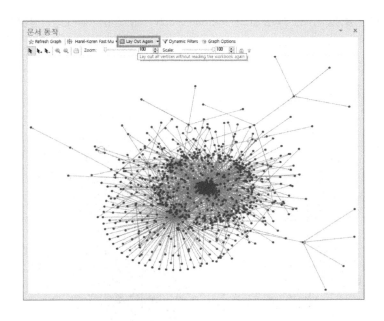

시각화 영역의 단축 아이콘 중에서 Lay Out Again을 클릭하면 동일한 레이아웃 그래프라도 형태가 변경되어 나타난다(Refresh Graph는 클릭하지 않아도 된다).

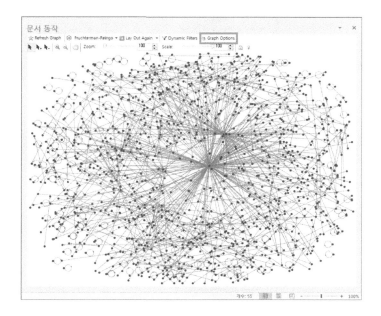

또 다른 단축 아이콘인 Graph Options를 클릭하면 창이 나타나고, Edges, Vertices, Others 로 구분된 탭을 확인할 수 있다.

Edges는 엣지의 Color(색상), Width(굵기), Arrow Size(화살표 크기), Opacity(투명도), Curvature(곡선 정도), Selected edges(클릭했을 때의 색상) 등을 설정할 수 있다.

Vertices는 노드의 Color(색상), Shape(모양), Size(크기), Opacity(투명도), Effects(그림자 효과), Selected Vertices(클릭했을 때의 색상) 등을 설정할 수 있다.

Others는 Color(배경색), Image(사용자 지정 배경) 등을 설정할 수 있으며, Labels와 Axis Font 등의 옵션을 통해 추가 설정을 적용할 수 있다.

Labels를 클릭하면 Edges, Vertex, Group box 라벨의 글꼴과 색상 등을 설정할 수 있다.

Axis Font는 XY축 그래프에서 XY축의 라벨의 글꼴과 크기를 설정할 수 있다.

여기서는 다양한 Graph Options 중에서 Edges의 Color만 변경한다. Color를 클릭하면 나타나는 창에서 색상을 변경하고 OK를 클릭한다.

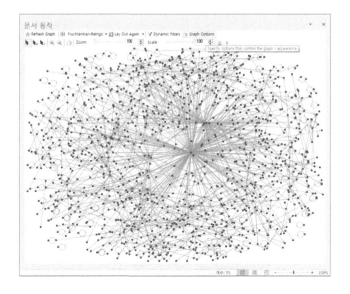

Show Graph 클릭했을 때 나타났던 그래프의 회색 엣지가 청색 엣지로 변경되었음을 확인할 수 있다.

2) 그래프 표현하기

그래프를 좀 더 시각적으로 표현하기 위해서는 Visual Properties 메뉴를 활용한다. Visual Properties 중에서도 Edges, Vertices, Groups의 색상과 형태 등의 조건을 자동으로 시각화해주는 Autofill Columns를 잘 활용해야 시각적으로 완성된 그래프를 표현할 수 있다.

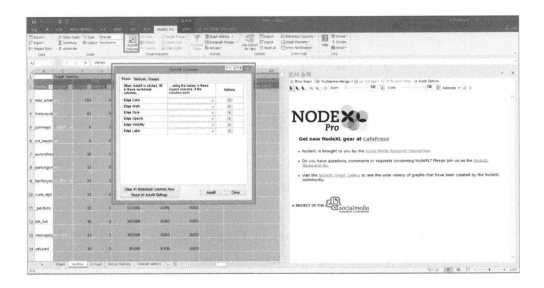

Visual Properties 메뉴의 Autofill Columns를 클릭하면 옵션 창이 나타난다. Edges, Vertices, Groups로 구분된 탭을 확인할 수 있다.

Edge는 Edge Color(색상), Edge Width(굵기), Edge Style(형태), Edge Opacity(투명도), Edge Visibility(가시성), Edge Label(이름) 등을 설정할 수 있다.

- Edge Color: 가장 작은 값을 가지는 edge의 색상과 가장 큰 값을 가지는 edge의 색상 설정
- Edge Width: 가장 작은 값을 가지는 edge의 굵기와 가장 큰 값을 가지는 edge의 굵기를 1~10 범위 내에서 설정
- Edge Style: 원하는 조건과 원하는 edge 종류 설정
- Edge Opacity: 가장 작은 값의 edge 투명도와 가장 큰 값의 edge 투명도를 1~100 범위 내에서 설정
- Edge Visibility: Show(나타내기)/Skip(생략)/Hide(숨김) 설정
- Edge Label: edge 이름 설정

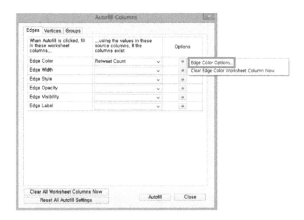

여기서는 Edge Color를 변경해 본다. Edge Color를 적용할 지표는 Retweet Count를 선택하고 Edge Color Options를 클릭한다(Clear Edge Color Worksheet Column Nows는 초기화 기능).

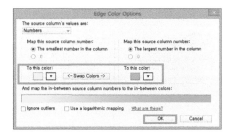

가장 작은 값을 노란색으로 설정하고 가장 큰 값은 분홍색으로 설정한다. OK를 클릭하고 다시 Autofill Columns 창으로 돌아와 Autofill을 클릭한다.

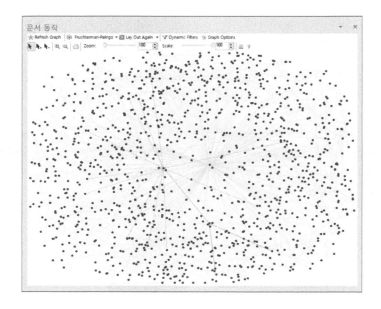

시각화 영역에서 Edge Color 설정이 적용된 그래프를 확인할 수 있다. 분홍색으로 표현된 선이 Retweet 수가 가장 많은 엣지를 나타낸다. 중간에 주황색으로 보이는 엣지들도 Retweet이 상대적으로 높은 엣지임을 알 수 있다.

Vertices는 Vertex Color(색상), Vertex Shape(형태), Vertex Size(크기), Vertex Opacity(투명도), Vertex Visibility(가시성), Vertex Label(이름), Vertex Label Position(이름 위치), Vertex Tooltips(말풍선), Vertex layout Order(레이아웃), Vertex X(X축), Vertex Y(Y축), Vertex Polar R, Vertex Polar Angle 등을 설정할 수 있다.

- Vertex Color: 가장 작은 값을 가지는 노드의 색상과 가장 큰 값을 가지는 노드의 색상 설정
- Vertex Shape: 원하는 조건과 형태 설정
- Vertex Size: 가장 작은 값을 가지는 노드의 크기와 가장 큰 값을 가지는 노드의 크기를 1~1000 범위 내에서 설정
- Vertex Opacity: 가장 작은 값의 edge 투명도와 가장 큰 값 edge 투명도를 10~100 범위 내에서 설정
- Vertex Visibility: 원하는 조건과 Show(나타내기)/Skip(생략)/Hide(숨김) 설정
- Vertex Label/Label Position: 노드의 이름과 이름의 위치 설정
- Vertex X/Y: X/Y축의 좌표계를 이용하여 그래프를 그릴 때 사용. X/Y축에 원하는 지표를 선택하고, 선택된 두 지표 사이의 관계성 측정. 축의 범위도 설정 가능.

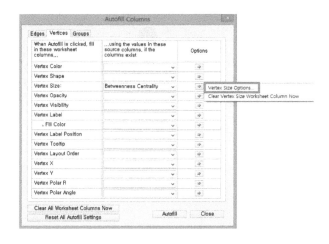

여기서는 Vertex Size를 변경해 본다. Vertex Size에 적용할 지표는 실습 데이터 분석에서 유의미한 결과로 나타난 Betweenness Centrality를 선택하고 Vertex Size Options를 클릭한다(Clear Vertex Size Worksheet Column Nows를 클릭하면 초기화 기능).

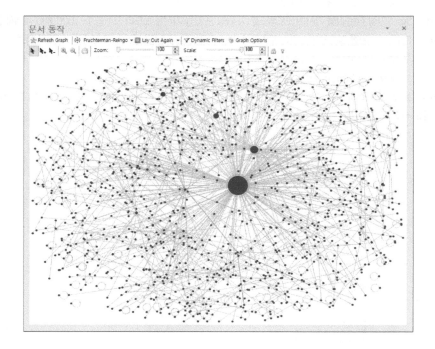

가장 작은 값을 1.0으로 설정하고 가장 큰 값을 100.0으로 설정한다. OK를 클릭하고 다시 Autofill Columns 창으로 돌아와 Autofill을 클릭한다.

시각화 영역에서 Vertex Size 설정이 적용된 그래프를 확인할 수 있다. 그래프 중앙에 있는 가장 큰 파란색의 노드가 Betweenness Centrality 값이 가장 높은 노드인 것으로 나타났다. 따라서 네트워크 구조상 가장 중심적이며 다른 노드들을 매개하는 역할의 노드(mbc_entertain: MBC 예능연구소 계정)임을 알 수 있다.

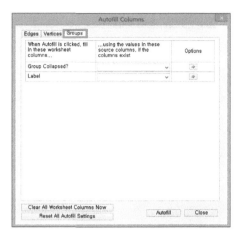

Groups는 Group Collapsed, Label(이름) 등을 설정할 수 있다. 실습 데이터에서는 차별화된 그룹이 나타나지 않았기 때문에 설정을 적용하지 않는다.

Autofill Columns 기능을 잘 활용하면 그래프의 시각적 완성도 뿐만 아니라 사용자가 원하는 그래프를 만들 수 있다. 그러나 세부적으로 사용자가 원하는 그래프를 만들고 싶다면, Autofill Columns 외에 Color, Opacity, Visibility, Vertex Shape, Vertex Size, Edge Width 아이콘을 활용해야 한다(앞의 197~200쪽 참고)

3) 필터링하기

사용자의 목적에 맞는 그래프 시각화를 위해서는 전체 노드와 엣지를 필터링할 필요가 있다. NodeXL에서 수집한 데이터는 기본적으로 매우 많은 양의 정보를 보여주므로 시각화를 실행하면 대부분 노드와 엣지가 복잡하게 연결된 그래프가 나타난다. 따라서 그래프의 노드와 엣지를 지표값, 날짜와 시간 등을 기준으로 필터링하는 Dynamic Filters 기능을 잘 활용해 사용자에게 적합한 그래프로 변경하여야 한다.

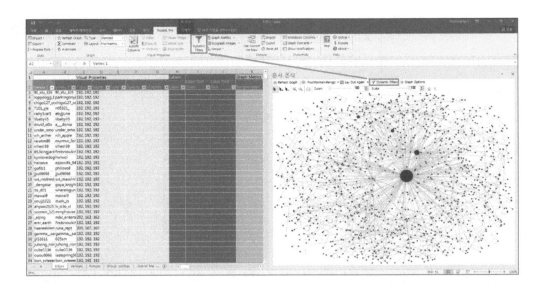

Analysis 메뉴의 Dynamic Filter 아이콘이나 시각화 영역의 단축 아이콘(Dynamic Filters)를
클릭한다.

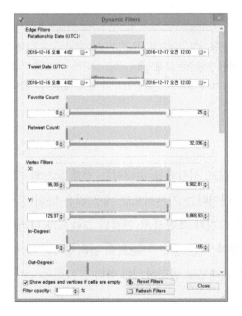

Dynamic Filters는 Edge Filters와 Vertex filters로 구분되어 있으며, Graph Metrics에서 분
석한 지표값들을 기준으로 활성화된다. 실습 데이터는 Tweet 데이터이기 때문에 Edge
Filters에는 날짜와 시간, Favorite(좋아요), Retweet(RT) 등의 항목이 있으며, Vertex Filters
에는 Centrality, Followed, Follower, Tweets 등의 항목이 있다.

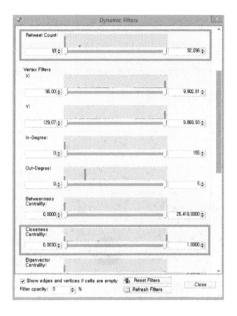

여기서는 Edge Filters 중에서 Retweet 수를 10~32,036 값으로 설정하고, Vertex Filters 중에서 Closeness Centrality를 0.003~1.000 값으로 설정한다. Close를 클릭하여 창을 닫는다.

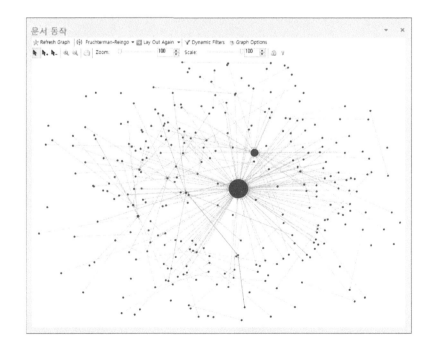

Dynamic Filters에서 변경한 항목이 적용된 그래프가 나타난다(자동으로 그래프에 적용되기 때문에 Refresh Graphs는 클릭하지 않아도 된다). 시각적으로 좀 더 간략한 그래프가 나타났음을 확인할 수 있다. 아래는 Dynamic Filters 기능을 활용해 간략화한 그래프에 주요 노드의 Label을 표시해 완성한 최종 그래프이다.

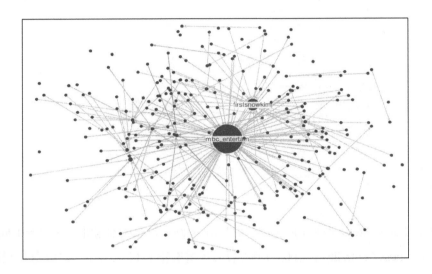

CHAPTER 3

소셜네트워크분석(SNA) 활용 사례

소셜네트워크분석이 연구방법으로서 조망되기 시작하면서 다양한 전공 분야에서 이를 활용한 연구들이 매우 많아지고 있다. 미디어 분야에서도 소셜네트워크분석 연구들이 활발하게 이루어지고 있다. 소셜미디어에 의해 만들어진 네트워크 사회의 개인 행위를 분석하는데 소셜네트워크분석이 타당한 접근법을 제공하기 때문이다.

미디어 분야의 소셜네트워크분석 연구가 양적으로 증가하면서 방법론적 접근방식 역시 다양화되었다. 하지만 아직까지 일관된 흐름을 보여주지는 못하고 있으며, 연구주제나 목적에 따라 다양한 분석도구들이 활용되고 있다. 이런 관점에서 3장에서는 소셜네트워크분석을 활용한 연구 사례를 구체적으로 살펴본다. 특히 2장에서 설명한 NodeXL의 이해도를 높이기 위해 UCINET, NetMiner 등을 활용한 연구보다는 NodeXL을 활용한 연구 사례만을 중점적으로 다룬다.[10]

NodeXL을 활용한 소셜네트워크분석 연구 사례는 크게 2가지로 구분된다. 첫째는 NodeXL 활용하여 네트워크 구조를 파악하는 '네트워크분석 연구'이며, 둘째는 의미연결망을 분석하기 위해 NodeXL을 부분적으로 사용한 '의미연결망분석 연구'이다. 이 2가지 연구 경향에 따라 각각의 연구 사례들을 1) 연구주제, 2) 연구방법, 3) 주요 연구결과 등의 항목으로 구분하여 제시하였다.

---

10) 연구사례는 2010년부터 2015년까지의 국내 논문만을 대상으로 선정하였다.

1. NodeXL 활용한 네트워크분석 사례

(1) 영남 지역 언론사의 온라인 사회자본 분석[11)

1) 연구주제

이 연구는 온라인 사회자본 형성이라는 개념을 이용하여 지역 언론사(영남 지역 언론사)의 웹사이트와 소셜미디어 이용을 분석하였다. 이를 위해 지역 언론사의 온라인 사회자본이라는 개념을 정의하고 온라인 사회자본을 어떻게 형성하고 있는지 실증적으로 분석하여 지역 언론의 현황을 파악하고자 하였다. 구체적 연구문제는 다음과 같다.

① 영남지역 언론사는 홈페이지를 통해서 온라인 사회자본을 어떻게 형성하였는가?

② 영남지역 언론사는 소셜미디어를 이용하여 온라인 사회자본을 어떻게 형성하고 있는가?

2) 연구방법

영남지역 언론사 사회자본 이용을 위해 총 10개의 지역 언론사(매일신문, 영남일보, 부산일보, 국제신문, TBC대구방송, KBS대구, 대구MBC, KNN, KBS부산, 부산MBC 등)를 연구대상으로 선정하였다. 지역 언론사의 사회자본은 2단계(웹 피쳐 분석, 소셜피쳐 분석과 에고 네트워크 분석)로 나누어 분석하였다.

1단계인 웹 피쳐분석은 웹사이트 내용을 분석하는 콘텐츠 분석과는 다르게 웹의 구조를 파악하는 방법이다. 2단계인 소셜피쳐 분석과 에고네트워크 분석은 트위터, 페이스북, 유투브, 미투데이, 모바일 웹페이지, 언론사앱을 중심으로 오픈 API에 기반한 분석도구인 NodeXL을 이용하여 분석하였다.

3) 주요 연구결과

온라인 사회자본으로서 웹사이트는 커뮤니케이션, 정보제공, 비즈니스의 측면에서 역할을 하였다. 특히 지역언론 웹사이트는 소셜미디어 계정 연동을 이용해 네트워크의 확장을 시

---

11) 김지영·하영지·박한우(2013). 영남지역 언론사의 온라인 사회자본 분석: 웹사이트와 소셜미디어를 중심으로. 〈한국콘텐츠학회논문지〉, 13권 4호, 73-85

도하고 있었다. 웹페이지에 머물렀던 기사들은 소셜미디어 계정을 통해 더 많은 곳에 퍼져 나갈 수 있게 되었다. 웹 피쳐 분석를 통해 영남지역 언론사들의 웹페이지 메인에 소셜미디어 계정을 표시하거나 SNS를 이용한 기사 퍼나르기를 통해 각각 다른 형태로 네트워크를 확장하려고 하였다. 중앙언론사와 함께 비교해본 소셜피쳐 분석에서 트위터, 페이스북, 유튜브 등 균형 있게 소셜자본을 형성하고 있는 중앙언론사의 모습을 확인할 수 있었다. 반면 영남언론사는 트위터에 치중되어 있었으며 트위터, 유튜브, 페이스북 순서로 소셜피쳐를 활용하였다. 마지막으로 언론사의 트위터 이용의 구조를 확인함으로써 사회자본의 구조적 형태를 파악해 볼 수 있었다.

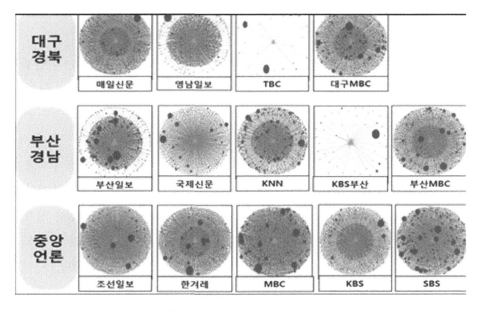

*출처: 김지영 · 하영지 · 박한우(2013), p.82.

[그림 7] 언론사의 트위터 에고 네트워크

(2) 트위터를 통한 이슈의 확산 네트워크 연구[12]

1) 연구주제

이 연구는 정치과정에서 영향력 있는 매체로 자리매김한 트위터에서 후보자에게 소유권이 있는 이슈가 어떻게 확산되는지 네트워크 관점에서 살펴보고 선거과정에서 트위터의 역할을 알아보고자 하였다. 구체적 연구문제는 다음과 같다.

① 대통령 선거 기간 중 후보자의 이슈 소유권은 어떻게 나타나는가?

② 대통령 선거 기간 중 트위터에서 후보자와 관련된 이슈의 확산 네트워크는 어떻게 나타나는가?

③ 대통령 선거 기간 중 후보자의 이슈 소유권과 이슈의 확산 네트워크 간에는 어떤 관계가 있는가?

2) 연구방법

대통령 선거 과정에서 후보자가 소유권을 갖고 있는 이슈가 무엇인지 파악하기 위해 후보자의 인터넷 매체(공식 홈페이지, 블로그)를 분석하고, 후보자별로 이슈 유형에 따라 트위터를 통해 여론이 어떻게 확산되는지 네트워크 분석을 실시하였다. 분석대상은 시기 구분에 따른 트위터에 개진된 트윗이었으며, 대통령 선거 후보자와 관련된 이슈를 분석하고, 이슈의 확산과정을 알아보기 위해 NodeXL을 이용해 네트워크 분석을 실시하였다.

3) 주요 연구결과

대통령 선거기간 중 박근혜 후보에게 이슈 소유권이 있는 여성 대통령론에 대해서는 집중적 방사형 네트워크의 긍정적 여론과 분산적 거미줄형 네트워크의 부정적 여론이 형성되었다. 경제 민주화에 대해서도 부정적 여론이 분산적 방사형네트워크로 형성되었다. 문재인, 안철수 후보의 경우 소유권이 있는 이슈에 대해 긍정적인 여론이 거미줄형 네트워크를 통해 형성되어 이슈 관리가 효과적이었다고 평가할 수 있겠다. 반면 후보자에게 불리한 이슈

---

12) 홍주현(2013). 트위터를 통한 이슈의 확산 네트워크 연구: 대통령 선거 기간동안 후보자의 이슈 소유권과 이슈 확산 네트워크의 관계. 〈사이버커뮤니케이션학보〉, 30권 2호, 351-400.

에 대해서는 모두 집중적 거미줄형 네트워크가 형성되었다. 트위터에서 형성된 이슈 확산 네트워크 유형분석을 통해 여당 후보인 박 후보보다 야당 후보인 문 후보, 무소속인 안 후보에게 호의적인 이슈가 형성되고, 이용자들 간의 상호작용도 활발하게 나타나는 등 트위터를 통한 이슈 확산과정이 야권 후보에 어느 정도 유리하게 작용하였다. 이는 진보적이고, 좌편향 되어 있는 한국의 트위터 이용자의 속성에 기인한 것으로 해석되었다. 그러나 선거과정에서는 이슈의 속성에 따라 지지자들이 얼마나 결집해 의견을 제시했는지가 이슈의 확산 유형에 영향을 미쳤다고 하였다.

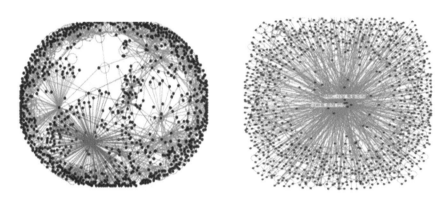

출처: 홍주현(2013). p.379-384.

[그림 8] 박근혜 후보(경제민주화)와 문재인 후보(NLL)의 이슈 소유권 확산 네트워크

(3) 온라인 커뮤니티의 사회적 자본과 제도[13]

1) 연구주제

이 연구는 온라인 커뮤니티의 제도를 '재생산'이라고 보고, 제도의 성패가 사회적 자본에 의해 달라진다는 가설을 검증하였다. 이 가설을 검증하기 위해 비슷한 시기에 나타났으나 양상은 크게 달랐던 두 온라인 커뮤니티(바람의 화원 갤러리, 바람의 나라 갤러리)를 선정하여 NodeXL 프로그램을 이용, 사회적 자본에 대한 실증적으로 분석하였다.

---

13) 이헌아·류석진(2013). 온라인 커뮤니티의 사회적 자본과 제도: 디시인사이드 바람의 화원/바람의 나라 갤러리를 중심으로. 〈정보사회와 미디어〉, 27호, 25-55.

2) 연구방법

온라인 커뮤니티인 디시인사이드는 1,000여개가 넘는 갤러리를 운영하는 커뮤니티 사이트로서 갤러리는 스포츠 선수, 사회이슈, 게임 등 여러 분야의 주제로 각각 분화된 게시판이다. 여기서는 디시인사이드에 속해있으면서 비슷한 시기에 나왔으나 활동 양상이 상이하게 다른 두 갤러리를 선정하였다. SBS에서 2008년 9월 24일부터 2008년 12월 4일까지 방송된 드라마 '바람의 화원'과 KBS에서 2008년 9월 10일부터 2009년 1월 15일까지 방송된 드라마 '바람의 나라'를 각각 주제로 하는 '바람의 화원 갤러리'와 '바람의 나라 갤러리'를 선정하였다. 비슷한 시기에 방송된 드라마일 뿐 아니라 모두 사극이라는 점에서 공통점이 많았으나 활동 양상은 크게 달랐기 때문이다. 방법론적으로는 NodeXL 프로그램을 이용하였다. 이러한 방식을 이용해서 두 갤러리의 연결망을 시각화했다. 단, 많은 구성원 수를 모두 조사할 수 없기 때문에 각 갤러리에서 대형 이벤트에 참가했던 사람(모금, 자원봉사, 댓글로 응원 등)을 위주로 조사를 진행하였다.

3) 주요 연구결과

바람의 화원 갤러리와 바람의 나라 갤러리는 모두 시작은 비슷했다. 하지만 그 변화과정은 달랐다. 연결망을 중심으로 그들의 형성원, 연결망, 효과를 분석해보니 확연히 다른 차이가 나타났다. 시간이 지날수록 차이는 뚜렷해졌고, 결국 바람의 화원 갤러리는 성공한 커뮤니티로, 바람의 나라 갤러리는 실패한 커뮤니티로 자리잡게 되었다. 이와 같은 분석사례에서 온라인 커뮤니티의 사회적 자본과 제도의 관계를 파악할 수 있었다.

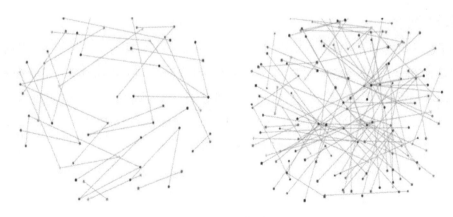

*출처: 이현아 · 류석진(2013). p.43-45

[그림 9] 바람의 나라 갤러리(2008년)과 바람의 화원 갤러리(2009년) 연결망분석

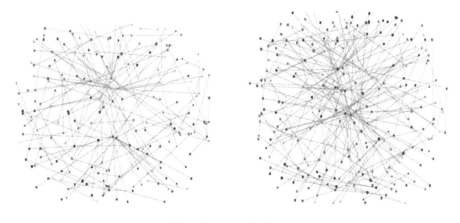

*출처: 이현아 · 류석진(2013). p.46.

[그림 10] 바람의 화원 갤러리(2010년, 2011년) 연결망 분석

(4) 유투브에서 한국 관련 민족주의 이슈의 현저성에 따른 이슈 확산 네트워크 유형 연구14)

1) 연구주제

이 연구는 소셜네트워크 사이트가 민족주의 이슈의 확산 통로 역할을 하는 현상에 주목하고, 유투브에서 한국에 대한 부정적인 이슈가 얼마나 쟁점화되었는지를 분석하였다. 이를 위해 한국에 대한 부정적인 민족주의 이슈를 대상으로 이슈의 현저성과 이슈 확산 네트워크의 관계를 분석하였다. 구체적 연구문제는 다음과 같다.

① 유투브에서 한국에 대한 부정적 이슈의 현저성의 높고 낮음은 어떻게 나타나는가?

② 유투브에서 한국에 대한 부정적 이슈의 현저성에 따라 네트워크 구조는 차이가 있는가?

---

14) 홍주현 · 이미나(2014). 유투브에서 한국 관련 민족주의 이슈의 현저성에 따른 이슈 확산 네트워크 연구: 네트워크 에서 노드의 위치와 노드 간 관계를 중심으로. 〈한국언론학보〉, 58권 3호, 173-201.

2) 연구방법

분석을 위해 NodeXL 프로그램을 이용해서 유투브 자료를 수집하였다. NodeXL 프로그램은 SNSs를 통해 확산되는 메시지, 이메일, 영상, 사진을 불러오고 이들의 관계까지 분석할 수 있다는 점에서 이 연구에 적합한 도구였다. 유투브에서 한국에 대한 부정적인 이슈가 쟁점화되는 현상을 분석하기 위해 NodeXL 자료 수집 방법 중 유투브 동영상 검색(Youtube search network) 중심으로 자료를 수집하였다.

3) 주요 연구결과

유투브를 통해 한국에 대한 부정적 이슈의 현저성을 분석한 결과 '반한 감정'과 '한일 영토 갈등'의 현저성이 높게 나타났고, '동해 표기 반대', '혐한류'의 현저성이 중간으로, '한국 상품 불매'와 '위안부상 철거' 관련 이슈의 현저성이 낮았다. 이슈 현저성에 따라 네트워크가 어떻게 형성되는지 알아보기 위해 네트워크에서 노드의 위치에 따라 '집중형'과 '분산형'으로, 노드 간 연결관계에 따라 '의존적'과 '독립적'으로 유형화, 개념화하였다. 이슈 현저성이 높은 경우 '의존적 집중형' 네트워크가, 이슈 현저성이 중간인 경우 '의존적 분산형' 네트워크가, 이슈 현저성이 낮은 경우 '독립적 분산형' 네트워크가 형성되었다.

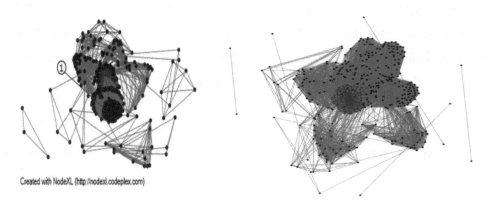

Created with NodeXL (http://nodexl.codeplex.com)

출처: 홍주현 · 이미나(2014). p.191.

[그림 11] 네트워크 분석 결과: 반한감정/한일 영토 갈등

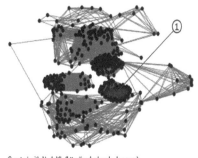

Created with NodeXL (http://nodexl.codeplex.com)　　　　Created with NodeXL (http://nodexl.codeplex.com)

출처: 홍주현 · 이미나(2014). p.193-195
[그림 12] 네트워크 분석 결과: 혐한류/위안부상 철거

(5) 기업의 위기 대응 전략에 따른 공중의 반응 분석15)

1) 연구주제

이 연구는 위기 커뮤니케이션에 있어 SNSs의 역할에 대해 고찰하고자, 2013년 큰 이슈가 되었던 기업의 위기 사례 중 남양유업의 사례를 선정하여, 기업의 위기 대응 전략에 따른 공중의 반응이 트위터 상에서 어떻게 나타나는지 살펴보았다. 이를 위해 위기 대응 단계별로 트위터 상에서 쟁점화 된 이슈에 대한 네트워크 분석을 통해 공중의 반응을 양적인 측면과 내용적 측면에서 규명하고자 하였다. 구체적 연구문제는 다음과 같다.

① 기업의 위기 대응 전략에 따라 트위터에서 공중의 반응의 정도는 어떻게 나타나는가?

② 기업의 위기 대응 전략에 따라 트위터에서 공중에 의해 쟁점화된 이슈는 무엇인가?

2) 연구방법

위기 대응 단계 별로 위기 대응에 대한 공중의 반응이 어떻게 나타났는지 규명하기 위해 트위터에 올라온 의견을 네트워크 분석했다. 네트워크 분석은 NodeXL 프로그램을 이용해서 실시했다. 네트워크 분석을 위해 시기별로 제시한 검색어를 트위터 상에 입력하여 트윗을

---

15) 이미나 · 홍주현(2014). 기업의 위기 대응 전략에 따른 공중의 반응 분석: 트위터 상의 이슈 확산 네트워크를 중심으로. 〈홍보학연구〉, 18권 4호, 30-60.

검색한 후 NodeXL 프로그램에 적합한 엑셀 자료로 만들었다. 네트워크 분석을 통해 위기 대응 전략별로 얼마나 많은 공중이 의견을 표출했는지, 또 어떤 견해를 표출했는지 밝혔다. 즉 트위터 상의 각 단계별 공중의 반응의 양적인 측면은 트윗 수를 통해 파악하였고, 내용면에서 어떤 이슈들이 쟁점화 되었는지는 중심성 분석을 통해 밝혔다.

3) 주요 연구결과

해당 기업(남양유업)의 위기 대응 전략에 대한 트위터 상 공중의 반응에 해당하는 3,891개의 트윗을 네트워크 분석한 결과, 해당 기업의 위기 대응에 대해 트위터 상에서 부정적인 메시지가 주로 쟁점화된 것으로 나타났다. 해당 기업은 조직의 책임성 정도가 가장 높은 '범죄' 위기 상황에서, '사과'라는 수용적 전략 뿐 아니라, 방어적 전략인 '부인', '공격자 공격' 등을 동시에 사용하여 부정적인 여론이 형성되었다. 이후의 행동시정 노력들도 크게 부각되지 못하거나 긍정적으로 평가 받지 못하였다.

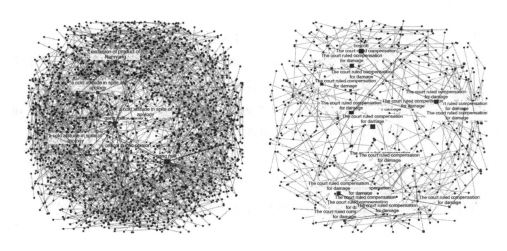

출처: 이미나 · 홍주현(2014). p.44-51.
[그림 13] 이슈의 확산 네트워크(2단계, 7단계)

(6) SNS 서비스 분석을 통한 지역광고 어플 설계 및 구현16)

1) 연구주제

이 연구는 SNS와 연계된 지역광고 방법에 대해 살펴보고자 하였다. 특히 Facebook Page을 분석하여 지역광고에 활용할 수 있는 방법을 찾고자 하였다. 이를 위해 네트워크 분석을 이용하여 중심성과 네트워크 지도를 분석하여 지역광고에 대한 타당성을 검토하였다.

2) 연구방법

FaceBook Page 분석을 위해 2014년 7월부터 3개의 FaceBook Page(홍대앞, 강원대앞, 춘천뭐먹지?)를 직접 운영하였다. 각 Facebook Page들의 활동 결과에 대한 정량적인 결과 값들을 분석하였고, 각 Page의 네트워크 분석을 위해 NodeXL을 이용하였다.

3) 주요 연구결과

Facebook Page의 데이터를 분석한 결과, SNS와 연계된 지역광고에 대한 가능성을 확인 할 수 있었다. 향후 계속적인 연구와 실증을 위해 SNS와 연계된 실시간 지역광고 어플(App)을 설계하였고, Java 기반의 Android App과 php 기반의 Server 프로그램을 구현하였다.

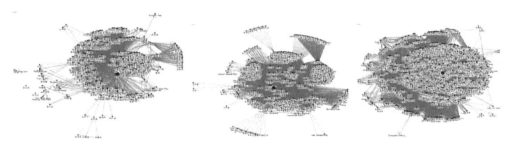

출처: 조영식(2015). p.330-331.

[그림 14] 페이스북 페이지 네트워크(홍대앞/강원대앞/춘천뭐먹지?)

---

16) 조영식(2015). SNS(Facebook) 서비스 분석을 통한 지역광고 어플(App) 설계 및 구현. 〈한국디지털콘텐츠학회논문지〉, 16권 2호, 325-334.

(7) 드라마와 SNS 유력자들[17]

1) 연구주제

이 연구는 SNS에서 드라마에 대해 이야기하는 주요 행위자를 탐구한다. 이를 위해 이 연구는 각기 다른 형태의 SNS 유력자의 존재에 대해 설명한 후 실제로 드라마 SNS 유력자가 누구이며 네트워크 안에서 어떻게 기능하는지 분석했다. 구체적 연구문제는 다음과 같다.

① 드라마 〈프로듀사〉에 대한 SNS 유력자(발언자, 매개자, 피인용자, 교섭자, 위세자)는 누구인가?

2) 연구방법

이 연구는 2015년 5월 15일부터 6월 20일까지 총 12회로 방영된 KBS 드라마 〈프로듀사〉를 분석 대상으로 선정했다. 분석 기간은 2015년 6월 13일부터 20일까지 1주일이었다. 분석 기간 동안 매일매일 '프로듀사'라는 검색어를 입력하여 트위터 'API'를 수집하였으며 이 과정을 통해 최종적으로 130,903개의 API가 수집되었다. 데이터에 대한 보다 완성된 분석을 위해 데이터베이스 소프트웨어(EXCEL PIVOT, ACCESS)을 사용하여 변환하였으며 네트워크 연결성을 중심으로 결과를 제시하는 네트워크 분석 소프트웨어(NodeXL)를 통해 분석하였다.

3) 주요 연구결과

분석 결과 드라마 SNS의 주요 유력자는 연예인과 팬, 미디어였다. 이들은 각자 자신의 존재조건에 따라 각기 다른 유력자로서 기능했다. 발언자는 미디어, 팬 블로거, 개인, 홍보성 계정 등 무엇인가 말하고자 하는 계정이었던 데 반해 매개자는 팬 블로거가 대부분이었다. 피인용자와 교섭자, 위세자는 연예인과 팬, 미디어 등이었다. 특히, 연예인은 핵심적 피인용자이자 교섭자였다. 결국 드라마 SNS 네트워크는 연예인과 그들의 팬 블로거를 공동체로 한 개별 네트워크들의 조합으로 전체 네트워크를 구성하고 미디어가 이들 공동체의 활동을 대상으로 어떤 이야기를 만들어내는 구조를 보여주었다.

---

17) 임종수 · 유승현(2015). 드라마와 SNS 유력자들: 드라마 〈프로듀사〉에 대한 트위터 발언자, 매개자, 교섭자, 피인용자, 위세자 분석. 〈한국언론학보〉, 59권 6호, 417-445.

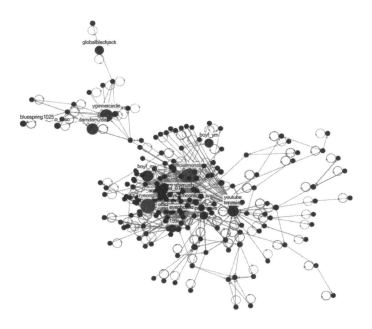

출처: 임종수 · 유승현(2015). p.438.

[그림 15] SNS 유력자(피인용자, 교섭자, 위세자)의 네트워크

2. NodeXL 활용한 의미연결망분석 사례

(1) 메가 이벤트에서 동일한 메가 광고비, 왜 광고효과는 다른가?[18]

1) 연구주제

이 연구는 메가 이벤트가 진행되는 기간 중 소비자들이 텔레비전 광고를 접한 후 광고 메시지에 대해 회상하는 내용과 그 특성에 대한 분석을 바탕으로 소비자들에게 보다 용이하게 기억되는 효과적인 광고제작을 위한 시사점을 제공하고자 하였다. 이를 위해 광고효과 측정과 관련한 선행연구의 한계점과 문헌 고찰을 바탕으로 연구문제를 설정하고 분석을 실시하였다. 구체적 연구문제는 다음과 같다.

---

18) 윤성욱 · 신성연(2014). 메가 이벤트에서 동일한 메가 광고비, 왜 광고효과는 다른가?: 광고효과 분석에 관한 새로운 접근. 〈마케팅연구〉, 29권 1호, 43-71.

① 소비자가 기억하는 광고의 특성은 무엇인가?

② 소비자들에게 기억되는 광고들 간의 관계에는 어떠한 특성이 있는가?

③ 소비자들의 광고회상에서 왜 오류가 발생하는가?

2) 연구방법

2012 런던 올림픽 기간 중 지상파 정규 방송을 통해 실시간으로 중계된 축구경기 2개를 선정하여 시청자 270명을 대상으로 개방형 설문조사를 실시하였다. 정확한 광고 회상 측정을 위해 설문조사 대상자들에게는 경기 시청과 관련한 공지를 하지 않았고, 설문조사는 DAR(day after recall)-test의 형식으로 진행되었다. 연구에서 선정된 2개의 경기(경기 1; 대한민국 vs. 멕시코, 경기 2: 대한민국 vs. 가봉)에서 시청자들이 하프타임 동안에 방송된 총 68개의 광고에 대해 회상하는 내용에 대한 키워드를 각각의 노드로 하는 연결망(network)을 구성하여 NodeXL을 이용한 연결망 분석과 사후 군집분석을 진행하였으며, 분석 결과를 기초로 왜 광고회상에서 오류가 나타나는지에 대한 분석을 실시하였다.

3) 주요 연구결과

올림픽, 노래, 댄스, LTE, SMART 등과 같은 특정 키워드의 중앙성이 높게 나타났으며 이러한 키워드가 광고회상에서 핵심적인 인출단서의 역할을 하게 된다는 것을 확인하였으며 응답자들에게 회상되는 빈도가 높은 광고들에 대한 키워드를 바탕으로 각 각의 특성을 가진 여러 가지 군집들이 형성되었다. 분석대상 광고 중 응답자들에 의해 회상된 광고는 경기 1에서는 9개만이 회상되었고, 경기 2역시 14개만의 광고가 회상되어 총 68개의 광고 중에서 45개의 광고는 회상되지 못하여, 동일한 시간대에 노출되는 광고이지만 그 효과는 차이가 큰 것으로 확인되었다.

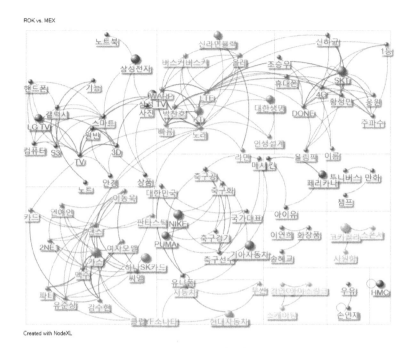

출처: 윤성욱 · 신성연(2014). p.57.

[그림 16] 대한민국vs. 멕시코 경기의 연결망

(2) 18대 대통령 선거 후보자의 연설문 네트워크 분석[19]

1) 연구주제

이 연구는 제18대 대통령 선거에 출마했던 후보자들의 연설문과 담화를 네트워크 관점에서 접근해 구조적으로 분석하고, 단어들 간의 관계 분석을 통해 연설문에 담고 있는 메시지를 분석하였다. 이를 위해 연설문·담화에서 언급된 단어의 가시성(visibility)과 단어 간 연결성(connectivity)을 살펴보았다. 단어의 가시성은 특정 단어가 얼마나 자주 등장하는지로, 단어 간 연결성은 네트워크 분석을 통해 연설문에 언급된 단어 간 상호작용을 그래프로 나타내 파악하였다. 구체적 연구문제는 다음과 같다.

---

19) 홍주현 · 윤해진(2014). 18대 대통령 선거 후보자의 연설문 네트워크 분석: 단어의 가시성과 단어 간 연결성을 중심으로. 〈한국콘텐츠학회논문지〉, 14권 9호, 24-44.

① 대통령 후보자들의 연설문, 담화는 단어의 가시성 측면에서 후보자별로 어떤 차이를 나타내는가?

② 대통령 후보자들의 연설문, 담화는 단어 간 연결성 측면에서 후보자별로 어떤 차이를 나타내는가?

2) 연구방법

연설문에 사용된 핵심 단어를 추출하기 위해 국립국어원의 언어정보나눔터에서 제공하는 언어처리 프로그램인 글잡이Ⅱ를 이용했다. 글잡이 프로그램은 일반 명사, 동사, 형용사, 전치사, 어절 등 연구 목적에 맞게 검색식을 입력해서 통계처리를 할 수 있는 한글 전용 분석 프로그램이다. 전체 텍스트를 불러오기 해서 음절 단위로 분석하는 음절 통계 분석을 하고, 주요 키워드로 나타난 단어를 입력해서 네트워크 분석을 실시했다. 네트워크 분석은 NodeXL 프로그램을 이용해 단어의 가시성과 단어 간 연결성을 분석하였다. 글잡이Ⅱ 프로그램을 이용해 연설문에서 많이 사용된 단어를 분석한 후 이 단어들을 NodeXL 프로그램을 사용해 네트워크 분석을 실시했다.

3) 주요 연구결과

박근혜 후보의 경우 '국민행복'과 '약속'이 핵심 키워드로, 문재인 후보의 경우 '정권교체'와 '한반도,' 안 후보의 경우 '국민'과 '변화'가 핵심 키워드로 나타났다. 이 단어를 중심으로 어떤 단어들이 서로 연결되었는지 네트워크 분석을 하였다. 단어 간 중심성을 분석한 결과 박 후보의 경우 국민과 대한민국, 국민행복, 신뢰가, 문 후보의 경우 대한민국, 보통사람, 국민, 정권교체가, 안 후보의 경우 국민, 정치, 변화가 단어들 간의 관계에서 중심 역할을 하는 것으로 나타났다.

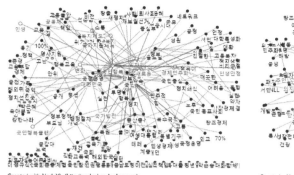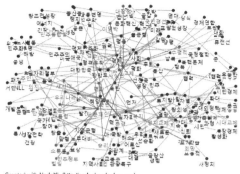

Created with NodeXL (http://nodexl.codeplex.com)　　　　Created with NodeXL (http://nodexl.codeplex.com)

출처: 홍주현 · 윤해진(2014). p.33-35.

[그림 17] 박근혜 후보(국민행복 중심)와 문재인 후보(정권교체)의 연설문 네트워크 분석

(3) 한 · 일 주요 일간지의 한류 관련 뉴스 프레임과 국가 이미지[20]

1) 연구주제

이 연구는 한일 양국의 뉴스 보도에서 한류를 어떻게 보도하며 그 속에 어떤 인식과 태도의 '간극'이 내재해있는지 밝혀내고자 하였다. 이를 위해 한국과 일본의 일간지에서 보도된 한류 관련 기사 헤드라인을 대상으로 의미연결망 분석을 실시했다. 구체적 연구문제는 다음과 같다.

① 한국과 일본 일간지의 한류 관련 기사 헤드라인은 어떤 의미연결망으로 구성되었는가?

② 한국과 일본 일간지의 한류 관련 기사 헤드라인에서 발견된 의미연결망은 어떤 하위 군집으로 구성되었는가?

2) 연구방법

분석 과정과 방법은 다음과 같다. 첫째, 기사 헤드라인에 등장하는 모든 단어를 코딩한 후, 4차례의 정제작업(cleaning)을 거쳐 관사, 접속사, 접미사, 숫자, 지명 등을 제거하고 '명사'를 중심으로 단어를 추출했다. 그리고 유사한 의미와 맥락을 지닌 단어들은 하나의 대표 단어

---

20) 정수영 · 황경호(2015). 한 · 일 주요 일간지의 한류 관련 뉴스 프레임과 국가 이미지: 기사 헤드라인에 대한 의미연결망 분석을 중심으로. 〈한국언론학보〉, 59권 3호, 300-331.

로 일원화했다. 유사한 의미와 맥락의 단어들을 일원화하는 작업을 거쳐 최종적으로 출현한 단어들의 빈도수를 산출했다. 의미연결망 분석에 사용되는 주요 단어들의 수와 선정 기준은 출현 빈도수 순위를 기준으로 대표 단어를 선정하여 분석에 활용했다. 둘째, 한국어 텍스트 분석 소프트웨어 KrKwic(Korean Key Words in Context)을 활용하여 행렬데이터를 도출했다. 셋째, 도출된 행렬데이터를 기반으로 단어들 간 연결망 구조와 연결 강도의 특성을 파악하고 사회연결망 분석 소프트웨어인 NodeXL을 활용하여 동시 출현 단어들의 연결망을 시각화했다. 마지막으로 기사 헤드라인의 의미연결망을 구성하는 하위 군집(community)을 분류했다. 군집 분석을 위해 NodeXL에서 제공하는 Clauset-Newman-Moore 알고리즘을 활용했다. 분석기간은 2009년 1월 1일부터 2012년 6월 30일까지이며, 분석대상은 한국의 〈조선일보〉와 〈동아일보〉, 일본의 〈요미우리신문〉과 〈아사히신문〉이었다.

3) 주요 연구결과

한일 주요일간지 기사 헤드라인에서 강조하는 메시지와 의미의 차이점을 발견했다. 또 한국 일간지의 의미연결망에서는 경제 · 산업적 함의가 높은 단어들이 부각된 반면, 일본 일간지에서는 대중문화 한류 그 자체와 사회 · 문화적 함의가 높은 단어들이 상대적으로 부각되었고 중심성 지표별 분석에서도 유사한 결과가 도출됐다. 의미연결망을 구성하는 프레임도 나타났다. 한국 일간지에서는 대중문화한류에서 파생된 경제 · 산업적 파급 효과 프레임, 대중문화 한류 팬덤의 세계화 프레임, 한류콘텐츠 상품의 다양화 프레임이 도출됐다. 일본 일간지에서는 대중문화 한류 콘텐츠의 인기를 통한 문화 교류 프레임, 한류 드라마를 매개로 한 일본 내 관광산업 활성화와 지역 경제 살리기 프레임, 한류 스타와 팬덤 프레임 등이었다.

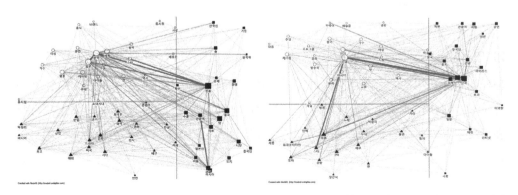

출처: 정수영 · 황경호(2015). p.321-322.

[그림 18] 한 · 일 일간지 기사 헤드라인의 군집화된 의미연결망

(4) 세월호 사건 보도의 피해자 비난 경향 연구[21)](#)

1) 연구주제

이 연구는 세월호 참사를 포함해 사회에서 사건, 사고의 피해자가 동정보다는 비난을 받는 현상에 주목하고, 언론이 세월호 피해자를 어떻게 규정하는지 분석하였다. 이를 위해 세월호 유가족을 의견 표출 정도와 행위의 합법성을 기준으로 유형화했고 세월호 유가족 보도에 대한 매체가시성과 네트워크분석, 프레임 분석을 실시하였다. 구체적 연구문제는 다음과 같다.

① 피해자의 의견표출 정도와 행위 합법성에 따라 매체가시성에 어떤 차이가 있는가?

② 피해자의 의견표출 정도와 행위 합법성에 따라 보수 종편 보도에서 단어의 현저성과 중심성에 어떤 차이가 있는가?

③ 피해자의 의견표출 정도와 행위 합법성에 따라 보수 종편 프레임에 어떤 차이가 있는가?

2) 연구방법

언론 프레임을 밝히기 위해 네트워크 분석을 실시했다. 네트워크 분석은 NodeXL 프로그램을 이용했다. 네트워크 분석을 실시하기 전에 어절 분석을 통해 시기별로 기사에서 많이 언급된 단어를 추출했다. 어절 분석은 국립국어원의 한마루 프로그램을 이용했다. 어절 분석 결과를 토대로 단어와 단어의 관계를 네트워크 분석했다.

3) 주요 연구결과

'일탈적 행동을 하는 피해자'에 대해서는 반정부 세력 프레임, 집회 불법성 강조 프레임, 갈등 불법성 강조 프레임, 유가족 폭행 강조 프레임이 형성되었고, '합법적 지각하는 피해자'에 대해서는 순수 희생자 강조 프레임, 특별법 수용 프레임, 유가족 차별화 프레임이 나타났다. 이러한 결과를 토대로 언론의 피해자 보도에 피해자 위계가 있음을 밝혔다. 이 연구는 언론의 보도 태도에 영향을 미치는 요인으로 뉴스 가치 측면에서 피해자의 행동을 보았고

---

21) 홍주현·나은경(2015). 세월호 사건 보도의 피해자 비난 경향 연구: 보수 종편 채널 뉴스의 피해자 범주화 및 단어 네트워크 프레임 분석. 〈한국언론학보〉, 59권 6호, 69-106.

피해자 행위의 특성에 따라 언론 보도 프레임이 어떻게 다른지 규명했다.

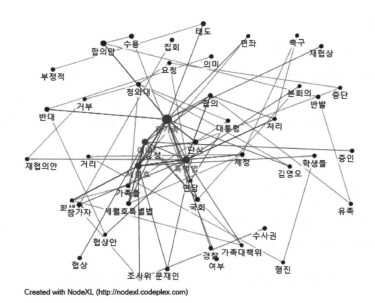

Created with NodeXL (http://nodexl.codeplex.com)

출처: 홍주현 · 나은경(2015). p.95.

[그림 19] 피해자 보도에 대한 네트워크 분석

참고문헌

김대호(2014). 소셜미디어의 등장과 의미, 영향과 발전의 관계. 김대호 외(편) 〈소셜미디어〉 (1~25쪽). 서울: 커뮤니케이션북스.

김민하(2011). 소셜 콘텐츠: 방송의 공익성과 시청자 참여. 〈한국언론학보〉, 55권 5호, 55-80.

김지영·하영지·박한우(2013). 영남지역 언론사의 온라인 사회자본 분석: 웹사이트와 소셜미디어를 중심으로. 〈한국콘텐츠학회논문지〉, 13권 4호, 73-85

노드엑셀코리아(2015). 〈NodeXL 따라잡기〉. 패러다임북

박지영·김태호·박한우(2013). 의미연결망 분석을 통한 셀러브리티의 SNS 메시지 탐구, 〈방송통신연구〉, 2013년 봄호, 36-74.

송영조(2014). 소셜네트워크와 빅데이터. 소셜미디어연구포럼(편) 〈소셜미디어의 이해〉 (289~328쪽). 서울: 미래인.

윤성욱·신성연(2014). 메가 이벤트에서 동일한 메가 광고비, 왜 광고효과는 다른가?: 광고효과 분석에 관한 새로운 접근. 〈마케팅연구〉, 29권 1호, 43-71.

이기홍(2014). 소셜미디어와 일상생활. 소셜미디어연구포럼(편) 〈소셜미디어의 이해〉 (43~64쪽). 서울: 미래인.

이미나·홍주현(2014). 기업의 위기 대응 전략에 따른 공중의 반응 분석: 트위터 상의 이슈 확산 네트워크를 중심으로. 〈홍보학연구〉, 18권 4호, 30-60.

이상신(2015). 소셜미디어와 숙의민주주의 가능성. 〈한국정치연구〉, 24집 1호, 169~199.

이수상(2014). 언어 네트워크 분석 방법을 활용한 학술논문의 내용분석. 〈정보관리학회지〉, 31권 4호, 49~68.

이재신(2014). 소셜미디어와 사회 연결망. 김대호 외(편) 〈소셜미디어〉 (57~84쪽). 서울: 커뮤니케이션북스.

이헌아·류석진(2013). 온라인 커뮤니티의 사회적 자본과 제도: 디시인사이드 바람의 화원/바람의 나라 갤러리를 중심으로. 〈정보사회와 미디어〉, 27호, 25-55.

임종수·유승현(2015). 드라마와 SNS 유력자들: 드라마 〈프로듀사〉에 대한 트위터 발언자, 매개자, 교섭자, 피인용자, 위세자 분석. 〈한국언론학보〉, 59권 6호, 417-445.

정수영·황경호(2015). 한·일 주요 일간지의 한류 관련 뉴스 프레임과 국가 이미지: 기사 헤드라인에 대한 의미연결망 분석을 중심으로. 〈한국언론학보〉, 59권 3호, 300-331.

정영호·강남준(2010). 네트워크 분석을 활용한 다채널 시대의 시청행태 분석, 〈한국방송학보〉, 24권 6호, 323-363.

조성은(2012). 사회연결망 분석기법. 한국언론학회(편) 〈융합과 통섭: 다중매체 환경에서의 언론학 연구방법〉(93~124쪽). 서울: 나남.

조영식(2015). 눈(Facebook) 서비스 분석을 통한 지역광고 어플(App) 설계 및 구현. 〈한국디지털콘텐츠학회논문지〉, 16권 2호, 325-334.

최영(2013). 〈공유와 협력, 소셜 미디어 네트워크 패러다임〉. 서울: 커뮤니케이션북스.

최영·박성현(2011). 소셜미디어 이용동기가 사회자본에 미치는 영향. 〈한국방송학보〉, 25권 2호, 241~276.

최준호(2014). 소셜미디어 네트워크 메트릭스. 김대호 외(편) 〈소셜미디어〉(135~151쪽). 서울: 커뮤니케이션북스.

함형건(2015). 〈데이터분석과 저널리즘〉. 서울:컴원미디어.

홍주현(2013). 트위터를 통한 이슈의 확산 네트워크 연구: 대통령 선거 기간동안 후보자의 이슈 소유권과 이슈 확산 네트워크의 관계. 〈사이버커뮤니케이션학보〉, 30권 2호, 351-400.

홍주현·나은경(2015). 세월호 사건 보도의 피해자 비난 경향 연구: 보수 종편 채널 뉴스의 피해자 범주화 및 단어 네트워크 프레임 분석. 〈한국언론학보〉, 59권 6호, 69-106.

홍주현·윤해진(2014). 18대 대통령 선거 후보자의 연설문 네트워크 분석: 단어의 가시성과 단어 간 연결성을 중심으로. 〈한국콘텐츠학회논문지〉, 14권 9호, 24-44.

홍주현·이미나(2014). 유투브에서 한국 관련 민족주의 이슈의 현저성에 따른 이슈 확산 네트워크 연구: 네트워크에서 노드의 위치와 노드 간 관계를 중심으로. 〈한국언론학보〉, 58권 3호, 173-201.

Babarasi, A. (2002). *Linked: The New Science of Networks*. 강병남 외 (역). 〈링크: 21세기를 지배하는 네트워크 과학〉. 서울: 동아시아.

Barnett, G., Danowski, J., & Richards, W. (1993). Communication networks and network analysis: A current assessment. In W. D. Richards & G. A. Barnett (Eds.), *Progress in Communication Science, 12*, 1-19.

Boyd, D. & Ellison, M. (2007). Social network sites: Definition, history, and scholarship, *Journal of Communication, 13(1)*, 210-230.

Hansen, D., Shneiderman, B., & Smith, M. (2011). *Analyzing Social Media Networks with NodeXL*. NewYork: Elsevier.

Kaplan, A. & Haenlein, M. (2010). Users of the world, Unite: The challenge and opportunities of social media, *Business Horizons, 53(1)*, 59-68.

Levy, P. (1994). *Pour une anthropologie de cyberspace.* 권수경 역(2000), 〈집단지성: 사이버공간의 인류학을 위하여〉. 서울: 문학과 지성사.

Mitchell, C. (1962). *Social Networks in Urban Situations: Analyses of Personal Relationships in Central African Towns.* Manchester University Press.

Wasserman, S. & Fraust, K. (1994). *Social Network Analysis: Methods and Applications.* Cambridge University Press.

| 저자소개 |

임종수

한양대학교 신문방송학과 학사, 석사, 박사
(前) 한국교육방송공사(EBS) 전문위원
(前) 한국언론학회, 언론정보학회, 사이버커뮤니케이션학회 이사
(現) 세종대학교 미디어커뮤니케이션학과 교수/글로벌미디어소프트웨어융합연계전공(GMSW) 센터장
(現) 〈언론과사회〉, 〈방송통신연구〉 편집위원

텔레비전과 근대사회의 일상성에 관한 미디어 역사문화연구를 전공. 최근에는 알고리즘 미디어와 빅데이터 사회과학 분야에서 작업 중. 저서로는 〈디지털, 테크놀로지, 문화〉(공저), 〈한국현대생활문화사: 1970년대〉(공저) 외 최근 발표한 논문으로는 "'탈언론' 미디어의 등장과 그 양식, 그리고 공공성", "AI 로봇 의인화 연구", "The 4th Industrial Revolution and the emergence of algorithmic media", "모나돌로지와 컴퓨터 연산 사회과학으로서의 미디어 연구" 등이 있음

정영호

한양대학교 수학과 학사, 신문방송학 석사, 서울대학교 언론정보학 박사
(現) 한국개발연구원(KDI) 전문위원/여론분석팀장
미디어 다양성 및 복잡계 방법론을 전공
최근에는 사회과학 분야의 빅데이터 알고리즘 및 방법론 분야에서 작업 중

저서로는 〈융합과 통섭: 다중매체 환경에서의 언론학 연구방법〉(공저)가 있고, 발표 논문으로는 "미디어 다양성의 동태적 모델을 이용한 다양성 정책의 효과 검증 및 예측", "텔레비전 시청이 수용자의 주관적 행복에 미치는 영향", "Network Analysis of TV-Viewing Patterns in Multi-Channel Circumstances" 등이 있음.

유승현

한양대학교 영어영문학과 학사, 신문방송학과 석사, 박사
(前) tbs 교통방송 연구위원
(前) 한국언론학회 사무국장
(現) 한양대학교 언론정보대학원 초빙교수

디지털미디어와 매체론 전공. 최근에는 인공지능(AI) 등 디지털미디어 진화와 빅데이터 분석 분야에서 작업 중. 최근 발표한 논문으로는 "AI 로봇 의인화 연구", "드라마에 대한 주목의 생애와 SNS 유력자에 관한 연구", "방송심의시스템에서의 시청자참여심의제 도입가능성에 대한 법적·행정적 검토", "드라마와 SNS 유력자들" 등이 있음.

미디어 빅데이터 분석

1판 1쇄 발행   2018년 01월 20일
1판 2쇄 발행   2022년 02월 21일
저   자 임종수·정영호·유승현
발 행 인 이범만
발 행 처 **21세기사** (제406-00015호)
           경기도 파주시 산남로 72-16 (10882)
           Tel. 031-942-7861   Fax. 031-942-7864
           E-mail : 21cbook@naver.com
           Home-page : www.21cbook.co.kr
           ISBN 978-89-8468-647-2

정가 20,000원